高等院校计算机应用系列教材

计算机导论

刘 建 刘 刚 张 健 主 编
贾 冲 吴春容 邓晓林 谢玫秀 副主编

清华大学出版社

北 京

内 容 简 介

编者结合多年讲授"计算机导论"课程的教学经验，同时借鉴国内外同类教材，根据教育部高等学校计算机科学与技术教学指导委员会有关课程要求和大纲编写了本书。

本书分为 6 章，包括计算机概述、计算机基础理论、计算机硬件系统、计算机软件系统、计算机系统的应用与实训实验，分别讲述了计算机的发展及其工作原理、进制表示及转换、数据表示、硬件的组成与组装、程序设计基础、计算机软件、计算机的具体应用等。

本书内容全面，给入门者一个清晰的计算机系统框架；重视实际应用技能的培养，使学生能够学以致用。本书最大特色是增加了实训实验部分，能让学生在学习理论知识的同时，实践能力也得到很大的提升。

本书可作为高等院校计算机相关专业的教材，也可供计算机入门者阅读参考。

图书在版编目(CIP)数据

计算机导论 / 刘建，刘刚，张健主编. —北京：清华大学出版社，2023.9（2024.9重印）
高等院校计算机应用系列教材
ISBN 978-7-302-64512-2

I.①计… II.①刘… ②刘… ③张… III.①电子计算机—高等学校—教材 IV.①TP3

中国国家版本馆 CIP 数据核字(2023)第 159773 号

责任编辑：刘金喜
封面设计：高娟妮
版式设计：孔祥峰
责任校对：成凤进
责任印制：宋　林

出版发行：清华大学出版社
　　　　网　　　址：https://www.tup.com.cn，https://www.wqxuetang.com
　　　　地　　　址：北京清华大学学研大厦 A 座　　　　　邮　　编：100084
　　　　社 总 机：010-83470000　　　　　　　　　　　邮　　购：010-62786544
　　　　投稿与读者服务：010-62776969，c-service@tup.tsinghua.edu.cn
　　　　质 量 反 馈：010-62772015，zhiliang@tup.tsinghua.edu.cn
印 装 者：小森印刷霸州有限公司
经　　销：全国新华书店
开　　本：185mm×260mm　　印　　张：14.75　　字　　数：377 千字
版　　次：2023 年 9 月第 1 版　　印　　次：2024 年 9 月第 2 次印刷
定　　价：68.00 元

产品编号：099118-01

前　言

随着移动互联网、物联网、大数据、云计算、人工智能等技术融入社会生产、生活的各个方面，计算机科学技术在当今社会飞速发展，计算机已经成为人们生活不可或缺的一部分，掌握计算机相关知识已经成为个人素养的重要组成部分。作为计算机科学相关专业学生的第一门专业课程，也是其他专业课程的先修课程，"计算机导论"承担着系统全面介绍计算机基础知识，为其他专业课程奠定基础的任务。本书通过对计算机基础理论知识和应用情况的介绍，帮助学生理解计算机的基本概念，构建知识轮廓，让学生感受到计算机科学的博大精深和广阔前景，激发学生的学习兴趣，帮助其了解计算机科学技术的应用领域，建立职业生涯信心，便于选择职业方向。

本书共分 6 章，包括计算机概述、计算机基础理论、计算机硬件系统、计算机软件系统、计算机系统的应用与实训实验，分别讲述了计算机的发展及其工作原理、进制表示及转换、数据表示、硬件组成与组装、程序设计基础、计算机软件、计算机的具体应用等。编者在编写本书时，按照以下原则进行：第一，面向计算机科学相关专业的学生，概念清晰，讲解深入浅出；第二，内容组织以够用为度，着重概念引入和知识轮廓的构建；第三，理实结合，强调知识的实用性，注重学生操作能力的培养。

本书由刘建、刘刚、张健任主编，贾冲、吴春容、邓晓林、谢玫秀任副主编。其中，第 1 章由邓晓林编写，第 2 章由谢玫秀编写，第 3 章由刘刚编写，第 4 章由张健编写，第 5 章由刘建编写，第 6 章由刘建、刘刚、张健、吴春容、邓晓林、谢玫秀共同编写，全书由刘建、贾冲、吴春容校对、统稿、审核。在编写过程中，得到了四川大学、电子科技大学、成都理工大学、成都信息工程大学、西南石油大学和四川师范大学相关专家、教授的大力支持和帮助，成都文理学院信息工程学院胡念青和陈坚教授提出了很多宝贵的意见和建议，在此一并表示衷心的感谢。同时还要感谢清华大学出版社的大力支持。

由于编者水平有限，书中难免存在不妥和疏漏之处，敬请各位专家及读者批评指正。

本书教学课件和习题答案可通过扫描右侧二维码下载。

服务邮箱：476371891@qq.com。

教学资源下载

编写组
2023 年 5 月

目　　录

❧ 第 1 章 ❧

计算机概述

本章重点介绍以下内容：
- 计算机的产生与发展；
- 计算机的主要特点；
- 计算机的应用领域及分类；
- 计算机的发展方向。

1.1 计算机的产生与发展

1.1.1 计算机的产生

计算机最初作为一种计算工具出现在各个领域，而在计算机问世之前，人类社会就有了各种各样的计算工具。纵观计算工具的发展历史，人类的计算工具经过了结绳记事、算筹、算盘、计算尺、机械计算机、电子管计算机等多个阶段，正面向超导计算机、量子、DNA 计算机等方向探索。

人类从记数、计数到计算，经历了漫长的历史阶段，即从手工阶段、机械阶段，一直发展到现今的电子阶段。分析其发展的动力，主要来源于两个方面的需求：一是提高计算能力，如速度、精度方面；二是提高计算的方便性，如降低成本、减小体积等。计算机体系结构和元器件的进步决定着计算机向前发展的程度。

1.1.2 计算机的发展

计算机最初主要是一种计算工具，所以它的发展也是根据这一需求不断向前发展的。根据计算机的用途分为以下几个阶段。

1. 手工计算阶段

人类计算工具的开发是从记数开始的。在远古时代，人类还只能通过石块、结绳和刻符的简单方法来记载生活中的事件，这便是记数的最原始工具。随着生产力的发展，剩余物资开始增多，于是便产生了数的概念，计算工具从记数走向计数，即对数进行度量。最简单的计数工具是人的十个手指，可以表达从 1 到 10 的数。随着生产力的发展，在中国的春秋时期，出现了一种用来模拟和扩展手指运算功能的计算工具——算筹。算筹是由木头或竹子做成的小木(竹)

棍，多个长短粗细相同的小木(竹)棍可以通过纵横相间摆放来表达超过 10 的数字。

算盘是另一种用来扩展手指运算功能的计算工具，起源于中国，配套有完整的运算口诀和操作方法。口诀是针对算盘结构特点设计的基本操作命令，相当于现代电子计算机的指令系统。后来算盘从中国传到日本、朝鲜、西亚和欧洲，成为使用最广泛、价格最低廉的计算工具。

17 世纪出现了一种计算工具——计算尺。它是一种可滑动的尺子，以长度来模拟运算数字，除了能进行简单的四则运算外，还能进行一些三角函数、对数等比较复杂的非四则运算。

从石块、结绳、刻符、十指、算筹，到算盘和计算尺，都停留在手工计算的阶段，计算的能力、速度、准确度等方面都很有限，在面对大型复杂的计算问题时都无能为力。

2. 机械计算阶段

人们在使用计算工具的过程中，逐渐研制出比绳索、算盘更高级，可以借助各种机械的计算工具，此时的计算机和现代计算机几乎没有相似之处，所以称之为计算机器。

1642 年，法国人布莱兹·帕斯卡发明了用齿轮计算的机械加法器。1666 年英国人莫兰发明了可以进行加减运算的机械计算器。1673 年德国人莱布尼兹改进帕斯卡的设计，增加了乘除运算，如图 1-1 所示。

图 1-1　莱布尼兹之轮

1822 年，英国人巴贝奇首先提出整个计算过程自动化的概念，设计出了第一台通用自动时序控制机械式计算机，称为"巴贝奇差分机"，如图 1-2 所示。这台机器能提高乘法速度，改进对数表等数字表的精确度。巴贝奇研制的差分机为现代计算机设计思想的发展奠定了基础。

图 1-2　巴贝奇差分机

1834 年，巴贝奇完成了分析机的设计，分析机不仅可以做数学运算，还可以做逻辑运算，在一定程度上与现代计算机的概念类似，如图 1-3 所示。

图 1-3　巴贝奇分析机

3. 电子计算阶段

20 世纪电子技术和器件的不断发展，为电子计算机的诞生和发展铺平了道路，尤其军事方面对于计算能力的巨大需求，直接导致大量的人力物力投入到电子计算机的研究开发之中。终于，在 1946 年 2 月，在美国宾夕法尼亚大学，世界上第一台真正意义上的电子计算机 ENIAC(electronic numerical integrator and computer，电子数字积分计算机)诞生，ENIAC 体型巨大，高 2.4 米、宽 6 米、长 30.5 米，装有近 18 000 个真空电子管、1500 个继电器、70 000 个电阻、10 000 个电容，总重量 30 吨，每秒能执行 5000 次加法或 400 次乘法运算，还能进行除法、平方根等运算。ENIAC 被用于弹道计算、原子裂变能量计算、气象预报等多个领域，充分体现了电子计算机的巨大优势。ENIAC 的出现是一个划时代的创举，成为现代数字计算机的始祖。ENIAC 的主要缺点是，采用十进制而非二进制表示和计算数据，而且只能通过手工设置开关和插头来编程，计算机中的程序并不存储在存储器中，而是在计算机外部编程实现。为了克服这一困难，冯·诺依曼提出了程序存储的概念，其基本思想是把预先编制好的用于控制计算机工作的程序输入到计算机的存储器中存储起来，计算机自动从中读取指令来控制各部分的工作。三年后，英国剑桥大学的工程师根据他的理论，研发出了世界上第一台程序存储电子计算机(EDSAC)，之后的计算机都是基于冯·诺依曼程序存储的结构体系的。

冯·诺依曼是美籍匈牙利科学家，被称为计算机之父，他首先提出了"程序存储"的思想，以及采用二进制作为数字计算机的数制基础，使计算机按照预先编制的程序进行工作。冯·诺依曼体系结构的计算机可以用图 1-4 来描述。

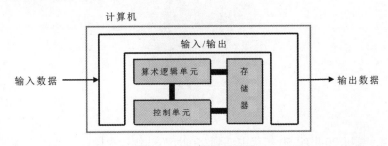

图 1-4　冯·诺依曼结构

根据冯·诺依曼体系结构构成的计算机，必须具有如下功能：

- 把需要的程序和数据送至计算机中。
- 必须具有长期记忆程序、数据、中间结果及最终运算结果的能力。
- 能够完成各种算术、逻辑运算和数据传送等数据加工处理的能力。
- 能够根据需要控制程序走向，并能根据指令控制机器的各部件协调操作。
- 能够按照要求将处理结果输出给用户。

为了完成上述功能，计算机必须具备以下五大基本组成部件。

- 输入数据和程序的输入设备。
- 记忆程序和数据的存储器。
- 完成数据加工处理的运算器。
- 控制程序执行的控制器
- 输出处理结果的输出设备。

程序存储的体系结构在几十年的时间里也在不断改进，如增加了浮点数、字符串等新的数据类型；采用了虚拟存储器，方便高级语言编程；引入堆栈，支持过程调用、递归机制；支持多处理机；采用自定义数据表示；使程序和数据空间分开等；使得计算机的功能和性能都有了巨大的提高。

以电子计算机为代表的现代计算机在发展过程中，根据所使用的关键器件又分为四个时代，具体如下。

1) 第一代计算机(20 世纪 40 年代中期到 20 世纪 50 年代中期)

第一代电子计算机以电子管为主要元件，也称"电子管计算机"。电子管是一种信号放大、检波、振荡器件，其电路部分通常被封装在一个玻璃容器内，如图 1-5 所示。这一代计算机一台大概需要几千个电子管，在工作时，电子管会产生大量的热量，如何散热是当时的一大难题，同时一个电子管的寿命最长只有 3000 小时，如果电子管被烧坏，计算机就会进入死机状态，此时的计算机主要用于科学研究和工程计算。早期的电子计算机内存采用阴极射线管和汞延迟线，外存采用纸带、卡片等，使用机器语言和汇编语言进行操控。运算速度可达每秒几万次，内存容量非常小，没有操作系统的支持。这一代计算机的代表产品有 EDVAC、EDSAC、UNIVAC 等。

图 1-5　电子管

2) 第二代计算机(20 世纪 50 年代中期到 20 世纪 60 年代中期)

第二代计算机主要以晶体管作为主要元件，称为"晶体管计算机"。晶体管是一种固体半导体器件，如图 1-6 所示，它可以作为一种可变开关，基于输入的电压控制输出的电流。晶体管具有电子管的诸多功能，且体积和功耗更小，不需要暖机时间，处理较迅速，可靠性比较高，运算速度达到每秒几十万次，内存容量扩大到几十千字节，代表产品有 TRADIC 和 IBM 的7090 系列、7094 系列等。第二代计算机的程序语言从机器语言发展到汇编语言，接着高级语言 FORTRAN 和 COBOL 相继出现并被广泛使用，同时开始使用磁盘和磁带作为辅助存储器。第二代计算机相对于第一代计算机，体积和价格都有下降，而且使用的人群也增大了，加速了计算机工业的发展。第二代计算机主要用于商业、大学教学和政府机关。

3) 第三代计算机(20 世纪 60 年代中期到 20 世纪 70 年代初期)

第三代计算机的主要元件是集成电路，称为"中小规模集成电路计算机"。集成电路(integrated circuit，IC)是做在晶片上的一个完整的电子电路，体积相当小，却包含几千个晶体管元件，如图 1-7 所示。第三代计算机的显著特点是体积更小，价格更低，可靠性更强，计算速度更快。第三代计算机的代表是 IBM 公司耗资 50 亿美元开发的 IBM 360 系列。

图 1-6　晶体管　　　　　图 1-7　中小规模集成电路

4) 第四代计算机(20 世纪 70 年代初期至今)

第四代计算机的主要元件仍是集成电路，称为"大规模或超大规模集成电路计算机"。虽然与第三代同样都是集成电路，但此时的集成电路有较大的改变，单个硅片可容纳晶体管的数目也迅速增加，如图 1-8 所示。20 世纪 70 年代初期出现了可容纳数千至数万个晶体管的大规模集成电路(LSI)，之后又出现了可容纳几万至几十万个晶体管的超大规模集成电路(VLSI)。这使得计算机的体积、重量、功耗进一步减小，运算速度大幅提高，同时，存储技术、操作系统、计算机语言的发展，使得计算机的功能更强大，使用更方便，计算机的应用领域深入到社会生活的各个方面。个人计算机(PC)的兴起，推动了计算机整个产业的飞速发展。

图 1-8　第四代计算机的集成电路

目前主流的计算机对信息的采集、处理、传输和应用更加智能化，但逻辑器件仍然采用大规模、超大规模集成电路，因此严格意义上来说还是没有脱离第四代计算机的范畴。

1.2 计算机的主要特点

计算机之所以在 20 世纪成为促进人类社会生产力发展的决定性因素,是因为它相比于其他工具有着不可比拟的优势,其特点可以归纳为以下几点。

1. 运算速度快

相对于人工和其他计算工具,电子计算机能以极快的速度进行计算,微型计算机每秒可以执行几十万条指令,而有的超级计算机可以达到每秒运算几十亿次。复杂的气象预报、航天飞行、地质勘测、核爆炸模拟等人工难以胜任的数据运算都可以由计算机来完成。

2. 计算精度高

电子计算机具有其他计算工具无法比拟的计算精度,可以精确到小数点后的很多位。比如现在采用超级计算机计算圆周率,可以精确到小数点后的兆亿位。

3. 逻辑性强

计算机根据预先编好的程序,可以进行逻辑运算和判断,能够根据当前的处理结果,自动确定下一步的操作和运算,最终完成用户所提出的各种任务。

4. 数据处理量大

计算机可以存储和处理大量的数据,比如,一个大型图书馆的藏书可以以电子书的形式存储在一块硬盘上,一个城市几百万的人口户籍信息由服务器就可以进行保存管理。

5. 自动化程度高

只要人们预先把处理要求、处理步骤、处理对象等必备元素输入计算机系统内,计算机启动工作后就可以在无人参与的条件下自动完成预定的全部任务。这是计算机区别于其他工具的本质特点。

6. 应用领域广泛

在现代社会中,几乎人类涉及的所有领域都不同程度地应用了计算机的思想、技术和设备,并发挥了巨大的作用。这种应用的广泛性是现今任何工具不可比拟的,而且这种广泛性还在随着技术的发展不断地延伸和发展。

1.3 计算机的应用领域及分类

1.3.1 计算机的应用领域

计算机的应用领域非常广泛,经过几十年的发展,计算机在现代社会的各个领域都发挥着巨大的作用,主要的用途包括以下方面。

1. 科学计算

由于计算机具有高精度和高速度的运算能力，因此非常适用于需要各种复杂而精密计算的科学和工程技术方面。如航天飞机轨道计算，气象数据分析，水利设施强度计算等。

2. 信息管理

人们所从事的社会经济活动会产生大量的信息，需要被恰当地管理从而提高效率。计算机通过对各种承载着信息的数据进行采集、存储、加工、传输和分析，实现有效的信息管理，并能对决策提供支持。如企业生产过程中的采购、生产、销售、财务等信息，银行中大量客户的账户信息，每个人的社会保险和医疗保险信息等，都需要由计算机进行精确而高效的管理。

3. 实时控制

在电力、机械制造、化工、冶金、交通、建筑等行业中，有许多过程需要实时进行调节和控制，采用计算机进行过程控制，可以大大提高控制的自动化水平和控制的及时性、准确性，同时减轻劳动强度，在很多危险和艰苦的工作环境中代替人工操作。

4. 人工智能

人工智能(artificial intelligence，AI)是用计算机模拟人类的智能活动，包括判断、理解、学习、信息识别、问题求解等。它综合了计算机科学技术、信息论、生物医学、心理学等多个学科知识。通过人工智能技术，计算机可以代替人脑在某些领域进行工作，如各种形式的机器人、智能决策系统等。

5. 辅助工程

通过多媒体技术和虚拟技术的支持，计算机可以在很多领域辅助人们进行工作，主要包括计算机辅助设计(CAD)、计算机辅助制造(CAM)、计算机辅助教育(CAE)、计算机仿真(CS)等，广泛应用于工业设计和制造、建筑、交通、教育教学、科学试验、军事演习等。

6. 学习娱乐

计算机不仅能帮助人们完成复杂的工作，还能供人们学习和娱乐，如各种丰富多彩的电子游戏、数字音乐、数字电影、电子阅读等。将计算机与娱乐相结合，开发计算机游戏及利用计算机进行影音制作已经成为一个巨大的产业。

7. 电子商务

随着互联网技术的发展，利用计算机在互联网上进行各种商品和服务的展示、宣传、定制、选购、支付等商业活动已经得到越来越多人的认可。电子商务可以大大节约商品交易过程中人工、店面等成本，而且可以为消费者提供很大的方便。

1.3.2　计算机的分类

随着计算机技术的迅速发展和应用领域的不断扩大，计算机的种类也越来越多，按现代观念可以从以下几个不同的角度对计算机进行分类。

1. 按计算机的工作原理分类

按计算机的工作原理，可将计算机划分为模拟式电子计算机、数字式电子计算机和混合式电子计算机。

1) 模拟式电子计算机

模拟式电子计算机问世比较早，是使用连续变化的电信号模拟自然界的信息，其基本运算部件是由运算放大器构成的微分器、积分器、通用函数运算器等。模拟式电子计算机处理问题的精度低，信息不易存储，通用性差，并且电路结构复杂，抗外界干扰能力极差。

2) 数字式电子计算机

数字式电子计算机是当今世界电子计算机行业中的主流，是使用不连续的数字量即"0"和"1"来表示自然界的信息，其基本运算部件是数字逻辑电路。数字式电子计算机处理问题的精度高、存储量大、通用性强，能胜任科学计算、信息处理、实时控制、智能模拟等各方面的工作。人们常说的计算机就是指数字式电子计算机。

3) 混合式电子计算机

混合式电子计算机是综合了上述两种计算机的优点设计的，它既能处理数字量，又能处理模拟量，这种计算机结构较复杂，设计较为困难。

2. 按计算机的应用特点分类

按计算机的应用特点可划分为通用计算机和专用计算机。

1) 通用计算机

通用计算机是面向多种应用领域和算法的计算机，其特点是系统结构和计算机软件能适合不同用户的需求，一般的计算机都是此类。

2) 专用计算机

专用计算机是针对某一特定应用领域或面向某种算法而专门设计的计算机。其特点是系统结构和专用软件对所指定的应用领域是高效的，对其他领域是低效的，有时甚至是无效的，一般在过程控制中使用的工业控制机、卫星图像处理用的并行处理机都属于专用计算机。

3. 按计算机的性能分类

按计算机的性能可划分为巨型计算机、大型计算机、小型计算机、微型计算机、服务器和工作站。

1) 巨型计算机

巨型计算机又称为超级计算机(super computer)，它是所有计算机中性能最高、功能最强、速度最快、存储量巨大、结构复杂、价格昂贵的一类计算机，如图1-9所示。其浮点运算速度目前已达到每秒千万亿次，多用在国防、航天、生物、核能等国防高科技领域和国防尖端技术中。我国自主研制的银河系列机、曙光系列机、深腾系列机均属于巨型计算机，特别是 2009年10月"天河一号"的研制成功，将中国高性能计算机的峰值性能提升到了每秒1206万亿次。

图1-9　巨型计算机

2) 大型计算机

大型计算机是计算机中通用性能最强，功能、速度、存储仅次于巨型计算机的一类计算机，国外习惯将其称为主机(mainframe)，如图 1-10 所示。大型计算机具有比较完善的指令系统和丰富的外部设备，较强的管理和处理数据的能力，一般应用在大型企业、金融系统、高校、科研院所等。

图 1-10　大型计算机

3) 小型计算机

小型计算机是计算机中性能较好，价格便宜，应用领域非常广泛的一类计算机。其浮点运算速度可达每秒几千万次。小型计算机结构简单，使用和维护方便，备受中小企业欢迎，主要应用于科学计算、数据处理和自动控制等。

4) 微型计算机

微型计算机也称个人计算机(personal computer，PC)，是应用领域广泛、发展较快、人们较感兴趣的一类计算机，它以其设计先进(采用高性能的微处理器)、软件丰富、功能齐全、体积小、价格便宜、灵活性好等优势而拥有广大的用户。目前，微型计算机已广泛应用于办公自动化、信息检索、家庭教育和娱乐等。

5) 服务器

服务器(server)是可以被网络用户共享，为网络用户提供服务的一类高性能计算机。一般配置多个 CPU，有较高的运行速度，并具有超大容量的存储设备和丰富的外部接口。常用的服务器有 Web 服务器、电子邮件服务器、域名服务器、文件服务器等。

6) 工作站

工作站(workstation)是一种高档微型计算机系统。通常配有大容量的主存、高分辨率显示器、较高的运算速度和较强的网络通信能力，具有大型计算机或小型计算机的多任务、多用户管理能力，且兼有微型计算机的操作便利性和良好的人机界面。因此，工作站主要用于图像处理和计算机辅助设计等领域。

1.4　计算机的发展方向

展望未来的计算机，其性能会越来越高，速度会越来越快。实现此目标的途径有两个：一是提高器件的速度，二是采用并行处理。早期人们采用的 286、386 等型号 CPU，其主频只有几十 MHz。之后出现的奔腾系列 CPU，其主频可达到 2GHz 以上。由于 RISC 技术的成熟与普及，CPU 性能的增长率由 20 世纪 80 年代的 35%发展到 90 年代的 60%。此外，器件速度还可通过研制新的器件(如生物器件、量子器件等)、采用纳米工艺、片上系统等技术提高几个数量级。在这方面主要体现计算机发展的"高"技术、"高"工艺等方向，通过各种工艺和技术的融合，将微电子技术、光学技术、超导技术和电子仿生技术相互结合。第一台超高速全光数字计算机已由英国、法国、德国、意大利和比利时等国家的 70 多名科学家和工程师合作研制成功，光子计算机的运算速度比电子计算机快 1000 倍。不久的将来，超导计算机、神经网络计算机等全新的计算机也会诞生。届时计算机将发展到更高、更先进的水平。

1.4.1 超导计算机

随着信息社会的发展，各行业对计算机性能的要求越来越高，基于半导体技术的计算机硬件的发展却遇到了瓶颈。因此，世界各国都在积极推动新系统和高性能计算机技术的研究。超导计算机的概念正是在这一背景下提出的，因为超导体具有微损耗、零电阻的物理特性，因此，超导器件可以大大减少元件之间的散热问题，从而达到提高芯片集成度、降低功耗的效果，如图 1-11 所示。

图 1-11 超导计算机

超导计算机是利用超导技术生产的计算机及其部件，其开关速度达到几微微秒，运算速度比现在的电子计算机快，电能消耗量少。超导计算机对人类文明的发展可以起到极大作用。

当电子开关元件的速度达到纳秒级时，整个计算机必须容纳在边长小于 3 厘米的立方体中才不会因信号传输而降低整机速度。可是，芯片的集成度越高，计算机的体积越小，机器发热就越严重。解决问题的出路是研制超导计算机。所谓超导，是指在接近绝对零度的温度下，电流在某些介质中传输时所受阻力为零的现象。1962 年，英国物理学家约瑟夫逊提出了"超导隧道效应"，即由超导体—绝缘体—超导体组成的器件(约瑟夫逊元件)，当对其两端加电压时，电子就会像通过隧道一样无阻挡地从绝缘介质中穿过，形成微小电流，而该器件的两端电压为零。与传统的半导体计算机相比，使用约瑟夫逊器件的超导计算机的耗电量仅为其几千分之一，而执行一条指令所需时间却要快上 100 倍。超导体除了"零电阻"这个特性，还有一个基本特性是完全抗磁性，即迈斯纳效应。1933 年迈斯纳等为了判断超导态的磁性是否完全由零电阻决定，进行了一项实验，发现了迈斯纳效应。大量实验表明，如果先降温，使超导体进入超导态，然后加上磁场，则它将把磁场排斥到超导体外；如果先加上磁场，然后降低温度，只要温度低于临界温度，磁场就会被排斥出去。不管超导体内原来有无磁场，一旦进入超导态，超导体内的磁场一定等于零，即具有完全抗磁性超导体内的完全抗磁性根源于导体表面的屏蔽电流。当超导体进入超导态时，在其表面将产生一定的永久电流。该电流所产生的磁场在超导体内与外磁场方向相反，彼此恰好抵消，从而使超导体内的总磁场强度为零，起到屏蔽外磁场的作用。

超导计算机在医疗和输送系统等领域都有相关应用。在医疗系统方面，利用核磁共振的磁共振图像装置的超导化，是超导材料在医疗系统应用的典型例子，这就是 MRI 装置。此外，超导体还可做成心磁计、脑磁计、肺磁计等微弱信号的传感器。超导磁悬浮作用可使列车产生悬浮、导向和推进作用，把超导磁体装在车厢内，轨道侧装上起悬浮作用和推进、导向作用的两种常规导电线圈，就可使车轮与铁轨之间无摩擦驱动，因此可以实现高速运转，而且无噪声、无松动，只有风声，轨道上不再留下痕迹。此外，利用超导电磁作用可以设想制造风磁推动船。其具体设想是，把超导磁体放在船内，利用海水导电电流与磁场的相互作用而使船体取得推动力，不再有螺旋桨一类的转动部件。推动力的大小与海水中导通电流值和磁场强度成正比。为了实现这一目标还有许多难题需要解决，如海水通电会出现海水电解(产生氯气)等。由于太空是一个高真空、极低温和无重力场的环境，因此，超导现象可用于宇宙空间。一方面超导材料与元器件可利用宇宙条件进行加工制作，另一方面，超导器件可以广泛应用在飞行器上，如微波、红外传感器、探测器，还可利用超导磁体装置飞船的推进器。

超导计算机作为引领 21 世纪计算机的重要发展方向，正在吸引科研人员展开积极研究。当前虽然超导计算机的概念被广泛提及，然而应当客观地看到，超导计算机距离大规模应用还有很长一段路要走。众所周知，超导体要达到超导状态，需要极低温的工作环境，这是一个不可回避的制约因素。尽管遇到不少困难，专注于超导计算机的研究都可以为计算机技术的发展提供新的思路。

1.4.2　纳米计算机

纳米计算机指将纳米技术运用于计算机领域所研制出的一种新型计算机。科学家发现，当晶体管的尺寸缩小到 0.1 微米(100 纳米)以下时，半导体晶体管赖以工作的基本条件将受到很大限制。研究人员需另辟蹊径，才能突破 0.1 微米界限，实现纳米级器件。"纳米"本是一个计量单位，采用纳米技术生产芯片，成本十分低廉，因为它既不需要建设超洁净生产车间，也不需要昂贵的实验设备和庞大的生产队伍。只要在实验室里将设计好的分子合在一起，就可以造出芯片，大大降低了生产成本。现代商品化大规模集成电路上元器件的尺寸约在 0.35 微米(即350 纳米)，而纳米计算机的基本元器件尺寸只有几到几十纳米。

目前，在以不同原理实现纳米级计算方面，科学家提出四种工作机制：电子式纳米计算技术，基于生物化学物质与 DNA 的纳米计算机，机械式纳米计算机，量子波相干计算。它们有可能发展成为未来纳米计算机技术的基础，像硅微电子计算技术一样，电子式纳米计算技术仍然利用电子运动对信息进行处理。不同的是：前者利用固体材料的整体特性，根据大量电子参与工作时所呈现的统计平均规律；后者利用的是在一个很小的空间内(纳米尺度)，有限电子运动所表现出来的量子效应。

2013 年 9 月 26 日斯坦福大学宣布，人类首台基于碳纳米晶体管技术的计算机已成功测试运行。该项实验的成功证明人类有望在不远的将来，摆脱当前硅晶体技术以生产新型电脑设备。英国学术杂志《自然》已在刊物中刊登了斯坦福大学的研究成果。

"这是有史以来人类利用碳纳米管生产出的最复杂的电子设备。"斯坦福大学项目研究小组出版论文联合作者马克斯•夏拉克尔表示，"关于(纳米技术)这个领域，舆论有很多天马行空的渲染。但人们却从来没有真正确定，该技术原来可以像现在这样，以一个如此实际、实用的方式被利用。"

斯坦福大学的研究成果基于来自包括 IBM 等数家科研机构的技术成果之上。碳纳米管是由碳原子层以堆叠方式排列所构成的同轴圆管。该种材料具有体积小、传导性强、支持快速开关等特点，因此当被用于晶体管时，其性能和能耗表现大幅优于传统硅材料。

夏拉克尔团队打造的人类首台纳米电脑实际只包括了 178 个碳纳米管，并运行只支持计数和排列等简单功能的操作系统。然而，尽管原型看似简单，却已是人类多年的研究成果。

随着半导体芯片越做越小，人们担心，传统的摩尔定律(芯片上的晶体管密度每隔一年半就翻一倍)将走到尽头，而告别传统硅芯片的世界首台碳纳米管计算机横空出世，不管怎样，计算设备体积越来越小，价格越来越便宜，性能越来越强大的趋势不会改变，对广大消费者来说都是好消息。

1.4.3　光子计算机

光子计算机是一种由光信号进行数字运算、逻辑操作、信息存储和处理的新型计算机。它由激光器、光学反射镜、透镜、滤波器等光学元件和设备构成，靠激光束进入反射镜和透镜组成的阵列进行信息处理，以光子代替电子，光运算代替电运算。光的并行、高速，天然地决定了光子计算机的并行处理能力很强，具有超高运算速度。光子计算机还具有与人脑相似的容错性，系统中某一元件损坏或出错时，并不影响最终的计算结果。光子在光介质中传输所造成的信息畸变和失真极小，光传输、转换时能量消耗和散发的热量极低，对环境条件的要求比电子计算机低得多。随着现代光学与计算机技术、微电子技术相结合，在不久的将来，光子计算机将成为人类普遍的工具。与传统硅芯片计算机不同，光计算机用光束代替电子进行运算和存储，它以不同波长的光代表不同的数据，以大量的透镜、棱镜和反射镜将数据从一个芯片传送到另一个芯片。

研制光计算机的设想早在 20 世纪 50 年代后期就已提出。1986 年，贝尔实验室的戴维•米勒研制出小型光开关，为同实验室的艾伦•黄研制光处理器提供了必要的元件。1990 年 1 月，艾伦•黄的实验室开始用光计算机工作。

从采用的元器件来看，光计算机有全光学型和光电混合型。1990 年贝尔实验室研制成功的那台机器就采用了混合型结构，相比之下，全光学型计算机可以达到更高的运算速度。

1.4.4　生物计算机

生物计算机也称仿生计算机，它是以核酸分子作为"数据"，以生物酶及生物操作作为信息处理工具的一种新颖的计算机模型。它的主要原材料是生物工程技术产生的蛋白质分子，并以此作为生物芯片来替代半导体硅片，利用有机化合物存储数据。信息以波的形式传播，当波沿着蛋白质分子链传播时，会引起蛋白质分子链中单键、双键结构顺序的变化。生物计算机的运算速度比当今最新一代计算机快 10 万倍，它具有很强的抗电磁干扰能力，并能彻底消除电路间的干扰。能量消耗仅相当于普通计算机的十亿分之一，且具有巨大的存储能力。生物计算机具有生物体的一些特点，如能发挥生物本身的调节机能，自动修复芯片上发生的故障，还能模仿人脑的机制等。

1994 年 11 月，美国南加州大学的阿德勒曼博士提出一个奇思妙想，即以 DNA 碱基对序列作为信息编码的载体，利用现代分子生物技术，在试管内控制酶的作用下，使 DNA 碱基对序列发生反应，以此实现数据运算。阿德勒曼在《科学》杂志上公布了 DNA 计算机的理论，引起了各国学者的广泛关注。

在过去的半个世纪里，计算机的意义几乎完全等同于物理芯片。然而，阿德勒曼提出的 DNA 计算机拓宽了人们对计算现象的理解，从此，计算不再只是简单的物理性质的加减操作，而又增添了化学性质的切割、复制、粘贴、插入和删除等种种方式。

生物计算机有很多优点，首先是体积小、功效高，在一平方毫米的面积上可容纳数亿个电路，比目前的电子计算机提高了上百倍。同时，生物计算机已经不再具有计算机的形状，可以隐藏在桌角、墙壁或地板等地方，同时发热和电磁干扰都大大降低。其次，生物计算机的芯片具有永久性和很高的可靠性，若能使生物本身的修复机制得到发挥，则即使芯片出了故障也能自我修复(这是生物计算机极其诱人的潜在优势)。蛋白质分子可以自我组合，能够新生出微型电路，具有活性，因此生物计算机拥有生物特性。最后是生物计算机的存储与并行处理。生物计算机在存储方面与传统电子学计算机相比具有巨大的优势。一克 DNA 存储的信息量可与一万亿张 CD 相当，存储密度是通常所用磁盘存储器的 10 000 亿倍。生物计算机还具有超强的并行处理能力，通过一个狭小区域的生物化学反应可以实现逻辑运算，数百亿个 DNA 分子构成大批 DNA 计算机进行并行操作。尤其是生物神经计算机，具备很好的并行式、分布式存储记忆和广义容错能力，在处理玻尔兹曼自动机模型和一些非数值型问题时表现出巨大潜力，真正摆脱冯·诺依曼模型，实现真正的智能。生物计算机是由有机分子组成的生物化学元件，它们是利用化学反应工作的，只需要很少的能量就可以工作，不会像电子计算机那样，工作一段时间后机体会发热，生物计算机的电路间也没有信号干扰。生物计算机自身具备修改错误的特性，因此，生物计算机也具有数据错误率较低等优点。

1.4.5 量子计算机

量子计算机以处于量子状态的原子作为中央处理器和内存，利用原子的量子特性进行信息处理。由于原子具有在同一时间处于两个不同位置的奇妙特性，即处于量子位的原子既可以代表 0 或 1，也能同时代表 0 和 1 以及 0 和 1 之间的中间值，故无论从数据存储还是处理的角度，量子位的能力都是晶体管电子位的两倍。对此有人曾经作过这样一个比喻，假设一只老鼠准备绕过一只猫，根据经典物理学理论，它要么从左边过，要么从右边过，而根据量子理论它却可以同时从猫的左边和右边绕过。

量子计算机与传统计算机在外形上有较大的差异：它没有传统计算机的盒式外壳，看起来像是一个被其他物质包围的巨大磁场。它不能利用硬盘实现信息的长期存储，但高效的运算能力使量子计算机具有广阔的应用前景，这使得众多国家和科技实体乐此不疲地对其进行研发。

量子计算机的特点主要有运行速度较快、处置信息能力较强、应用范围较广等。与一般计算机比较起来，信息处理量愈多，对于量子计算机实施运算也就愈加有利，也就更能确保运算的精准性。

量子计算机有一些优势，首先拥有强大的量子信息处理能力，对于海量的信息，能够从中提取有效的信息进行加工处理，使之成为新的有用信息。量子信息的处理首先需要对量子计算机进行存储处理，之后再对所给的信息进行量子分析。运用这种方式能准确预测天气状况，目前计算机预测的天气状况的准确率达75%，但是运用量子计算机进行预测，准确率能进一步提高，更加方便人们的出行。其次对于安全问题，传统的计算机通常会受到病毒的攻击，直接导致系统瘫痪，还会导致个人信息被窃取，但是量子计算机由于具有不可克隆的量子原理，这些问题不会存在，用户在使用量子计算机时可以放心地上网，不用害怕个人信息泄露。另一方面，量子计算机拥有强大的计算能力，能够同时分析大量不同的数据，所以在金融方面能够准确分析金融走势，在避免金融危机方面起到很大的作用。量子计算机在生物化学的研究方面也能够发挥很大的作用，可以模拟新的药物成分，使科研人员更加精确地研制药物和化学用品，这样就能够保证药物的成本和药物的药性。量子计算机理论上具有模拟任意自然系统的能力，同时也是发展人工智能的关键。量子计算机在并行运算上的强大能力，使它能够快速完成经典计算机无法完成的计算。这种优势在加密和破译等领域有着巨大的应用，如天气预报、药物研制、交通调度等。

1.5 本章小结

本章主要阐述计算机的发展历史，从计算机的产生一直到未来计算机的发展趋势。计算机从手工计算、机械计算再到电子计算，在电子计算阶段采用的是冯·诺依曼体系结构，经历了几代的更新变化，元器件由电子管、晶体管、集成电路到大规模集成电路。计算机的主要特点是运算速度快、精度高、逻辑性强、处理能力强、自动化程度高、应用领域广等，所以在很多方面都有应用，比如：科学计算、信息管理、实时控制、人工智能等。未来计算机会向着更高速、更高技术、更高工艺等方面发展，如超导计算机、纳米计算机、生物计算机、量子计算机等。

1.6 习题

1. 选择题

(1) 冯·诺依曼对现代计算机的主要贡献是(　　)。
    A. 设计了差分机　　　　　　　　　　B. 设计了分析机
    C. 建立了理论模型　　　　　　　　　　D. 确立了计算机的基本结构

(2) 用电子管作为电子器件制成的计算机属于(　　)。
    A. 第一代　　　　B. 第二代　　　　C. 第三代　　　　D. 第四代

(3) 世界上第一台通用电子数字计算机诞生于(　　)。
    A. 1950 年　　　　B.1946 年　　　　C. 1945 年　　　　D. 1948 年

(4) 早期的计算机用来进行(　　)。

    A. 科学计算   B. 系统仿真

    C. 自动控制   D. 动画设计

(5) 早期的计算机体积大、耗电多、速度慢，其主要原因是制约于(　　)。

    A. 元材料   B. 工艺水平

    C. 设计水平   D. 元器件

(6) 计算机的主要特点是(　　)。

    A. 运算速度快、存储容量大、性价比低

    B. 运算速度快、性价比低、程序控制

    C. 运算速度快、自动控制、可靠性高

    D. 性价比低、功能全、体积小

(7) 当前计算机的应用领域极为广泛，但其应用最早的领域是(　　)。

    A. 数据处理   B. 科学计算

    C. 人工智能   D. 过程控制

(8) 办公室自动化是计算机的一大应用领域，按计算机应用的分类属于(　　)。

    A. 科学计算   B. 辅助设计

    C. 实时控制   D. 数据处理

(9) 个人计算机简称 PC 机，这种计算机属于(　　)。

    A. 微型计算机   B. 小型计算机

    C. 超级计算机   D. 巨型计算机

(10) 以下不属于电子数字计算机特点的是(　　)。

    A. 通用性强   B. 体积庞大

    C. 计算精度高   D. 运算快速

2. 简答题

(1) 现代计算机的发展经历了哪几个阶段？所采用的元器件是什么？

(2) 计算机具有哪些特点？

第 2 章

计算机基础理论

本章重点介绍以下内容：
- 进制间的相互转换；
- 数值数据与非数值数据的表示；
- 原码、反码、补码；
- 字符、汉字、音频、视频、图像、图形信息的表示。

2.1 数制基础

数制也称为"计数制"，是用一组固定的符号和统一的规则来表示数值的方法。人们通常采用的数制有十进制、二进制、八进制、十六进制。

2.1.1 采用二进制的原因

虽然计算机能极快地进行运算，但其内部并不像人类在实际生活中使用的十进制，而是使用只包含 0 和 1 两个数值的二进制。在计算机内部存储、处理和传递的信息均采用二进制代码来表示，要理解计算机的工作原理，就必须了解二进制。

计算机为什么要采用二进制形式而不采用人们习惯的十进制或其他进制呢？这是因为在机器内部，信息的表示和存储依赖于机器硬件电路的状态，信息采用什么样的表示形式将直接影响计算机的性能。综合考虑，计算机采用二进制的主要原因有以下几个。

(1) 技术上容易实现。用双稳态电路表示二进制数字 0 和 1 很容易实现。

(2) 可靠性高。二进制中只使用 0 和 1 两个数字，传输和处理时不易出错。因为每位数据只有高电平和低电平两个状态，当受到一定程度的干扰时，仍能可靠地分辨出它是高电平还是低电平。

(3) 运算规则简单。与十进制数相比，二进制数的运算规则要简单得多，这不仅可以使运算器的结构得到简化，而且有利于提高运算速度。

(4) 适合逻辑运算。二进制数 0 和 1 正好与逻辑量"真"和"假"相对应，用二进制数表示二值逻辑显得十分自然。

(5) 易于进行转换。人们使用计算机时可以仍然使用自己所习惯的十进制数，而计算机将其自动转换成二进制数存储和处理，输出处理结果时又将二进制数自动转换成十进制数，这给工作带来了极大的方便。

2.1.2　进位计数制

用进位的原则进行计数即为进位计数制，简称"数制"。它是人类自然语言和数学中广泛使用的一类符号系统。在介绍各种数制之前，首先介绍数制中包含的三个基本要素：数码、基数和位权。

1. 数码

数码指一组用来表示某种数制的符号。如：1，2，3，4，A，B，C，Ⅰ，Ⅱ，Ⅲ，Ⅳ等。

2. 基数

数制所使用的数码个数称为"基数"或"基"，常用"R"表示，称为 R 进制。如二进制的数码是 0、1，基为 2。

3. 位权

位权指数码在不同位置上的权值。在进位计数制中，处于不同数位的数码代表的数值不同。如十进制数 111，个位数上的 1 的权值为 10^0，十位数上的 1 的权值为 10^1，百位数上的 1 的权值为 10^2。

4. 常见的几种进位计数制

(1) 十进制(decimal system)：由 0，1，2，…，8，9 十个数码组成，即基数为 10。特点为：逢十进一，借一当十。用字母 D 表示。

(2) 二进制(binary system)：由 0，1 两个数码组成，即基数为 2。二进制的特点为：逢二进一，借一当二。用字母 B 表示。

(3) 八进制(octal system)：由 0，1，2，3，4，5，6，7 八个数码组成，即基数为 8。八进制的特点为：逢八进一，借一当八。用字母 O 表示。

(4) 十六进制(hexadecimal system)：由 0，1，2，…，9，A，B，C，D，E，F 十六个数码组成，即基数为 16。十六进制的特点为：逢十六进一，借一当十六。用字母 H 表示。

对于不同的数制，我们常采用以下两种书写方式。

(1) 在数字后面加一个大写字母作为后缀，表示该数字采用的数制。

(2) 在括号外面加下标。

常用进位计数制如表 2-1 所示。

表 2-1　常用进位计数制

进制	数码	基数	表示	进位规则
二进制	0，1	2	111011B 或 $(111011)_2$	逢二进一
八进制	0，1，2，3，4，5，6，7	8	215O 或 $(215)_8$	逢八进一
十进制	0，1，2，3，4，5，6，7，8，9	10	7255D 或 $(7255)_{10}$	逢十进一
十六进制	0，1，2，3，4，5，6，7，8，9，A，B，C，D，E，F	16	16ABH 或 $(16AB)_{16}$	逢十六进一

2.1.3 进制间的相互转换

1. 十进制数与 R 进制数

在日常生活中，人们所使用的十进制数是由 10 个不同的符号(0，1，2，3，4，5，6，7，8，9)组合表示的，这些符号处于十进制数中不同位置时，其权值各不相同。

十进制数与 R 进制数之间的转换很简单，下面分三种情况来说明。

1) R 进制数转换为十进制数

R 进制转换为十进制数，只要将各位数字乘以各自的位权求和即可。

转换规则：采用 R 进制数的位权展开法，即将 R 进制数按"位权"展开形成多项式并求和，得到的结果就是转换结果，例如：

$$(111.001)_2=(1\times2^2+1\times2^1+1\times2^0+0\times2^{-1}+0\times2^{-2}+1\times2^{-3})_{10}$$
$$=(7.125)_{10}$$

2) 十进制整数转换为 R 进制整数

十进制整数转换为 R 进制整数，可以采取"除基逆序取余法"。例如，将十进制数 57 转换成二进制数，如图 2-1 所示。

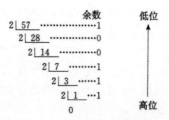

图 2-1　除以 2 逆序取余法过程

故，$(57)_{10}=(111001)_2$

3) 十进制小数转换为 R 进制小数

十进制小数转换为 R 进制小数，可以采取"乘基顺序取整法"，即把给定的十进制小数不断乘以基数，取乘积的整数部分作为 R 进制小数的最高位，然后把乘积小数部分再乘以基数，取乘积的整数部分，得到二进制小数的第 2 位。重复上述过程，就可以得到希望的位数，有时得到的是近似值。下面是两个不同的例子。

(1) 将$(0.875)_{10}$转换为二进制小数。

0.875×2=1.75	整数部分=1	(高位)
0.75×2=1.5	整数部分=1	↓
0.5×2=1	整数部分=1	(低位)

故，$(0.875)_{10}=(0.111)_2$

(2) 将$(0.63)_{10}$转换为二进制小数。

0.63×2=1.26	整数部分=1	(高位)
0.26×2=0.52	整数部分=0	↓
0.52×2=1.04	整数部分=1	
0.04×2=0.08	整数部分=0	(低位)
…	…	…

故，$(0.63)_{10} = (0.1010\cdots)_2$（二进制无穷小数）

2. 二进制、八进制、十六进制数间的相互转换

1) 二进制数与八进制数的相互转换

二进制数转换为八进制数的规则：将二进制数从小数点开始，对二进制整数部分向左每 3 位分成一组，不足 3 位的向高位补 0 凑成 3 位；对二进制小数部分向右每 3 位分成一组，不足 3 位的向低位补 0 凑成 3 位。每一组有 3 位二进制数，分别转换成八进制数码中的一个数字，全部连接起来即可，如表 2-2 所示。

表 2-2　二进制转八进制

二进制	000	001	010	011	100	101	110	111
八进制	0	1	2	3	4	5	6	7

例如，将二进制数 11111101.101 转换为八进制数，如表 2-3 所示。

表 2-3　3 位二进制转 1 位八进制

二进制 3 位分组	011	111	101.	101
转换为八进制数	3	7	5.	5

所以，11111101.101B=375.5O。

八进制数转换为二进制数的规则：1 位拆 3 位，即只要将每位八进制数转换为相应的 3 位二进制数，依次连接起来即可，例如，$(2304)_8 = (10011000100)_2$。

2) 二进制数与十六进制数的相互转换

二进制数转换为十六进制数的规则：只要把每 4 位分成一组，再分别转换为十六进制数码中的一个数字，不足 4 位的分别向高位或低位补 0 凑成 4 位，全部连接起来即可，如表 2-4 所示。

表 2-4　二进制转十六进制

二进制	0000	0001	0010	0011	0100	0101	0110	0111
十六进制	0	1	2	3	4	5	6	7
二进制	1000	1001	1010	1011	1100	1101	1110	1111
十六进制	8	9	A	B	C	D	E	F

例如，将 10110001.101B 转换为十六进制数，如表 2-5 所示。

表 2-5　4 位二进制转 1 位十六进制

二进制 4 位分组	1011	0001	1010
转换为十六进制数	B	1	A

所以，10110001.101B =B1.AH。

十六进制数转换为二进制数的规则：只要将每位十六进制数转换为 4 位二进制数，然后依次连接起来即可，例如，$(A0E)_{16}=(101000001110)_2$。

3. 非十进制数之间的转换

不满足以上情况的两个非十进制数之间的转换，可以先把要转换的数值转换成对应的二进制数，然后再将二进制数转换为对应数制的数值。

2.1.4 二进制四则运算

与十进制数一样，对二进制数也可以进行加、减、乘、除等四则运算。

1. 二进制数的加法运算

二进制数的加法运算有：0+0=0，0+1=1，1+0=1，1+1=10(0 进位为 1)。

2. 二进制数的减法运算

二进制数的减法运算有：0−0=0，1−0=1，1−1=0，10−1=1。

注意，两个多位二进制数的加(减)法必须考虑低位向高位的进(借)位，例如：

$$
\begin{array}{r}
0\,1\,0\,1 \\
+\quad 0\,1\,0\,0 \\
\hline
1\,0\,0\,1
\end{array}
\qquad
\begin{array}{r}
1\,0\,0 \\
1 \\
-\quad 0\,1\,0 \\
0 \\
\hline
0\,1\,0 \\
1
\end{array}
$$

3. 二进制数的乘法运算

二进制数的乘法运算有：$0\times0=0$，$0\times1=0$，$1\times0=0$，$1\times1=1$。

4. 二进制数的除法运算

二进制数的除法运算有：$0\div1=0$，$1\div1=1$。

2.1.5 二进制逻辑运算

二进制位的取值只有“0”和“1”两种，这两个值不完全是数量上的概念，很多情况下它只是表示两种不同的状态。在计算机中，电位的高或低、脉冲的有或无经常用“1”或“0”表示。在人们的逻辑思维中，命题的真或假(对或错)也可以用“1”或“0”来表示。

为了对二进制信息进行各种处理(包括加、减、乘、除等)，需要使用逻辑代数这个数学工具，逻辑代数是英国数学家乔治·布尔在 19 世纪中叶提出的，也称为布尔代数。逻辑代数中最基本的逻辑运算有四种：逻辑加(也称“或”运算，用符号 OR、∨或+表示)、逻辑乘(也称“与”运算，用符号 AND、∧或 · 表示)、逻辑异或(也称“半加”运算，用符号 XOR、⊕表示)及取反(也称“非”运算，用符号 NOT 或−表示)运算。它们的运算规则如下。

(逻辑加)

$$
\begin{array}{cccc}
0 & 0 & 1 & 1 \\
\vee\,0 & \vee\,1 & \vee\,0 & \vee\,1 \\
\hline
0 & 1 & 1 & 1
\end{array}
$$

(逻辑乘)

$$
\begin{array}{cccc}
0 & 0 & 1 & 1 \\
\wedge\,0 & \wedge\,1 & \wedge\,0 & \wedge\,1 \\
\hline
0 & 0 & 0 & 1
\end{array}
$$

(逻辑异或)

$$
\begin{array}{cccc}
0 & 0 & 1 & 1 \\
\oplus\,0 & \oplus\,1 & \oplus\,0 & \oplus\,1 \\
\hline
0 & 1 & 1 & 0
\end{array}
$$

取反运算最简单，"0"取反后是"1"，"1"取反后是"0"。

当两个多位的二进制信息进行逻辑运算时，它们按位独立进行，即每一位不受同一信息的其他位影响。例如，两个 4 位的二进制信息 0101 和 1100 进行"或"运算和"与"运算的结果分别如下。

$$
\begin{array}{cccc}
& 0\,1\,0\,1 & & 0\,1\,0\,1 \\
\vee & 1\,1\,0\,0 & \wedge & 1\,1\,0\,0 \\
\hline
& 1\,1\,0\,1 & & 0\,1\,0\,0
\end{array}
$$

而对 0101、1100 进行取反之后，其结果分别为 1010 和 0011。

2.2　数据的表示

数据表示指计算机硬件能够直接识别，可以被指令系统直接调用数据类型。下面将介绍数值数据与非数值数据的不同表示方法。

2.2.1　数值数据的表示

1. 机器数与真值

在计算机中只能用数字化信息来表示数据，非二进制整数输入到计算机中都必须以二进制格式来存放，同时数值的正、负也必须用二进制数表示。规定用二进制数"0"表示正数，用二进制数"1"表示负数，且用最高位作为数值的符号位，每个数据占用一个或多个字节。这种连同符号与数字组合在一起的二进制数称为机器数，机器数所表示的实际值称为真值。

例如："+29"的机器数表示为 00011101。

例如："-345"的机器数表示为 1000000101011001。

2. 数值的表示

数值信息指的是数学中的数，它有正负和大小之分。计算机中的数值信息分成整数和实数两大类。整数不使用小数点，或者说小数点始终隐含在个位数的右面，所以整数也叫作"定点数"。计算机中的整数分为两类：不带符号位的整数(unsigned integer)，也称为无符号整数，此类整数一定是正整数；带符号位的整数(signed integer)，此类整数既可表示正整数，又可表示负整数。

1) 无符号整数

无符号整数常常用于表示地址、索引等正整数，它们可以是 8 位、16 位、32 位、64 位甚至位数更多。8 个二进位表示的正整数的取值范围是 0～255(2^8−1)，16 个二进位表示的正整数的取值范围是 0～65 535(2^{16}−1)，n 位的无符号整数的取值范围是 0～2^n−1。

2) 带符号整数

带符号的整数必须使用一个二进位作为其符号位，一般总是最高位(最左面的一位)，0 表示+(正数)，1 表示-(负数)，其余各位则用来表示数值的大小，带符号整数的存储结构如图 2-2 所示。

图 2-2 带符号整数的存储结构

例如：00101011=+43，10101011=−43。

可见，8 个二进位表示的带符号整数的取值范围是-127～+127(-2^7+1～$+2^7$−1)，16 个二进位表示的带符号整数的取值范围是-32767～+32767(-2^{15}+1～$+2^{15}$−1)，n 个二进位表示的带符号整数的取值范围是-2^{n-1}+1～$+2^{n-1}$−1。

3) 浮点数

浮点数由尾数和阶码组成，与科学计数法相似，任意一个 J 进制数 N，总可以写成 $N = J^E \times M$。

式中 M 为数 N 的尾数(mantissa)，是一个纯小数；E 为数 N 的阶码(exponent)，是一个整数；J 为比例因子 J^E 的底数。这种表示方法相当于数的小数点位置随比例因子的不同而在一定范围内可以自由浮动，所以称为浮点表示法。

2.2.2 非数值数据的表示

信息的载体可以是数字、文字、语音、图形、图像。由于计算机内部只能处理二进制代码，因此，为了传输这些信息，首先要将这些信息转换为二进制。数值通过数制的转换即可转换为计算机能识别的二进制，而非数值型数据则需要遵循一定的编码标准进行编码才能被计算机识别。

2.3 数的码制

在机器数中，数值和符号全部数字化。计算机在进行数值运算时，采用把各种符号位和数值位一起编码，通常用原码、反码和补码三种方式表示。任何正数的原码、反码和补码的形式完全相同，负数的表示形式则各不相同。

2.3.1 原码

原码是机器数的一种简单的表示法。其符号位用 0 表示正号，用 1 表示各种负号，数值用二进制形式表示。设有一数为 X，则原码可记作 $(X)_原$。用原码表示数简单、直观，与真值之间的转换方便。但不能用它直接对两个同号数相减或对两个异号数相加。

例如："−29"的机器数表示为 10011101，原码表示为 10011101。

2.3.2 反码

机器数的反码可由原码得到。如果机器数是正数，则该机器数的反码与原码一样；如果机器数是负数，则该机器数的反码是对它的原码(符号位除外)各位取反，即"0"变为"1"、"1"变为"0"。设有一数 X，则 X 的反码可记作 $(X)_反$。

例如："−29"的机器数表示为 10011101，原码表示为 10011101，反码表示为 11100010。

2.3.3 补码

如果机器数是正数，则该机器数的补码与原码一样；如果机器数是负数，则该机器数的补码是其反码加 1(即对该数的原码除符号位外各位取反，然后加 1)。设有一数 X，则 X 的补码可记作 $(X)_补$。

例如："−29"的机器数表示为 10011101，原码表示为 10011101，反码表示为 11100010，补码表示为 11100011。

带符号整数表示法即"原码"，它虽然与人们日常使用的方法比较一致，但由于数值"0"有两种不同的表示("1000…00"与"0000…00")，且加法运算与减法运算的规则不统一，需要分别使用加法器和减法器来完成，增加了计算机的成本。为此，数值为负的整数在计算机内不采用"原码"而采用"补码"的方法进行表示。

在补码表示法中，整数 0 唯一地表示为"0000…00"，而"1000…00"却被用来表示负整数 -2^{n-1}(n 表示位数)。正因为如此，相同位数的二进制补码可表示的数的个数比原码多一个。采用补码表示负数后，加减法运算都可以用加法来实现，并且两数的补码之"和"等于两数"和"的补码。目前，在计算机中加减法基本上都是采用补码进行运算的。

例如，表 2-6 所示为+45、−45、+0、−0 所对应的真值、原码、反码、补码。

表2-6 真值、原码、反码、补码

十进制数	+45	-45	+0	-0
真值	+101101	-101101	+0	-0
原码	00101101	10101101	00000000	10000000
反码	00101101	11010010	00000000	11111111
补码	00101101	11010011	00000000	00000000

2.4 信息的表示

2.4.1 计算机中的数据单位

数字技术是当代电子信息技术的重要基础，它只用有限个状态(主要是用 0 和 1 两个数字)来表示、处理、存储和传输信息。采用数字技术实现信息处理是半个多世纪来电子信息技术的发展趋势。电子计算机从一开始就采用了数字技术，通信和信息存储领域也已经广泛采用数字技术，广播电视领域正在全面数字化，数字电视和数字广播已经普及。市场上琳琅满目的各种数码产品(如手机、数码相机、MP3 播放器、U 盘、DVD、机顶盒等)都是数字技术的成果。

1. 什么是比特

数字技术的处理对象是"比特"，其英文为"bit"，它是 binary digit 的缩写，中文译为"二进位数字"或"二进位"，在不会引起混淆时也可以简称为"位"。比特只有两种状态(取值)：它或者是数字 0，或者是数字 1。

比特既没有颜色，也没有大小和重量。如同 DNA 是人体组织的最小单位，原子是物质的最小组成单位一样，比特是数字技术中信息的最小单位。许多情况下比特只是一种符号而没有数量的概念。比特在不同场合有不同的含义，有时候用它表示数值，有时候用它表示文字和符号，有时候则表示图像，有时候还表示声音。

比特需要使用两个不同的状态来表示，如电平的高或低，电流的有或无等。其中的一个状态表示1，另一个状态表示0。以当前计算机和手机中使用的一些 CPU(中央处理器)芯片为例，高于 2V 时为高电平，表示 1；低于 0.4V 时为低电平，表示 0。

比特是计算机和其他所有数字设备处理、存储和传输信息的最小单位，一般用小写的字母"b"表示。但是，比特这个单位太小了，每个西文字符通常需要用 8 个比特表示，每个汉字大多使用 16 个比特才能表示，而图像和声音则需要更多的比特才能表示。因此，另一种稍大些的数字信息的计量单位是"字节"(byte)，它用大写字母"B"表示，每个字节包含 8 个比特(注意，小写的"b"表示 1 个比特)。

2. 比特的存储

存储(记忆)1 个比特需要使用具有两种稳定状态的物理器件，在计算机和手机的 CPU 中，比特存储在一种称为触发器的双稳态电子线路中。一个触发器可以存储 1 个比特，一组触发器(如 8 个、16 个或更多个)可以存储一组比特，它们称为"寄存器"。用集成电路制成的触发器和寄存器工作速度极快，其工作频率可达到 GHz 的水平($1GHz=10^9Hz$)。

此外，还有一种存储二进位信息的方法是使用电容器。当电容的两极被加上电压时，电容将被充电，电压撤销以后，充电状态仍会保持一段时间。这样，电容的充电和未充电状态就可以分别表示 0 和 1。现代微电子技术已经可以在一块半导体芯片上集成以亿计的微小的电容器，它们构成了可存储大量二进位信息的半导体存储器。

磁盘是利用磁介质表面区域的磁化状态来存储二进位信息的，光盘则通过"刻"在盘片光滑表面上的微小凹坑来记录二进位信息。

寄存器和半导体存储器在电源切断以后所存储的信息会丢失，它们被称为易失性存储器。而磁盘、U 盘和光盘即使断电以后也能保持所存储的信息不变，属于非易失性存储器，可用来长期存储信息。

存储容量是存储器的一项很重要的性能指标。内存储器(也称为主存储器或工作存储器，如 RAM)容量通常使用 2 的幂次作为其计量单位，因为这有利于对存储器芯片的设计和使用。

数据的存储常用位、字节、字和字长等来表示，常用的存储容量单位如表 2-7 所示。

B(byte，字节)	1B=8bit(位)
KB(kilobyte，千字节)	$1KB=2^{10}$ 字节 B(大写 K 表示 1024)
MB(megabyte，兆字节)	$1MB=2^{20}$ 字节=1024 KB
GB(gigabyte，吉字节)	$1GB=2^{30}$ 字节=1024 MB(千兆字节)
TB(terabyte，太字节)	$1TB=2^{40}$ 字节=1024 GB(兆兆字节)
PB(petabyte，拍字节)	$1PB=2^{50}$ 字节=1024TB
EB(exabyte，艾字节)	$1EB=2^{60}$ 字节=1024PB
ZB(zettabyte，泽字节)	$1ZB=2^{70}$ 字节=1024EB

表 2-7 常用的存储容量单位

存储单位	说明
位(bit)	表示一个二进制数码 0 或 1，是计算机中数据存储的最小单位，记为(b)
字节(byte)	byte 为字节，1 字节由 8 位组成，是数据存储的基本单位，记为(B)。 $1KB=2^{10}B=1024B$，$1MB=2^{10}KB=2^{20}B$，$1GB=2^{10}MB=2^{30}B$，$1TB=2^{10}GB=2^{20}MB=2^{40}B$
字(word)	计算机进行数据处理时，一次存储、处理和传送的数据称为"字"。 一个字包含一个或若干字节。字长是计算机一次所能处理数据的实际位数，决定了计算机处理数据的速度，是衡量计算机性能的一个重要指标

然而，上述 kilo、mega、giga、tera 等计量单位在传统领域(如距离、速度、频率等)中是以 10 的幂次来计算的。用作外存储器(也称为辅助存储器)的磁盘、U 盘、光盘中的信息并不需要被 CPU 直接存取，其采用 $1TB=10^3 GB$ 等来计算其存储容量。内存和外存容量度量单位的这种差异给用户带来了误解和混淆，容量不一定是 2 的幂次的倍数，所以设备制造商大多采用传统的 $1KB=10^3B$、$1MB=10^3KB$、$1GB=10^3MB$，这点要多加注意。

3. 比特的传输

信息是可以传输的，信息也只有通过传输和交流才能发挥它的作用。在数字通信中，信息的传输通过比特的传输来完成。需要注意的是，在计算机网络中传输二进位信息时，由于是一位一位串行传输，传输速率大多使用每秒的比特量来度量(称为"比特率")，且 kilo、mega、giga 等前缀符号也使用 10 的幂次进行计算。经常使用的传输速率单位有：

- (b/s)比特/秒，也称 bps
- (Kb/s)千比特/秒，1 Kb/s=10^3 比特/秒=1000 b/s
- (Mb/s)兆比特/秒，1 Mb/s=10^6 比特/秒=1000 Kb/s
- (Gb/s)吉比特/秒，1 Gb/s=10^9 比特/秒=1000 Mb/s
- (Tb/s)太比特/秒，1 Tb/s=10^{12} 比特/秒=1000 Gb/s

例如，过去使用电话线上网时数据传输速率只有 56Kb/s，第 2 代移动通信 GSM 手机的传输速率大约只有 9Kb/s；现在 WiFi 无线上网的速率约为几十 Mb/s 甚至上百 Mb/s，3G 手机的传输速率约为几 Mb/s，而 4G 手机的速率提高了约 10 倍，最高可达 100Mb/s 以上。再如，校园网和企业网现在广泛使用千兆/万兆以太网技术构建，其骨干线路的传输速率约为几十 Gb/s，最新的 WiFi 技术(802.1lac)已能达到 1Gb/s 左右。

2.4.2 字符的表示

1. ASCII 码

目前采用的字符编码主要是 ASCII 码(American standard code for information interchange)，现已被 ISO(国际标准化组织)采纳，作为国际通用的信息交换标准代码，有 7 位 ASCII 码和 8 位 ASCII 码两种，7 位 ASCII 码称为标准 ASCII 码，8 位 ASCII 码称为扩展 ASCII 码，如表 2-8 所示。ASCII 码用 7 位二进制数，一共能表示 128 个字符，一个字符占用一个字节的存储空间，最高位是奇偶校验位，一般规定其最高位为 0。

表 2-8 ASCII 码表完整版

ASCII 值	字符	ASCII 值	字符	ASCII 值	字符	ASCII 值	字符
0	NUT	32	(space)	64	@	96	`
1	SOH	33	!	65	A	97	a
2	STX	34	”	66	B	98	b
3	ETX	35	#	67	C	99	c
4	EOT	36	$	68	D	100	d
5	ENQ	37	%	69	E	101	e
6	ACK	38	&	70	F	102	f
7	BEL	39	,	71	G	103	g
8	BS	40	(	72	H	104	h
9	HT	41	)	73	I	105	i
10	LF	42	*	74	J	106	j
11	VT	43	+	75	K	107	k
12	FF	44	,	76	L	108	l
13	CR	45	-	77	M	109	m
14	SO	46	.	78	N	110	n
15	SI	47	/	79	O	111	o

（续表）

ASCII 值	字符	ASCII 值	字符	ASCII 值	字符	ASCII 值	字符
16	DLE	48	0	80	P	112	p
17	DCI	49	1	81	Q	113	q
18	DC2	50	2	82	R	114	r
19	DC3	51	3	83	X	115	s
20	DC4	52	4	84	T	116	t
21	NAK	53	5	85	U	117	u
22	SYN	54	6	86	V	118	v
23	TB	55	7	87	W	119	w
24	CAN	56	8	88	X	120	x
25	EM	57	9	89	Y	121	y
26	SUB	58	:	90	Z	122	z
27	ESC	59	;	91	[	123	{
28	FS	60	<	92	/	124	|
29	GS	61	=	93	]	125	}
30	RS	62	>	94	^	126	~
31	US	63	?	95	—	127	DEL

ASCII 码表中的 128 个符号中，第 0~32 号及第 127 号(共 34 个)为控制字符，主要分配给打印机等设备，作为控制符，如换行、回车等；第 33~126 号(共 94 个)为字符，其中第 48~57 号为 0~9 十个数字符号，第 65~90 号为 26 个英文大写字，第 97~122 号为 26 个英文小写字母，其余为一些标点符号、运算符号等。

2. UCS/Unicode 编码

对于不同字符系统而言，必须经过字符码的转换，很麻烦。为了国际交流方便，国际标准化组织(ISO)制定了一个将全世界现代书面文字使用的所有字符和符号(目前已超过 12 万字符)集中进行统一编码的标准，称为 UCS 标准。UCS 对应的工业标准称为 Unicode，它采用 16 位或 32 位可变长度编码，已在 Windows、UNIX 和 Linux 操作系统以及许多应用(如网页、电子邮件等)和程序设计语言中广泛使用。

Unicode 编码是一套可以适用于世界上任何语言的字符编码，其特点是：不管哪一个国家的字符码均以两个字节来表示。

3. 文本表示

文本是文字及符号为主的一种数字媒体。使用计算机制作的数字文本(也叫电子文本)，若根据它们是否具有排版格式来分，可分为简单文本和丰富格式文本两大类；若根据文本内容的组织方式来分，可以分为线性文本和超文本两大类。

1) 简单文本(纯文本)

简单文本由一连串表达正文内容的字符(包括汉字)的编码组成，它几乎不包含任何其他的格式信息和结构信息。这种文本通常也被称为纯文本，其文件的后缀名是.txt。Windows 附件中的"记事本"程序所编辑处理的文本就是简单文本。

简单文本呈现为一种线性结构，写作和阅读均按顺序进行。简单文本的文件体积小，通用性好，几乎所有的文字处理软件都能识别和处理，但是它没有字体、字号的变化，不能插入图片、表格，也不能建立超链接。手机短消息使用的就是简单文本。

2) 丰富格式文本

为了使文本能以整齐、醒目、美观、大方的形式展现给用户，人们还需要对纯文本进行必要的加工。例如，对文字所使用的字体、字号、颜色、文字走向等进行设定，确定页面的大小、文本在页面中的位置及布局，将文本分栏、分页等，这个过程称为文本的格式化，也称为"排版"。经过排版处理后，纯文本中就增加了许多格式控制和结构说明信息，这样的文本称为"丰富格式文本"。Word、WPS、Adobe Acrobat、Adobe Dreamweaver 以及支持 MIME 协议的电子邮件客户端等软件都可以编辑处理丰富格式文本。

3) 超文本

超文本(hypertext)概念是对传统文本的一种扩展。除了传统的顺序阅读方式之外，它还可以通过文本内部所设置的链接进行跳转、导航、回溯等操作，实现对文本内容更为方便的访问。

超文本采用网状结构来组织信息，文本中的各个部分按照其内容的逻辑关系互相链接。WWW 网页就是典型的超文本结构。

2.4.3 汉字编码的表示

中文的基本组成单位是汉字，汉字也是字符。汉字处理技术必须要解决的是汉字输入、输出及汉字存储等一系列问题，其关键问题是要解决汉字编码的问题。在汉字处理的各个环节中，由于要求不同，采用的编码也不同。

计算机对汉字信息处理的过程为：用户在键盘上输入输入码，在计算机内部，通过输入码找到汉字的区位码，再转换成机内码存储和处理，输出时，查找字库找到对应的字形码，通过输出设备将字形输出，如图 2-3 所示。

汉字输入 ⟶ 输入码 ⟶ 国标区位码 ⟶ 机内码 ⟶ 字形码 ⟶ 汉字输出

图 2-3　汉字编码过程

1. 汉字输入码

目前汉字主要是通过键盘输入到计算机中，汉字输入有不同的输入法，不同输入法对应着不同的编码规则，这些编码规则就是汉字输入码，也称为外码。通常输入码由键盘上的字符或数字组合而成，有数字编码、拼音编码和字形编码。

(1) 数字编码，以数字确定一个汉字，如区位码。

(2) 拼音编码，以汉字拼音为基础的拼音类输入法，如各种全拼、双拼输入方案。

(3) 字形编码，以汉字拼形为基础的拼形类输入法，如五笔字型。

其中区位码是所有的国标汉字与符号组成一个 94×94 的方阵。在此方阵中，每一行称为一个"区"，每一列称为一个"位"，因此，这个方阵实际上组成了一个有 94 个区(区号分别为 1 到 94)、每个区内有 94 个位(位号分别为 1 到 94)的汉字字符集。一个汉字所在的区号和位号简单地组合在一起就构成了该汉字的"区位码"。在汉字的区位码中，高两位为区号，低两位为位号。在区位码中，01~09 区为 682 个特殊字符，16~87 区为汉字区，包含 6763 个汉字。

其中 16~55 区为一级汉字(3755 个最常用的汉字，按拼音字母的顺序排列)，56~87 区为二级汉字(3008 个汉字，按部首顺序排列)，如图 2-4 所示。

区 \ 位	01	……	19	20	21	22	23	……	94
01	……		……	……	……	……	……		
……	……								
16	啊	……	吧	笆	八	疤	巴	……	剥
17	薄	……	鄙	笔	彼	碧	蓖	……	炳
……									
40	取	……	瘸	却	鹊	榷	确		叁
……									
94	……								

图 2-4　汉字区位码

2. 汉字交换码

1) 国标码(GB2312—1980)

汉字交换码是指在汉字信息处理系统之间或信息处理系统与通信系统之间进行汉字信息交换时所使用的编码。

为解决汉字编码问题，1981 年我国颁布了第一个汉字编码字符集标准，即 GB2312—1980《信息交换用汉字编码字符集基本集》，简称国标码。该标准共收了 6763 个汉字及常用符号，奠定了中文信息处理的基础。它由三部分组成：第一部分是字母、数字和各种符号，包括英文、俄文、日文、罗马字母、汉语拼音等，共 687 个；第二部分是 3755 个一级常用汉字，按汉语拼音排列；第三部分是 3008 个二级常用汉字，按偏旁部首排列。规定由两个字节的二进制数编码表示。

2) GBK 汉字内码扩充规范

GB2312 只有 6763 个汉字，均为简体字，在人名、地名的处理上经常不够用，尤其是在古籍整理和研究方面有很大的缺憾。为此，迫切需要有包含繁体字在内的更多汉字的标准字符集。

GBK 是我国在 1995 年发布的，全称为《汉字内码扩展规范》。它一共有 21 003 个汉字和 883 个图形符号，除了 GB2312 中的全部汉字和符号之外，还收录了包括繁体字在内的大量汉字和符号，例如"計算機"等繁体汉字和"冃冄円冇镕"等生僻的汉字。

3) 国际码多种编码(ISO10646—1、ISO10646—2000、GB13000.1—1993)

随着国际交流与合作的扩大，信息处理对字符集提出了多文种、大字量、多用途的要求。1993 年国际标准化组织发布了 ISO/IEC10646—1—2000《信息技术通用多八位编码字符集第一部分体系结构与基本多文种平面》。我国采用此标准制定了 GB13000.1—1993《信息技术多八位编码字符(UCS)》。该标准采用全新的多文种编码体系，收录了中、日、韩 20 902 个汉字，是编码体系未来的发展方向。但是，由于其新的编码体系与现有多数操作系统和外部设备不兼容，所以它的实现仍需要一个过程，目前还不能完全解决我国当前应用的迫切需要。国际标准化组织在 ISO10646—2000 中编入了 27 484 个基本汉字，即 GB18030—2000 颁布时所建议支持的字汇。同时国际标准化组织还在 ISO10646—2000 提供了 42 711 个扩展汉字。

4) 汉字扩充编码(GB18030—2000)

2000 年 3 月 17 日，我国颁布了最新国家标准 GB18030—2000《信息技术信息交换用汉字编码字符集基本集的扩充》，是我国计算机系统必须遵循的基础性标准之一。

考虑到 GB13000—1993 的完全实现有待时日，以及 GB2312—1980 编码体系的延续性和现有资源和系统的有效利用与过渡，采用在 GB2312(GB2311)—1980 的基础上进行扩充，并且在字汇上与 GB13000—1—1993 兼容的方案，研制了一个新的标准，进而完善 GB2312—1980，以满足我国邮政、户政、金融、地理信息系统等应用的迫切需要。

GB18030—2000 收录了 27 484 个汉字，总编码空间超过 150 万个码位，为解决人名、地名用字问题提供了方案，为汉字研究、古籍整理等领域提供了统一的信息平台基础。

GB18030—2000 与 GB2312—1980 标准兼容，在字汇上支持 GB13000.1—1993 的全部中日韩(CJK)统一汉字字符和全部 CJK 扩充的字符，并且确定了编码体系和 27 484 个汉字，形成兼容性、扩展性、前瞻性兼备的方案。

微软 Office 软件及 Windows 系统都已经支持 ISO10646—2000 和 GB18030—2000，并提供汉字超大字符集(64 000 汉字)。

3. 汉字机内码

机内码是计算机系统内部处理和存储汉字时使用的代码。汉字可以选择不同的输入码，但是输入码必须转换成统一的代码(机内码)才能被计算机识别。每个汉字对应的机内码是唯一的。

机内码、国标码、区位码之间的关系：

汉字国标码=汉字区位码+2020H，汉字机内码=汉字国标码+8080H

如图 2-5 所示。

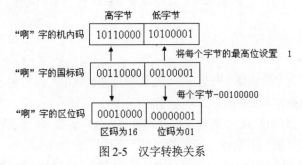

图 2-5　汉字转换关系

4. 汉字的字形码

字形码是显示或打印输出汉字时产生的字形，这种编码是通过点阵来实现的。全部的字形码都放在汉字字库里。根据对汉字质量要求不同，常用的点阵有 16×16、24×24、32×32 等。每个点在存储器中用一个二进制数存储，用“0”“1”分别表示“白”和“黑”。根据点阵大小可计算出一个汉字所需的存储空间，在字形码中点阵越密，输出汉字的质量就越高，同时需要的存储空间越大，如图 2-6 所示。

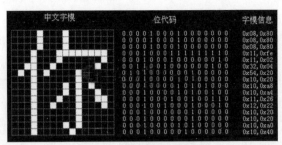

图 2-6　字形码存储示意图

汉字存储空间的计算方法为点阵容量/8，例如：汉字采用 16×16 的点阵形式输出，一个汉字所占的存储空间=16×16/8=32B。

2.4.4　音频和视频信息的表示

1. 音频

1) 音频基础知识

声音是振动的波，是随时间连续变化的物理量。因此，自然界的声音信号是连续的模拟信号，即模拟音频信号。在多媒体系统中，声音是指人耳能识别的音频信息。其频率范围为 20 Hz～20 kHz，称为全频带音频。人的说话声音频带较窄，仅为 300～3400 Hz，称为言语(speech)，也称为话音或语音。声音信号的参数有以下几个。

(1) 振幅：指声音波形振动的幅度，表示声音的强弱。

(2) 频率：指声音波形在一秒钟内完成全振动的次数，表示声音的音调。

(3) 频带：指音频信号的频率范围，称为"频域"或"频带"，表示声音的音域。

(4) 周期：当声源完成一次振动，空气分子形成一次疏密变化所经历的时间称为一个周期。表现为声音的乐音。

2) 声音的三要素

(1) 音量：也叫响度、音强。表示声音的大小或强弱。音量大小与振幅成正比，与声源距离和声音分散范围成反比。音量的单位是分贝，如图 2-7 所示。

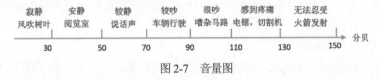

图 2-7　音量图

(2) 音调：音调的高低与发声体振动的频率有关，频率越低，音调越低；频率越高，音调越高。频率高于 20 000Hz 的声音叫超声波，频率低于 20Hz 的声音叫次声波。在 20～20 000Hz 之间的声音叫声波，是人耳可以听见的范围。

(3) 音色：即声音的特色。与发声体的材料、结构有关，音色与声波的振动波形有关，或者说与声音的频谱结构有关。

3) 音频的数字化

音频是模拟信号。为了使用计算机进行处理，必须将它转换成二进制编码表示的形式，这个过程称为音频信号的数字化。模拟音频信号数字化需要三个步骤：采样、量化和编码。

(1) 采样：采样就是每隔一定的时间间隔 T，抽取模拟音频信号的一个瞬时幅度值样本，实现对模拟音频信号在时间上的离散化处理，把时间上连续的音频信号离散成为不连续的一系列样本。为了不产生失真，按照取样定理，取样频率不应低于音频信号最高频率的两倍。因此，语音的取样频率一般为 8～16 kHz，全频带音频(如音乐)的取样频率应在 40kHz 以上。

(2) 量化：量化就是将采样后的声音幅度划分成多个幅度区间，将落入同一区间的采样样本量化为同一个值。量化实现了对模拟信号在幅度上的离散化处理。取样得到的每个样本一般使用 8 位、12 位、14 位或 16 位二进制整数表示(称为"量化精度")，量化精度越高，声音的保真度越好；量化精度越低，声音的保真度越差。

(3) 编码：编码是将采样和量化之后的音频信号转换为"1"和"0"代表的数字信号。经过取样和量化得到的数据，还必须进行数据压缩，以减少数据量，并按某种格式对数据进行组织，以便计算机进行存储、处理和传输，如图 2-8 所示。

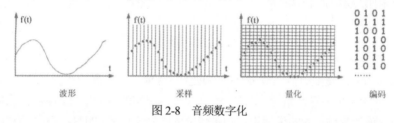

图 2-8 音频数字化

过去，音频信号的记录、回放、传输、编辑等一直是以模拟信号的形式进行的。随着数字技术的发展，把模拟声音信号转换成数字形式进行处理已经成为主流技术。这种做法有许多优点，例如，以数字形式存储的音频在复制和重放时没有失真：数字音频的可编辑性强，易于进行特效处理；数字音频能进行数据压缩，传输时抗干扰能力强；数字音频容易与文字、图像等其他媒体相互结合(集成)组成多媒体，等等。

通过模/数转换可以把连续变化的信号表示为离散数，这个过程设计为 A/D 及 D/A 转换 A/D 转换器，又称 ADC(analog to digital converter)，是模拟数字信号转换器的缩写，即模/数转换器或者模拟/数字转换器，它是能够将连续变量的模拟信号转换为离散的数字信号的器件。例如：图像的数字化等。

D/A 转换器又称 DAC(digital analog converter)，是数字模拟信号转换器的缩写，即数/模转换器或者数字/模拟转换器，它是把数字量转变成模拟的器件。

4) 数字音频的技术指标

数字音频是一种使用二进制表示的按时间先后组织的串行比特流。为了便于在不同系统之间进行交换，它必须按照一定的标准或规范进行编码。数字音频的主要参数包括采样频率、量化位数、声道数目、使用的压缩编码方法以及比特率。比特率也称为码率，它指的是每秒钟的数据量。数字音频未压缩前，码率的计算公式为：

数字音频的码率=取样频率×量化位数×声道数(单位：bits/s)

压缩编码以后的码率则为压缩前的码率除以压缩倍数(压缩比)。

(1) 采样频率：采样频率是指 1s 内采样的次数。根据奈奎斯特(Harry Nyquist)采样理论：如果对某一模拟信号进行采样，采样频率不应低于模拟音频信号最高频率的两倍。

(2) 量化位数：量化位数是对模拟音频信号的幅度轴进行数字化，它决定了模拟信号数字化以后的动态范围。由于计算机按字节运算，一般量化的位数是 8 位和 16 位。量化位越高，信号的动态范围越大，数字化后的音频信号就越可能接近原始信号，但所需要的存储空间也越大。

(3) 声道数：有单声道和双声道之分。双声道又称为立体声，在硬件中要占两条线路，音质、音色好，但立体声数字化后所占空间比单声道多一倍，如表 2-9 所示。

表 2-9　声道表

声音质量	采样频率(kHz)	采样精度(bit)	单声道/双声道	每分钟的存储量(MB)
电话音质	8	8	1	0.46
AM 音质	11.025	8	1	0.63
FM 音质	22.05	16	2	5.05
CD 音质	44.1	16	2	10.09
DAT 音质	48	16	2	10.99

音频数字化的采样频率和量化精度越高，声道数越多，则音质越好。

5) 音频文件的大小

文件大小=(采样频率×采样精度×声道数)×时间/8(字节)

音频压缩技术指的是对原始数字音频信号流(PCM 编码)运用适当的数字信号处理技术，在不损失有用信息量，或所引入损失可忽略的条件下，降低(压缩)其码率，也称为压缩编码。

6) 音频文件格式

常见音频文件格式如表 2-10 所示。

表 2-10　音频文件格式

文件类型	扩展名	说明
Wave	.wav	Microsoft 公司开发的声音文件格式，用于保存 Windows 平台的音频信息资源，但文件尺寸较大，多用于存储简短的声音片段
Audio	.au	Sun Microsystems 公司推出的一种经过压缩的数字声音格式，是 Internet 中常用的声音文件格式
MIDI	.mid	也称为乐器数字接口，是数字音乐/电子合成乐器的统一国际标准。MIDI 文件中存储的是一些指令，由声卡按照指令将声音合成出来。注意：波形文件不仅可以记录乐器的声音，还可以记录人的声音，而 MIDI 文件只能记录乐器的声音
CDA	.cda	是 CD 的音乐格式，CDA 格式记录的是波形流，是一种近似无损的格式
MPEG 音频	.mp1/.mp2/.mp3	MPEG 音频文件的压缩是一种有损压缩，根据压缩质量和编码复杂程度的不同可分为三层(MPEG Audio Layer 1/2/3)，分别对应 MP1、MP2 和 MP3 这三种声音文件
WMA	.wma	Microsoft 公司开发的网络音频格式，采用流媒体技术
AIFF	.aif/.aiff	Audio Interchange File Format 是音频交换文件格式的英文缩写，是苹果计算机公司开发的一种声音文件格式

(续表)

文件类型	扩展名	说明
AAC	.aac	基于 MPEG-2，压缩能力强、压缩质量高。可以在比 MP3 文件缩小 30%的前提下提供更好的音质
Sound	.snd	NeXT 计算机公司推出的数字声音文件格式，支持压缩
Voice	.voc	Creative Labs 公司开发的声音文件格式，多用于保存声卡所采集的声音数据，被 Windows 平台和 DOS 平台支持

其中，WAV 是未经压缩的数字音频，音质与 CD 相当，但对存储空间需求较大，不便于交流和传播。FLAC 和 M4A 采用无损压缩方法，数据量比 WAV 文件大约可减少一半，而音质不受影响。MP3 是互联网上最流行的数字音乐格式，它采用国际标准化组织提出的 MPEG-1 层 3 算法进行有损的压缩编码，以 8～12 倍的比率大幅度降低了数字音频的数据量，缩短了网络传输的时间，也使一张普通 CD 光盘可以存储大约 100 首 MP3 歌曲。WMA 是微软公司开发的数字音频文件格式，采用有损压缩方法，压缩比高于 MP3，质量大体相当，它在文件中增加了数字版权保护的措施，防止未经授权进行下载和拷贝。

语音也是音频的一种，由于其频率范围远不如全频带音频，所以取样频率较低、数据量较小。为了能在固定(或移动)电话网和互联网上有效地进行传输，对数字语音也需要进行压缩编码。音频文件格式如表 2-10 所示。

7) 获取数字音频

(1) 数字音频的获取设备。

数字音频获取设备包括麦克风(话筒)和声卡。麦克风的作用是将声波转换为电信号，然后由声卡进行数字化。声卡既负责音频信号的获取，也负责音频信号的重建，它控制并完成声音的输入与输出。主要功能包括音频信号的获取与数字化、音频信号的重建与播放，MIDI 声音的输入、MIDI 声音的合成与播放等。

数字音频的获取过程就是把模拟的音频信号转换为数字形式。声源可以是麦克风(话筒)输入，也可以是线路输入(声音来自音响设备或 CD 唱机的输出)。声卡不仅能获取单声道声音，而且还能获取双声道的声音(立体声)。

声卡以数字信号处理器(DSP)为核心，DSP 是一种专用的微处理器，它在完成数字音频的编码、解码、MIDI 声音合成及音频编辑操作中起着重要的作用。图 2-9 是声卡的工作原理框图，其中混音器的功能是将不同的音频信号进行混合，并进行功率放大和音量控制。

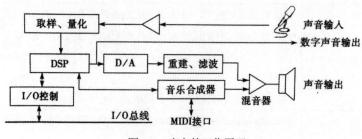

图 2-9　声卡的工作原理

随着 PC 主板技术的发展以及 CPU 性能的提高，为了降低整机成本，缩小机器体积，现在大多数中低档声卡都已经集成在主板上。平时人们所说的"声卡"，指的多半就是这种"集成声卡"，只有少数专业用的高档声卡才做成独立的插卡形式。

(2) 声音的重建与播放。

计算机输出声音的过程通常分为两步。首先要把音频从数字形式转换成模拟信号形式，这个过程称为声音的重建，然后再将模拟音频信号经过处理和放大送到扬声器发出声音。

声音的重建是音频信号数字化的逆过程，它也分为三个步骤：①进行解码，把压缩编码后的数字音频恢复为压缩编码前的状态(由软件和 DSP 芯片协同完成)；②进行数模转换，把音频样本从数字量转换为模拟量；③进行插值处理，通过插值，把时间上离散的音频信号转换成在时间上连续的模拟音频信号，如图 2-10 所示。声音的重建也是由声卡完成的。

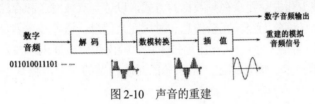

图 2-10 声音的重建

声卡输出的波形信号需送到音箱(喇叭)去播放。音箱有普通音箱和数字音箱之分，普通音箱接收的是重建的模拟音频信号，数字音箱则可直接接收数字音频信号，由音箱自己完成声音重建，这样可以避免模拟音频信号在传输中发生畸变和受到干扰，声音的质量更有保证。

8) 音频处理软件

常见的音频采集编辑软件有以下几种。

(1) Windows Media Player。Windows 系统自带的软件。

(2) Sony 的 Sound Forge。单轨录音编辑软件，音频内部算法最优，对专业用户来说，录音质量最好，但对硬件的要求也最高，操作复杂。

(3) Audition。Audition 原名为 Cool Edit Pro，是美国 Syntrillium Software Corporation 公司开发的音频文件处理软件，专为在照相室、广播设备和后期制作设备方面工作的音频和视频专业人员设计，可提供先进的音频混合、编辑、控制和效果处理功能。

(4) GoldWave。数码录音及编辑软件，一个集声音编辑、播放、录制和转换的音频工具，体积小巧，无须安装，对硬件要求低，操作简单，速度快，是一般用户的首选。

2. 视频

1) 视频基础知识

视频是活动的图像。正如像素是数字图像的最小单元一样，一幅幅数字图像组成了视频，图像是视频的最小和最基本的单元，视频是由一系列图像组成的，在电视中每幅图像称为一帧，在电影中每幅图像称为一格。

与静止图像不同，视频是活动的图像。当以一定的速率将一幅幅画面投射到屏幕上时，由于人眼的视觉暂留效应，我们的视觉就会产生动态画面的感觉，这就是电影和电视的由来。

常见视频制式如表 2-11 所示。

表2-11　常见视频制式

制式	帧数	颜色模式	原理	适用地区	特点
NTSC	30	YIQ 模式	正交调制式	美国、韩国、日本	电路简单，易偏色
PAL	25	YUV 模式	逐行倒相式	中国、印度、巴基斯坦	电路复杂，不偏色，易闪烁
SECAM	25		轮流传送式	俄罗斯、德国、西欧	

帧频指每秒钟放映或显示的帧或图像的数量。帧频主要用于电影、电视或视频的同步音频和图像中。扫描指通过电子束、无线电波等的左右移动在屏幕上显示出画面或图形。

2) 视频的数字化

视频信号数字化过程是采样→量化→编码。

视频压缩通过减少和去除冗余视频数据的方式，以达到有效发送和存储数字视频文件的目的。其中视频冗余信息可分为空域冗余信息和时域冗余信息。压缩技术就是将数据中的冗余信息去掉(去除数据之间的相关性)。视频压缩技术包含帧内图像数据压缩技术、帧间图像数据压缩技术和熵编码压缩技术。熵是描述一个系统的无序程度的变量，越有序熵越小，越无序熵越大。

3) 视频技术参数

视频是以固定速率顺序地显示的一个数字位图(bitmap)序列。视频中的每一幅图像称为一帧(frame)，每秒钟显示多少帧图像称为帧速率或帧频(frame rate)，单位是 fps(frames per second)。电视是最重要的一种视频，我国电视采用 PAL 制式，帧频为 25fps。

除了帧频之外，视频还有两个重要的参数：帧的大小和帧的颜色深度。帧的大小指的是每帧图像的分辨率，即图像宽度×图像高度(单位：像素)；颜色深度即像素深度，指的是图像中每个像素的二进位数目(单位：比特，bit)。有了这几个参数后，可以推算出数字视频的其他一些性质。

例如，持续时间为 1 小时的一段视频，假设帧大小是 640×480，像素深度为 24 位，帧速率为 25 fps，则该视频具有下列性质。

(1) 每帧的像素数目=640×480=307 200 像素

(2) 每帧的二进位数目=307 200×24=7 372 800=7.37 Mb

(3) 视频流的比特率(bit rate，BR)=7.37×25=184.25 Mb/s

(4) 视频流的大小(video size，VS)=184 Mb/s×3600 s=662 400 Mb=82 800 MB=82.8 GB

视频行业通常按照数字视频画面分辨率的高低，将视频分为标准清晰度(每帧画面720×480)、高清晰度(1280×720)、全高清(1920×1080)、超高清(3460×2160)等几种。

4) 视频文件的大小

文件总字节＝(画面尺寸×彩色位数(bit)×帧数)×时间/8(字节)

数据量(位/秒)=(画面尺寸×彩色位数(bit)×帧数)。计算时，时间的单位为秒(s)，帧数有可能以制式的形式给出。

5) 视频文件格式

音像/视频文件中既包含有视频数据，也包含有音频数据，还包含文字(字幕)、图片等其他信息，它们分别采用哪种编码格式、数据如何组织、相互间如何同步等都需要有明确的规范，不同的规范就形成了音像文件的不同格式。如表 2-12 所示是目前常用的一些视频文件格式。

表 2-12 视频文件格式表

格式	扩展名	说明
AVI	.avi	(audio video interleaved, 音频视频交错)是 Microsoft 开发的音视频文件格式, 目前主要用于多媒体光盘, 也用于互联网下载。调用方便、图像质量好, 压缩标准可任意选择, 但文件大
3GP	.3gp	一种 3G 流媒体的视频编码格式, 配合 3G 网络开发, 也是手机中最为常见的视频格式
FLV	.flv	流媒体视频格式, 文件极小、加载速度极快, 目前国内外主流的视频网站使用的格式
RealMedia	.rm/.ra/.ram	主要用在低速率网上的流媒体文件, 网络实时传输视频的压缩格式, 体积小, 清晰
WMV	.asf .wmv	微软公司产品, 针对 RM 应运而生, 采用 MPEG-4 压缩算法, 优于 RM 格式。ASF 是可直接在网上观看视频的文件压缩格式。WMV 是独立于编码方式的可实时传播多媒体的技术标准, 有本地或网络回放, 可扩充的媒体类型、部件下载、流的优先级、丰富的流间关系及扩展性等优点
QuickTime	.mov	Apple 公司开发的音频、视频文件格式。支持 25 位彩色, 支持 RLE、JPEG 等集成压缩技术, 具有跨平台、存储空间小的特点
MPEG	.dat .vob .mpg/mpe/mpeg	运动图像压缩算法的标准, 采用有损压缩, 其储存方式多样, 可以适应不同的应用环境; 采用 MPEG1 和 MPEG2 两种压缩标准, VCD 和 DVD 即是分别采用 MPEG-1、MPEG-2 标准。MPEG 的压缩率比 AVI 高, 画面质量与 AVI 相当。VCD 后缀为.dat, DVD 后缀为.vob
DIVX	.divx	支持 MPEG-4, H.264 和最新 H.265 标准的数字视频压缩格式, 分辨率可高达 4K 超高清。无须 DVD 光驱也可得到差不多的视频质量, 对播放机器要求不高, 将对 DVD 造成巨大威胁

6) 视频处理软件

常用的视频采集编辑软件有以下几种。

(1) Adobe Premiere。Adobe Premiere 是一款常用的视频编辑软件, 由 Adobe 公司推出, 是一款编辑画面比较好的软件, 有较好的兼容性, 且可以与 Adobe 公司推出的其他软件相互协作。

(2) Ulead Video Studio。Ulead Video Studio 中文译称"会声会影", 是加拿大 Corel 公司制作的一款功能强大的视频编辑软件, 具有图像抓取和编修功能, 可以抓取, 转换 MV、DV、V8、TV 和实时记录抓取画面文件, 并提供有超过 100 多种的编制功能与效果, 可导出多种常见的视频格式, 甚至可以直接制作成 DVD 和 VCD 光盘。

(3) Windows Movie Maker。Windows 系统自带, 可以对照片进行编排, 配上音乐, 制成电子相册。

(4) Adobe After Effects。Adobe After Effects 简称"AE", 是 Adobe 公司推出的一款图形视频处理软件, 适用于从事设计和视频特技的机构, 包括电视台、动画制作公司、个人后期制作工作室以及多媒体工作室, 可以与 Adobe 公司的其他产品结合使用。

2.4.5　图像和图形信息的表示

1. 位图与矢量图

在信息技术领域，图形主要是指用计算机绘制的，由直线、圆、矩形、网格等组成的画面。图像主要指用扫描仪、数码相机等设备捕捉实际场景而获得的画面。

一般说来，数字图形图像可以分为位图和矢量图两种，如表 2-13 所示。

表 2-13　位图和矢量图的对比

	位图	矢量图
特征	能较好地表现色彩浓度与层次	可清晰展现线条或文字
用途	照片或复杂图像	文字、商标等相对规则的图形
放大结果	失真	不失真
3D 影像	不可以	可以
文件大小	较大	较小
常用格式	BMP、PSD、TIFF、GIF、JPEG	EPS、DXF、WMF、AI
编辑软件	Windows 画图、Photoshop	CorelDraw、Illustrator、Flash

2. 图形图像的基本属性

1) 分辨率

一般说来，图像分辨率是指在单位长度内所含的像素数或像点数。图像的分辨率越高，所包含的像素就越多，图像就越清晰。

像素是位图的最小单位。像素既可以是一个像点，也可以是多个像点的集合。一个像素有三个基色点(三原色各一个)。

2) 颜色深度

颜色深度是指图像中每个像素的颜色(或亮度)信息所占的二进制数位数，通常用颜色深度来衡量有多少种颜色可以用于显示或打印图像，颜色深度的单位是"位"(bit)，所以颜色深度有时也称为位深度或图像深度。常用的颜色深度有 1 位、8 位、16 位、24 位、32 位，分别表现 2^1、2^8、2^{16}、2^{24}、2^{32} 种颜色。

像素深度决定了该图像可表示的不同颜色(或不同亮度)的最大数目。例如单色图像，若其像素深度是 8 位，则不同亮度(灰度)等级的总数为 $2^8=256$。又如 R、G、B 三基色组成的彩色图像，若 3 个分量中的像素位数都是 8 位，则该图像的像素深度为 24，图像中不同颜色的数目最多为 $2^{8+8+8}=2^{24}$，约 1600 多万种，这称为真彩色图像。

3) 文件的大小

像素总量=水平方向像素量×垂直方向像素量。

图像文件的大小=像素总量×颜色深度÷8(字节)。

例如：一幅 640×480 像素的 24 位真彩色图像，在不进行压缩的情况下，文件所需存储空间约为：文件大小=640×480×24÷8=921 600B=900KB。

3. 颜色参数与模式

1) 颜色参数

常见的颜色参数如表 2-14 所示。

表 2-14 颜色参数表

参数	特征
色相	即色彩的相貌和特征。如：红、橙、黄、绿、青、蓝、紫等颜色的种类变化
明度	指色彩的亮度或明度
纯度	指色彩的鲜艳程度，也叫饱和度。原色是纯度最高的色彩。颜色混合的次数越多，纯度越低，反之，纯度越高

2) 颜色模式

颜色空间类型，也叫颜色模型，指彩色图像所使用的颜色描述方法。通常，显示器使用的是 RGB(红、绿、蓝)模型，彩色打印机使用的是 CMYK(青、品红、黄、黑)模型，图像编辑软件使用 HSB(色相、纯度、明度)模型。从理论上讲，这些颜色模型都可以相互转换，如表 2-15 所示。

表 2-15 颜色模式表

色彩模式	说明	应用
RGB	R：Red(红色)；G：Green(绿色)；B：Blue(蓝色)。这三种色光是自然界中所有颜色存在的基础，通常称为三原色或三基色。在电视、计算机和投影屏幕上，都是用三原色相加的"加色法"来处理颜色变化的	显示器、投影仪、数字相机等。RGB 是 Photoshop 中的默认颜色模式
CMYK	C：青色(Cyan)；M：品红色(Magenta)；Y：黄色(Yellow)；K：黑色(Black)。调色原理是颜料吸收光线，使用的是颜色相减的"减色法"来定义颜色	适用于打印机等印刷行业

4. 图像的数字化

1) 图形图像的压缩

压缩就是去除掉信息中的冗余，即去除掉确定的或可推知的信息，而保留不确定的信息，也就是用一种更接近信息本质的描述来代替原有的冗余的描述。压缩主要根据两个基本事实来实现。一个事实是图像数据中有许多重复的数据，使用数学方法来表示这些重复数据就可以减少数据量，另一个事实是人的眼睛对图像细节和颜色的辨认有一个极限，把超过极限的部分去掉，这也就达到了压缩数据的目的。

为了节省存储数字图像时所需要的存储器容量，降低存储成本，也为了提高图像在互联网应用中的传输速度，尽可能地压缩图像的数据量是非常必要的。以使用 3G 手机拍照为例，假设数据传输速率为 3 Mb/s，则理想情况下，传输一幅分辨率为 1280×1024 的真彩色(1600 万种颜色)未经压缩的照片大约需要 10s，如果图像的数据量压缩 10 倍(数据压缩比为 10∶1)，那么传输时间仅需 1s 左右。

(1) 有损压缩。利用人眼的视觉特性有针对性地简化不重要的数据,以减少总的数据量。条件是损失的数据不太影响人眼观看的效果。例如:JPEG。

(2) 无损压缩。把相同或相似的数据归类,使用较少的数据来描述原始数据,达到减少数据量的目的。例如:TIFF、GIF、PNG。

2) 图像数字化

数字图像是指把图像分解成像素的若干小离散点,并将各个像素的颜色值用量化的离散值来表示的图像。计算机存储的图像就是数字图像,数字图像最终还是要转换成模拟图像才能被人们所知。图像获取过程的核心是模拟信号的数字化,它的处理步骤大体分为四步,如图 2-11 所示。

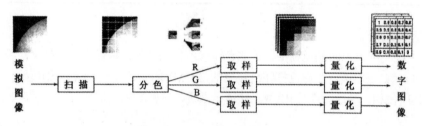

图 2-11 采样—量化—编码

(1) 扫描。将画面划分为 $M×N$ 个网格,每个网格称为一个取样点。这样,一幅模拟图像就转换为 $M×N$ 个取样点所组成的一个阵列。

(2) 分色。将每个取样点的颜色分解成红、绿、蓝三个基色(R、G、B),如果不是彩色图像(即灰度图像或黑白图像),则不必进行分色。

(3) 取样。测量每个取样点的每个分量(基色)的亮度(也称为"灰度")值。

(4) 量化。对取样点每个分量的亮度值进行 A/D 转换,即把模拟量使用数字量(一般是 8 位至 12 位的二进制正整数)来表示。

5. 图形图像的文件格式

BMP 是微软公司在 Windows 操作系统下使用的一种标准图像文件格式,每个文件存放一幅图像,通常不进行数据压缩(也可以使用行程长度编码 RLE 进行无损压缩)。它是一种通用的图像文件格式,几乎所有图像处理软件都能支持 BMP 文件。常见的图形图形文件格式如表 2-16 所示。

RAW 图像文件格式在数码相机中使用较多,其含义是"未经加工的图像"。与 JPEG 相比,虽然图像数据量要大得多,但它更有利于后期处理,得到高质量的专业图片。

TIF(或 TIFF)图像文件格式大多使用于扫描仪和桌面出版,能支持多种压缩方法和多种不同类型的图像,有许多应用软件支持这种文件格式。

GIF 是目前互联网上广泛使用的一种图像文件格式,它的颜色数目不超过 256 色,文件特别小,适合互联网传输。由于颜色数目有限,GIF 适用于在色彩要求不高的应用场合作为插图、剪贴画等使用。GIF 格式能够支持透明背景,具有在屏幕上渐进显示的功能。尤为突出的是,它可以将多张图像保存在同一个文件中,显示时按预先规定的时间间隔逐一进行显示,产生动画的效果,因而在网页制作中大量使用。

PNG 是 20 世纪 90 年代中期由 W3C 开发的一种图像文件格式，它既保留了 GIF 文件的特性，又增加了许多 GIF 文件格式所没有的功能。

表 2-16　图形图像文件格式

格式	说明
BMP 格式	Bitmap(位图)简写，Windows 标准文件格式，图像内容丰富，几乎不进行压缩，占用磁盘空间大。典型应用：Windows 画图
GIF 格式	Graphics Interchange Format(图形交换格式)缩写。主要用来交换图片。文件存储容量很小，所以在网络上得到广泛的应用，传输速度比其他格式的图像文件快得多。但 GIF 格式不能存储超过 256 色的图像
JPEG 格式	由 Joint Photographic Experts Group(联合照片专家组)开发，文件拓展名为.jpg 或.jpeg，有损压缩，压缩比高，图像质量高，文件存储量小。应用于大多数 Web 页面和光盘读物
TIFF 格式	Tag Image File Format，图像格式广泛应用于 Mac，最初是出于跨平台存储扫描图像的需要而设计的。图像格式复杂，存储信息多，支持压缩、非压缩和无损压缩格式。支持多平台应用，方便共享和交换应用文件
PSD 格式	Photoshop 自建标准文件格式，含有各种图层、通道、遮罩等多种设计样稿，方便下次打开文件时修改上一次的设计
PNG 格式	Portable Network Graphics，新兴网络图像格式，汲取了 GIF 和 JPG 的优点，无损压缩，可把图像文件压缩到极限以利于网络传输，并且只需下载 1/64 的图像信息即可显示出低分辨率的预览图像，支持透明图片的制作
WMF 格式	Windows Metafile Format，矢量文件格式，具有文件短小、图案造型化的特点，图形比较粗糙，一般用在 Windows 剪贴画文件
PCX 格式	较早图像编辑软件 PC Paintbrush 的一种存储格式，存储格式从 1 位到 24 位，是一种经过压缩的格式，文件存储量小
SVG 格式	Scalable Vector Graphics，可缩放的矢量图形，事实上是一种开放标准的矢量图形语言，用户可直接用代码来描绘图像，可随时插入到 HTML 中通过浏览器观看。文件存储量小，下载速度快
TAG 格式	Tagged Graphics，按行存取、按行压缩，是一种图形、图像数据的通用格式，是计算机生成图像向电视转换的首选格式
DXF 格式	Autodesk Drawing Exchange Format 是 AutoCAD 的矢量文件格式，它以 ASCII 码方式存储文件，在表现图形的大小方面十分精确

6. 图形图像处理软件

计算机绘图则容易许多，其过程一般分为两步：首先是使用计算机描述景物的结构、形状与外貌，然后再根据其描述和用户观察景物的位置及光线情况，生成该景物的图像，最后在屏幕上或打印机(绘图仪)上输出。

景物在计算机内的描述即为该景物的模型，使用计算机进行景物描述的过程称为景物的建模，通常需使用专门的软件来完成；计算机根据景物的模型生成其图像的过程称为"绘制"，也叫作图像合成，这是借助计算机中的绘制软件和图形卡(显卡)实现的。

在计算机中为景物建模的方法有多种，它与景物的类型有密切关系。以普通工业产品(如电视机、电话机、汽车、飞机等)为例，它们可使用各种几何元素(如点、线、面、体等)及表面材料的性质等进行描述，所建立的模型称为"几何模型"。

现实世界中，有许多景物是很难使用几何模型来描述的，例如树木、花草、烟火、毛发、山脉等。对于这些景物，需要找出它们的生成规律，并使用相应的算法来描述其规律，这种模型称为过程模型或算法模型。

计算机绘制的图像也称为矢量图形，用于绘制矢量图形的软件称为矢量绘图软件。由于不同的应用需要绘制不同类型的图形，例如，机械零部件图、电路图、地图、工艺美术图、建筑设计与施工图等，因而存在着许多不同用途的矢量绘图软件，如 AutoCAD、CorelDraw、Illustrator等。需要注意的是，微软公司的 Office 办公套件中，例如 Word 和 PowerPoint 等都具有内嵌的矢量绘图功能，它们允许用户在文本或幻灯片中插入在线绘制的 2D 矢量图形。计算机常用的处理软件如表 2-17 所示。

表 2-17　常用的图形处理软件

软件	功能
Photoshop	应用最广的专业图像处理软件
ACDSee	照片浏览管理，对照片做简单处理
光影魔术手	简单照片处理软件
Windows 画图	图形的绘制，图片缩放旋转等简单处理
Auto CAD	专业机械制图软件
Ulead Gif Animator	Gif 动画文件制作软件
Adobe Illustrator	工业标准矢量插画软件
CorelDRAW	专业的矢量图图形绘制和排版
美图秀秀	免费的图片处理软件

2.5　本章小结

本章详细介绍了计算机基础理论知识。首先介绍了数制基础思想，包括进制间的转换及二进制的运算；其次介绍了数据的表示，包括数值数据与非数值数据的表示；最后介绍了原码、反码、补码及不同字符信息的表示方法，包括英文字符、汉字编码、音频、视频编码、图形图像编码。通过本章的学习，读者可以对计算机数制及不同数据类型表示有初步的认识，熟练掌握好这些知识，有助于学好下一章的内容。

2.6 习题

1. 计算题

同一个数用不同的数制表示，就存在它们之间的互相转换问题。请完成以下数制之间的转换。

(1) 将十六进制数 3AB.48 转换成十进制数。

(2) 将十进制数 14.3125 转换成对应的二进制数。

(3) 将十六进制数 6C5.1F 转换成对应的二进制数。

(4) 将十六进制数 906F 转换成对应的八进制数。

2. 填空题

(1) 在计算机 CPU 中，使用了一种称为触发器的双稳态电路来存储比特，一个触发器可以存储_____个比特。

(2) 在计算机系统中，处理、存储和传输信息的最小单位为_____，用小写字母 b 表示。

(3) 在表示计算机内存储器容量时，1GB 等于_____MB。

(4) 将十进制数 25.25 转换成十六进制数表示，其结果是_____。

(5) 十进制数 52.125 的八进制数表示为_____。

(6) 与十六进制数 BD.8 等值的二进制数是_____。

(7) 采用某种进制表示时，如果 4X5=17，那么 3X6=_____。

(8) 用 8 个二进位表示无符号整数时，可表示的十进制整数的范围是_____。

(9) 扩展人们效应器官功能的信息技术有_____技术。

(10) 最大 8 位二进制的带符号整数在计算机内部表示_____。

(11) 一个 8 位补码由 3 个 1 和 5 个 0 组成，则可表示的最小十进制整数为_____。

(12) 9 位的二进制带符号整数，若采用补码编码，数据的取值范围是_____。

(13) 若 X 的补码为 10011000，Y 的补码为 00110011，则[X]补+[Y]补的原码对应的十进制数值是_____。

(14) 若 A=1100，B=0010，A 与 B 运算的结果是 1110，则其运算可以是算术加，也可以是逻辑_____。

(15) 二进制的基数是_____；八进制数 65.327 中 7 的位权是_____。

3. 单选题

(1) 一个字符的标准 ASCII 码由(   )位二进制数组成。

　　A. 1　　　　　　　B. 7　　　　　　　C. 8　　　　　　　D. 16

(2) 在采用 GB 2312 国标汉字微机系统中，"学"的区位码为 4907，则它的机内码为(   )。

　　A. 4907H　　　　　B. 3107H　　　　　C. 5127H　　　　　D. D1A7H

(3) 下列有关汉字编码标准的叙述中，错误的是(   )。

    A. GB2312 国标字符集所包含的汉字许多情况下已不够使用

    B. Unicode 字符集既包括简体汉字，也包括繁体汉字

    C. GB 18030 编码标准中所包含的汉字数目超过 2 万字

    D. 我国台湾地区使用的汉字编码标准是 GBK

(4) 若中文 Windows 环境下西文使用标准 ASCII 码，汉字采用 GB2312 编码，设有一段简单文本的内码为 C3 2D B4 CA BD 6B 56 4A，则在这段文本中，含有(   )。

    A. 2 个汉字和 1 个西文字符   B. 3 个汉字和 2 个西文字符

    C. 4 个汉字和 2 个西文字符   D. 3 个汉字和 1 个西文字符

(5) 为了保证对频谱很宽的全频道音乐信号采样时不失真，其取样频率应在(   )以上。

    A. 12kHz   B. 8kHz   C. 40kHz   D. 16kHz

(6) 不同的文档格式有不同的特点，大多数 Web 网页使用的格式是(   )。

    A. RTF   B. HTML   C. DOCX   D. TXT

(7) 计算机只能处理数字声音，在数字音频信息获取过程中，下列顺序正确的是(   )。

    A. 模数转换、采样、编码   B. 采样、编码、模数转换

    C. 采样、模数转换、编码   D. 采样、数模转换、编码

(8) 一幅具有真彩色(24 位)、分辨率为 1024×1024 的数字图像，在没有进行数据压缩时，它的数据量大约是(   )。

    A. 900KB   B. 18MB   C. 4MB   D. 3MB

(9) 像素深度为 7 位的单色图像中，不同亮度的像素数目最多为(   )个。

    A. 64   B. 128   C. 4096   D. 256

(10) 若 20KHz 的取样频率，8 位量化位数数字化某段声音，则采集 1 分钟，双声道声音所需的存储空间大约是(   )。

    A. 3.2MB   B. 2.3MB   C. 5.2MB   D. 6.5MB

(11) 一幅图像分辨率为 1280×1024 的 24 位真彩色图像在计算机中所占的存储空间是(   )。

    A. 3.75MB   B. 3.84MB   C. 30MB   D. 30.72MB

(12) 在下列 4 种图像文件格式中，目前普通数码相机所采用的图像文件格式是(   )。

    A. BMP   B. GIF   C. JPEG   D. TIF

(13) 若一台配有 2GB Flash 存储卡的数码相机可将拍摄的照片压缩 4 倍后存储，则该相机最多可以存储 65 536 色、1024×1024 的彩色相片的张数大约是(   )。

    A. 1000   B. 2000   C. 4000   D. 8000

(14) 在 32×32 的点阵字库中存储一个汉字字形码所需的字节数是(   )。

    A. 16   B. 64   C. 512   D. 128

第 3 章

计算机硬件系统

本章重点介绍以下内容:

- 计算机硬件系统的组成;
- 计算机硬件系统中的主要硬件结构及其特点;
- 计算机指令系统及其控制;
- 计算机的现代系统结构。

3.1　计算机硬件基本结构

　　计算机硬件的基本功能是接受计算机程序的控制,实现数据输入、运算、输出等一系列操作,虽然计算机的制造技术从计算机诞生到现在发生了翻天覆地的变化,但在基本的硬件结构方面,一直沿用冯·诺依曼结构,即计算机的硬件设计仍建立在"程序存储"和"采用二进制"的基础上,计算机由运算器、控制器、存储器、输入设备和输出设备(包括它们的接口)五个基本部分组成;运算器和控制器组成中央处理器(CPU)。冯·诺依曼结构如图 3-1 所示。

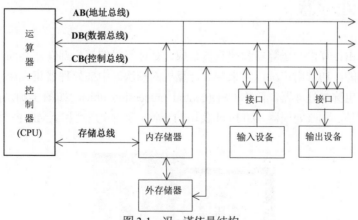

图 3-1　冯·诺依曼结构

　　从图中可知,输入设备负责把用户信息(包括程序和数据)输入到计算机中;输出设备负责将计算机中的信息(包括程序和数据)传送到外部媒介,供用户查看或保存;存储器负责存储程序和数据,并根据控制命令提供这些数据和程序,它包括内存储器(内存)和外存储器(外存);运算器负责对数据进行算术运算和逻辑运算(即对数据进行加工处理);控制器负责对程序所规定的指令进行分析控制,并协调输入、输出操作或对内存的访问。

硬件的五个基本部分是靠系统总线连接在一起的。系统总线是连接 CPU、内存和各个 I/O(input/output)接口模块的数据通路,是各模块之间传递数据的通道。系统总线分为以下 3 类。

(1) 地址总线(address bus,AB):用于传送程序或数据在内存中的地址或外设的地址编码。其线数取决于存储空间的大小,如果存储器容量为 2^n 个字,若要地址总线一次传送 n 位数据,则需要 n 根线。

(2) 数据总线(data bus,DB):用于传送数据或程序。由多根线组成,每一根线上每次传送 1 位数据。线的数量取决于字的大小(字长)。如计算机的字是 64 位(8 个字节),则需要有 64 根数据线,以便在同一时刻同时传送 64 位的字。

(3) 控制总线(control bus,CB):用于传输指令的操作码。对于控制信号,其传送方向由具体的控制信号确定,一般是双向的;同时,控制总线的线数取决于计算机需要的控制命令的总数。

CPU 和内存之间频繁地进行取指令、取数据、存结果的操作,内存与 CPU 之间的数据流量巨大。内存和外设之间交换信息时,内存的速度高,而外设的速度低。如果所有数据都通过总线传输,可能相互牵制,造成 CPU 资源的浪费。因此,在 CPU 与内存之间增设一组总线,CPU 通过它直接读写内存,这组总线称为直接存储器存取(direct memory access,DMA)。直接存储器存取不仅能提高数据传输速率,而且能减轻系统总线的负担。

CPU、内存和输入/输出设备被称为计算机的三大核心部件。

随着大规模和超大规模集成电路的发展,计算机硬件成本不断下降,系统软件日益完善。为适应现代高科技发展的需要,计算机系统的硬件结构也发生了不少变化,采用了多种先进技术,如并行处理技术(流水线结构和阵列式结构)、RISC 结构、多级存储体系等。本章也将对这些新型计算机系统结构进行简要介绍。

3.2 中央处理器

中央处理器由计算机的运算器和控制器组成,是计算机的核心部件,其性能很大程度上决定了计算机的性能,通常用户都以它来判断计算机的档次。中央处理器集成在一块超大规模集成电路芯片上,也称微处理器,简称 CPU(central processing unit),如图 3-2 所示。目前主流的 CPU 为双核、四核、六核处理器,如 Intel 公司的奔腾、酷睿 i 系列和 AMD 公司的速龙、奕龙、锐龙系列等。

图 3-2　Intel 微处理器

CPU 的工作过程如下所述：CPU 从存储器或高速缓冲存储器取出指令，放入指令寄存器，并对指令译码，它把指令分解成一系列微操作，然后发出各种控制命令，执行微操作系列，从而完成一条指令的执行，指令是计算机规定执行操作的类型和操作数的基本命令。

CPU 的主要功能如下。

- 实现数据的算术运算和逻辑运算。
- 实现取指令、分析指令和执行指令操作的控制。
- 实现异常处理及中断处理等。如电源故障、运算溢出错误等处理，外部设备的请求服务处理。

3.2.1　运算器

在中央处理器中，运算器是实现数据算术运算和逻辑运算的部件。图 3-3 所示为一个简化的运算器结构图，它主要包括算术逻辑单元(arithmetic and logical unit，ALU)、多路选择器(M1～M3)、通用寄存器组(R1～R4)及标志寄存器(flag register，FR)等。图中符号 Ci(如 C7，C8，…，C23)表示控制信号。

下面说明运算器各组成部分的基本功能。

1. 算术逻辑单元(ALU)

算术逻辑单元主要由加法器组成。若 CPU 的字长为 16 位，则该加法器至少由 16 个全加器组成。算术逻辑单元可直接实现加法运算及逻辑运算。如前所述，减法可通过"加补码"实现，而乘除运算则可通过加法(或减法)和移位(右移或左移)操作实现。也就是说，ALU 是运算器中实现 4 种算术运算和各种逻辑运算("与""或""非"及"异或"等)的核心部件。

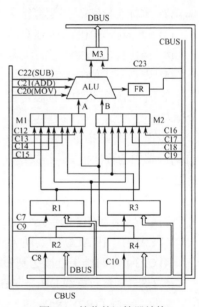

图 3-3　简化的运算器结构

由图 3-3 可知，ALU 的数据输入端为 A 和 B，它们来自两组多路选择器(M1 和 M2)的输出，ALU 的运算结果输出到 M3 多路选择器，ALU 的操作(如加法、减法、传送等)是在控制信号 C20(MOV)、C21(ADD)和 C22(SUB)等控制下完成的，这些控制信号来自控制总线 CBUS。

2. 通用寄存器组(R1～R4)

通用寄存器由若干位触发器组成。若 CPU 的字长为 16 位，则图中 R1～R4 寄存器分别由 16 个触发器组成，可存放 16 位二进制数。每个寄存器各有一个输入脉冲(见图 3-3 中 C7～C10)，在该输入脉冲的作用下，可将数据总线 DBUS 上的数据输入到某一寄存器中。例如，当 C7=1(有效)时，DBUS 的数据输入到 R1 寄存器。各寄存器的输出可分别送至 M1 和 M2 两组多路选择器的输入端。

3. 多路选择器(M1～M3)

多路选择器可从多路输入中选择一路作为输出。以 M1 为例，其逻辑功能可用逻辑表达式

表示：A=R1·C15+R2·C14+R3·C13+R4·C12

若要将 R1 寄存器中的数据送入 ALU，可令控制信号 C15=1，其他控制信号 C14、C13、C12 都等于 0(无效)，即得 A=R1·1+R2·0+R3·0+R4·0=R1

可见，要将某一通用寄存器的内容送入 ALU 的 A 组输入，只需使相应的控制信号(C15～C12)有效。M2 多路选择器与此同理。

M3 为 ALU 的一组输出控制门，当控制信号 C23 有效时，ALU 的运算结果(S)将通过 M3 送入 DBUS 上。

4. 标志寄存器(FR)

标志寄存器由若干位触发器组成，用来存放 ALU 的运算结果的一些状态，如结果是否为全零、有否进位等。标志寄存器也称为状态寄存器，或称程序状态字(PSW)，它反映了计算机在执行某条指令后所处的状态，为后续指令的执行提供"标志"。一般微型计算机中的标志寄存器主要包含下列标志位。

(1) 进位标志位(C)。当运算结果的最高位有进位时，该标志位(触发器)置 1，否则置 0。

(2) 零标志位(Z)。当运算结果为全零时，该标志位置 1，否则置 0。

(3) 符号标志位(S)。当运算结果为负时，该标志位置 1，否则置 0。

(4) 溢出标志位(V)。当运算结果产生溢出时，该标志位置 1，否则置 0。

(5) 奇偶标志位(P)。当运算结果中 1 的个数为偶数时，该标志位置 1，否则置 0。

在不同的计算机中，标志寄存器所设置的标志位数目和表示方法各有不同，但都有上述 5 个标志。

现在，以加法指令"ADD R2，R1"操作，说明运算器的基本工作原理。该指令将 R2 和 R1 寄存器中的数据相加，结果送入 R2 中，在执行该指令时，控制器将通过 CBUS 发出下列控制信号：

(1) C15=1，使 R1 的数据经 A 组输入端进入 ALU。

(2) C17=1，使 R2 的数据经 B 组输入端进入 ALU。

(3) C21=1，在 ALU 中实现 A+B，其结果从 ALU 输出。

(4) C23=1，将结果直接送到 DBUS 的数据线上。

(5) C8=1，将数据线 DB_{15}～DB_0 上的结果送入 R2 寄存器中。

至此，完成了(R2)+(R1)→R2 的加法操作。此时，R1 中的加数仍保留着，而 R2 中的被加数已被冲掉，且保存着加法结果。

由上可知，运算器实质上只是提供了各种"数据通路"。在不同控制信号序列的控制下，让数据从"源地址"出发，途经不同的"通路"，到达"目的地址"，便可完成对数据的"加工"，即实现了对数据的运算。

3.2.2 控制器

控制器是统一指挥和控制计算机各个部分协调操作的中心部件。计算机的自动计算过程就是执行已存入存储器的一段程序的过程，而执行程序的过程就是执行一条条指令的过程，即周而复始地按一定的顺序取指令、分析指令和执行指令的过程。为实现这一过程，控制器应具备下列功能：

(1) 根据指令在存储器中的存放地址，从存储器中取出指令，并对该指令进行分析，以判断取出的指令是一条什么指令。

(2) 根据判断结果，按一定的顺序发出执行该指令的一组操作控制信号，如前所述的 C7、C8 等控制信号。由于这些控制信号所完成的操作是计算机中最简单的"微小"操作，故称为微操作(microoperation)控制信号。这些信号通过控制总线 CBUS 送到计算机的运算器、存储器及输入/输出设备等部件。

(3) 当执行完一条指令后，便自动从存储器中取出下一条要执行的指令。

为了实现上述功能，控制器一般由指令部件、时序部件和微操作控制部件等组成。图 3-4 为简化的控制器结构图，下面简介图 3-4 中各部件的组成及工作原理。

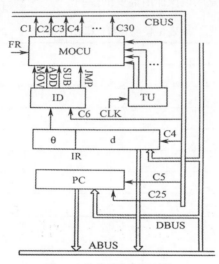

图 3-4　简化的控制器结构

1. 指令部件

指令部件包括程序计数器(PC)、指令寄存器(IR)、指令译码器(ID)等。它们是实现上述控制器的第(1)和第(3)个功能所必需的。

(1) 程序计数器。程序计数器(program counter，PC)由若干位触发器及逻辑门电路组成，用来存放将要执行的指令在存储器中的存放地址。通常，指令是按顺序执行的，每当按程序计数器所提供的地址从存储器取出现行指令后，程序计数器就自动加 1(记为 PC←PC+1)，指向下一条指令在存储器的存放地址。据此，程序计数器也被称为指令地址计数器，简称指令计数器。当遇到转移指令时，控制器将把转移后的指令地址送入程序计数器，使程序计数器的内容被指定的地址取代。这样，按此地址从存储器中取出指令，便改变了程序的执行顺序，实现了程序的转移。

程序计数器的位数(即所包含的触发器个数)取决于指令在存储器中存放的地址范围。例如，若程序计数器为 16 位，则指令在存储器中的存放地址可为 $0 \sim 2^{16}-1$。程序计数器中的指令地址是通过地址总线(AB)传送到存储器的，以实现按此地址从存储器中取出指令。

(2) 指令寄存器。指令寄存器(instruction register，IR)是由若干位触发器组成的，用来存放从存储器取出的指令。指令寄存器的位数取决于计算机的基本指令格式，设指令格式如下：

15		12	11	
θ		d		

其中,操作码 θ 占 4 位,可有 16(2^4)种操作代码;地址码 d 占 12 位,其编址范围为 $0\sim2^{12}-1$。该指令寄存器由 16 位触发器组成。从存储器中取出的指令通过数据总线 DBUS 送入指令寄存器。

(3) 指令译码器。指令译码器(instruction decoder, ID)是由门组合线路组成的,用来实现对指令操作码(θ)的译码。假定如图 3-4 所示的指令译码器实现对 4 位操作码进行译码,产生 16 个译码信号,如表 3-1 所示。该译码信号识别了指令所要求进行的操作,并"告诉"微操作控制部件,以便由该部件发出完成该操作所需要的控制信号。

表 3-1 指令操作码表(虚拟)

操作码 θ	译码信号
0001	MOV
0010	ADD
0011	SUB
0100	OUT
0101	IN
⋮	⋮
1111	HALT

2. 时序部件

如前所述,计算机执行一条指令是通过按一定的时间顺序执行一系列微操作实现的,如在运算器中完成(R2)+(R1)→R2 操作,控制器必须按时间顺序依次发出 C17、C15、C21、C23、C8 等信号,这一"时间顺序"就是通常所说的"时标"。计算机中的"时标"是由时标发生器(TU)产生的,它由节拍脉冲发生器和启停线路组成。在主脉冲振荡器(MF)所产生的主脉冲(CLK)驱动下,TU 将产生如图 3-5 所示的时标信号 $T_1\sim T_4$,其先后次序反映了"时间顺序",构成了计算机中的"时标"。若将一条指令所包含的一系列微操作安排在不同的"时标"中,即可实现对微操作的定时。

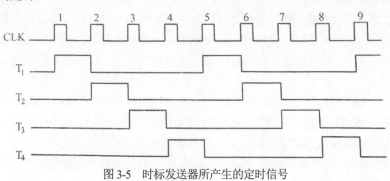

图 3-5 时标发送器所产生的定时信号

3. 微操作控制部件

微操作控制部件(micro operation control unit，MOCU)的功能是，综合时序部件所产生的时标信号和指令译码器所产生的译码信号，发出取指令和执行指令所需要的一系列微操作信号。由于计算机的指令种类很多，每种指令所包含的微操作又各不相同，要把每条指令的微操作合理地安排在不同的时标上是一件相当复杂的工作。因此，微操作控制部件是计算机硬件设计中难度最大的部件，通常采用两种设计方法来实现：组合逻辑(combinational logic)与微程序逻辑(microprogram logic)。下面简要介绍用这两种方法构成微操作控制部件的基本原理。

(1) 组合逻辑控制。这种控制方式下，微操作信号是由组合线路产生的。该组合线路的输入变量是指令操作码的译码信号、时标发生器产生的节拍信号及标志寄存器输出的状态信号，该组合线路的输出函数是指令的微操作信号，这样微操作控制部件的设计就归结为组合线路的设计。现以加法指令"ADD R2，R1"和传送指令"MOV R2，R1"为例，说明如何产生这两条指令的微操作信号。

首先，要建立这两条指令的操作时间表，如表 3-2 所示。

表 3-2　指令操作时间表举例

时标	MOV R2，R1		ADD R2，R1	
	微操作	微命令	微操作	微命令
T_1	R1→A	C15	R1→A R2→B	C15 C17
T_2	MOV	C20	ADD	C21
T_3	M3→DBUS	C23	M3→DBUS	C23
T_4	DBUS→R2	C8	DBUS→R2	C8

其次，按操作时间表列出实现各个微操作的微命令的逻辑表达式，并将这些表达式化简，由表 3-2 可得：

$$C15 = MOV \cdot T_1 + ADD \cdot T_1$$
$$C17 = ADD \cdot T_1$$
$$C20 = MOV \cdot T_2$$
$$C21 = ADD \cdot T_2$$
$$C23 = MOV \cdot T_3 + ADD \cdot T_3$$
$$C8 = MOV \cdot T_4 + ADD \cdot T_4$$

上述各式表示产生相应微命令的条件，如在执行 MOV(传送)或 ADD(加法)指令时，在 T_1 时刻将产生微命令 C15。其他微命令的产生条件(指令译码信号及时标 T_i)同理可推出。

最后，用逻辑门电路实现上述逻辑表达式，如图 3-6 所示。图中 MOV 和 ADD 是指令译码器输出的译码信号，$T_1 \sim T_4$ 是时标发生器输出的时标信号，该组合线路输出的是执行指令"MOV R2，R1"和"ADD R2，R1"所需要的微操作控制信号，即微命令。

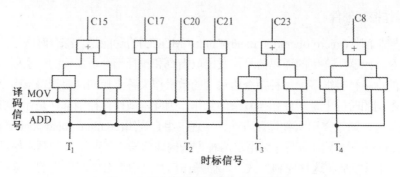

图 3-6　组合逻辑控制器组成原理举例

由上述分析可知，从原理上来说，用组合逻辑电路来组成微操作控制部件并不困难，但当指令的数量和种类很多时，这一工作将变得非常复杂，它不仅要求设计者非常熟悉每条指令所包含的微操作(或称指令流程)，而且要熟悉数据通路及计算机的时标系统。一旦设计完成，微操作控制部件将是一个凌乱的树形网络，要想对某一指令稍作修改或增加新的指令，都将形成牵一发而动全身的局面，修改、增补和检查都较困难。组合逻辑控制方式的优点是微操作控制信号只要通过几级门电路的延时便可产生，因而速度较快。因此，这种控制方式在指令种类较少的简单计算机或速度要求较高的高速计算机中获得了广泛应用。

(2) 微程序逻辑控制。如前所述，计算机的任何一条指令都是按一定的时间顺序执行一系列微操作而完成的，这些微操作的实质是打开或关闭数据通路中的一些门。如果用一位数字 1 和 0 来代表某一微操作的"执行"和"不执行"，那么就可以用一个字的不同位来表示不同的微信号。按此方式定义的字，其各位的值(1 或 0)将直接产生不同的微命令，称这一控制字为一条微指令(microinstruction)。存放微指令的存储器称为控制存储器(control memory)。

微指令的格式如图 3-7 所示，它由微操作码段和微地址段组成。微操作码段的各位定义了不同的微命令，图 3-7 中假定微操作码段由 30 位二进制代码组成，可定义 30 个微命令(C1~C30)。微地址段包含下一微指令地址及状态条件，用来指出下一条微指令在控制存储器中存放的地址，以便在本条微指令执行完毕后，按此地址从控制存储器中取出下一条微指令。

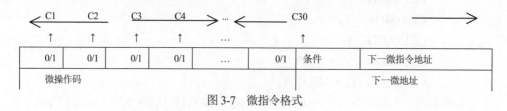

图 3-7　微指令格式

至此，可以用若干条微指令编制一段微程序(microprogram)，并通过对微程序的执行来实现一条指令所要求的微操作。例如，指令"MOV R2，R1"可用表 3-3 所示的微程序来产生全部所需的微操作控制信号，表 3-3 中假定了实现 MOV 指令的微程序的首地址是"1000"，该微程序由 4 条微指令组成，分别产生 4 个微命令 C15、C20、C23、C8。在最后一条微指令的"下一微地址段"中提供了本段微程序的结束标志(这里假定为"1111")。

表 3-3　实现指令"MOV R2，R1"的微程序

本条微指令地址	微指令		所产生的微命令
	微操作码	下一微指令地址	
1000	0…1…0	1001	C15
1001	0…1…0	1010	C20
1010	0…1…0	1011	C23
1011	0…1…0	1111	C8

由上可知，微程序逻辑控制方式的设计思想与传统的组合逻辑控制方式完全不同，它是建立在微程序设计技术基础上的。概括地说，每一条机器指令用一段微程序来解释，而微程序由微指令组成，每一条微指令可产生一个或多个可同时执行的微命令。按此原理组成微操作控制部件需解决下列几个问题：

(1) 如何存放微程序？如何使微程序与每一条机器指令相对应？

(2) 如何读取微指令(顺序读取或跳转)？

(3) 如何由微操作码来产生微命令？

图 3-8 为微程序控制方式下的微操作控制部件的组成框图，它由微地址形成器、微地址寄存器、微地址译码及驱动器、控制存储器及微指令寄存器等组成。其中控制存储器用来存储微程序，也称微程序只读存储器，不同机器指令所对应的微程序段以各自的首地址存放在该存储器中，如指令"MOV R2，R1"的微程序的首地址为"1000"。从控制存储器读出的微指令送入微指令寄存器，该寄存器由三段组成：微操作码段将根据其各位的值产生对应的微命令(1 为有效，0 为无效)；下一微地址段及状态条件段为形成下一条微指令的微地址提供信息。通常，微指令是按微地址加 1 的顺序执行的，当状态条件段为某一特征值时，微指令可跳转到指定的微地址。

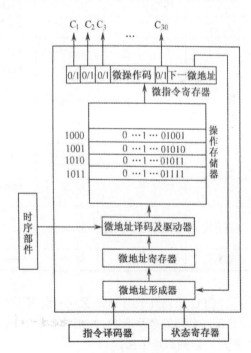

图 3-8　微程序控制器组

现以指令"MOV R2，R1"为例，说明微程序控制器的基本工作原理。首先，假定该指令的微程序(见表 3-3)已存放在控制存储器的第 1000 至 1011 号微地址单元中。当将指令"MOV R2，R1"从计算机的存储器中取到指令寄存器(IR)后，其操作码经指令译码器产生译码信号 MOV，并送到微程序控制器的微地址形成器(见图 3-8)。微地址形成器根据译码信号 MOV，便生成微程序的首地址 1000。将该微地址送入微地址寄存器暂存，经微地址译码器译码，选中控制存储器的 1000 号微地址单元，从该单元中读出第一条微指令(见表 3-3)，并送入微指令寄存器。该寄存器中的微操作码"0…010…0"将产生微命令 C15，而其下一微地址"1001"将送至微地址形成器。

重复上述过程，直至 4 条微指令执行完毕，便完成了"MOV R2，R1"指令所要执行的全部微操作。当然，上述微程序的执行过程是在时序部件所产生的时标信号控制下完成的。

以上简要介绍了微程序控制方式下微操作控制部件(或称微程序控制器)的基本组成及其工作原理，实际应用中还有许多问题有待进一步解决，如微指令格式的选择、微操作码的译码方式、微地址的形成规则及微程序的编程技巧等，这里不再讨论。与组合逻辑控制方式下的微操作控制部件相比较，微程序控制器具有结构规范，易于对指令的修改、增删及对控制器的调试等优点。但由于机器指令是通过执行一段微程序来实现的，因此指令的执行速度较慢。

3.2.3　CPU 的发展

随着微电子学的发展，计算机的运算器和控制器可以集成在一片超大规模集成电路芯片上，出现了中央处理器(CPU)芯片。计算机软硬件技术的飞速发展使 CPU 的结构不断更新，性能不断提高。下面以 Intel 公司生产的微处理器为例，简要说明 CPU 发展的变化。

CPU 的发展已有 40 多年的历史，如表 3-4 所示。

表 3-4　Intel CPU 的发展

发展阶段	时间	字长	代表芯片	内核数/个	晶体管数/个	主频
第一代	1971 年	4 位	Intel 4004	1	2300	108kHz
	1972 年	8 位	Intel 8008	1	3500	200kHz
第二代	1974 年	8 位	Intel 8080	1	6000	2MHz
第三代	1978 年	16 位	Intel 8086 Intel 8087 Intel 8088	1	29000	5, 8, 10MHz
	1982 年	16 位	Intel 80286	1	14.3 万	6, 8, 10, 12.5MHz
第四代	1985 年	32 位	Intel 80386	1	27.5 万	16MHz
	1989 年	32 位	Intel 80486	1	125 万	25MHz～100MHz
第五代	1994—2005 年	32/64 位	Intel 奔腾系列	1, 2	3210 万～5500 万	66MHz～3.4GHz
第六代	2005 年至今	64 位	Intel 酷睿系列	2, 4, 8	几亿	

CPU 市场几乎由 Intel 公司一统天下。从 32 位微处理器开始，AMD 公司异军突起，打破了 Intel 公司的垄断地位。AMD 公司的产品如速龙系列、FX 系列也都在世界各地得到认可，占据了一定的市场份额。

1. 4004、8008 微处理器

4 位微处理器 4004、8 位微处理器 8008 外观如图 3-9 所示。

图 3-9　Intel 4004 和 8008 微处理器

2. 8086 微处理器

16 位微处理器 8086 外观如图 3-10 所示，其内部结构框图如图 3-11 所示。

图 3-10　Intel 8086 微处理器

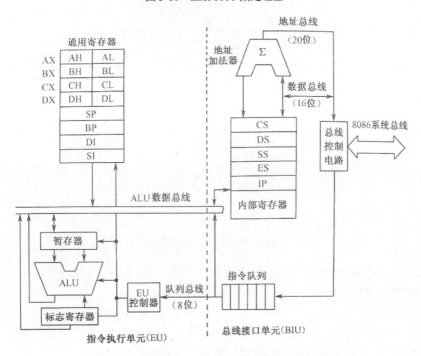

图 3-11　8086 CPU 结构框图

将 8086 CPU 内部结构与前述的运算器、控制器进行比较，发现仍然是由实现运算及控制功能的基本部件组成，只是增加了通用和专用寄存器，使 CPU 的功能更完善。

3. Pentium 微处理器

32 位微处理器 Pentium 外观如图 3-12 所示，其内部结构框图如图 3-13 所示。

图 3-12　Pentium 微处理器

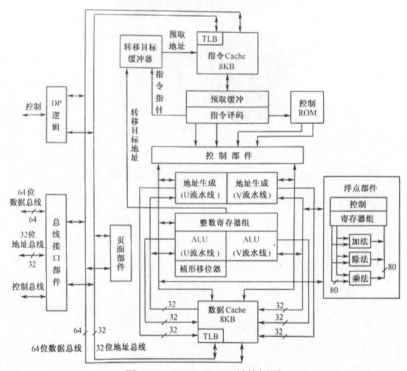

图 3-13　Pentium CPU 结构框图

　　由结构图可知，Pentium CPU 由两条并行操作的流水线、两个 Cache 部件、浮点部件、页面部件及总线接口部件等组成。对各组成部分简要说明如下。

　　(1) 两条并行操作的流水线分别称为 U 流水线和 V 流水线，每条流水线各有独立的算术逻辑运算单元、地址生成电路、可独立于数据 Cache 的接口。正常情况下，两条流水线并行工作，各自完成 32 位的运算，可实现每一个时钟周期执行完两条机器指令。

　　(2) 两个 Cache 部件的容量分别为 8KB。一个存放指令，称为指令 Cache；另一个存放数据，称为数据 Cache，它们有效地解决了 Cache 的争用问题。

　　(3) 浮点部件内部可实现 8 级流水，每个时钟周期可执行完一条浮点运算指令，使其浮点运算速度比 80486 处理器快 3~5 倍。

(4) Pentium CPU 的页面部件与总线接口部件的功能与 80486 中的相应部件相同,前者实现主存的页式、段式及段页式存储管理,后者实现 CPU 与主存(或 I/O 接口)之间的信息交换,但 Pentium CPU 的数据总线为 64 位,而 80486 CPU 的数据总线为 32 位。

(5) Pentium CPU 的微操作控制部件是采用组合逻辑控制和微程序控制相结合的方式。对于一些常用指令采用组合逻辑控制方式,以加快它们的执行速度。

4. 国产 CPU(龙芯)

2002 年 9 月,中国科学院计算技术研究所研制成功我国首个具有自主知识产权的高性能通用 CPU 芯片"龙芯 1 号"。这一成果填补了我国在计算机通用处理器领域的空白,结束了以往全部依赖国外处理器产品的局面。

2005 年 3 月,中科院计算技术研究所在北京正式发布"龙芯 2 号",该芯片包含 4700 万个晶体管、最高主频为 1GHz、面积约两个拇指大小、功耗为 3~8W。

"龙芯 2 号"是国内首款 64 位高性能通用 CPU 芯片,支持 64 位 Linux 操作系统和 X Windows 视窗系统,比 32 位的"龙芯 1 号"更流畅地支持视窗系统、桌面办公、网络浏览、DVD 播放等应用,尤其在低成本信息产品方面具有很强的优势。由于龙芯采用特殊的硬件设计,可以抵御一大批黑客和病毒攻击。作为国内首台完全自主知识产权的电脑,"福珑"采用龙芯 2E CPU,产品预装了 Linux,但无法使用 Windows 操作系统。产品能满足办公、上网、邮件、多媒体播放等基本需求。

3.2.4　多核 CPU 和 GPU

1. 多核技术的发展

提高单个 CPU 核心运行速度的主要手段是提高其工作频率以及增加指令级并行处理,但这两种传统的手段都受到制约。一是处理器的主频提高受芯片单位尺寸上的能耗和发热的限制;二是通用计算中的指令级并行处理并不多。由于上述原因限制了单核 CPU 性能的进一步提高,CPU 厂商开始在单块芯片内集成更多的处理器核心,使 CPU 向多核方向发展。2005 年,Intel 和 AMD 正式向主流消费市场推出了双核 CPU 产品,2007 年推出 4 核 CPU,2009 年 Intel CPU 进入 8 核时代。

随着多核 CPU 的普及,现代的普通 PC 都拥有数个 CPU 核心,实际上已经相当于一个小型集群。可以预见,未来 CPU 中的核心数量还将进一步增长。与此同时,多核架构对传统的系统结构也提出了新的挑战。多核处理器产生的直接原因是替代单处理器,解决微处理器的发展瓶颈,但发展多核的深层次原因还是为了满足人类社会对计算性能的无止境需求,而且这种压力还会持续下去。阻碍多核性能向更高水平发展的问题很多,但真正束缚多核发展的是低功耗和应用开发两个问题。由于现有的多核结构设计方法和技术还不能有效地处理这两个问题,因此有必要在原有技术基础上探索新的思路和方法。为了实现高性能、低功耗和高应用性的目标,多核处理器呈现以下几种发展趋势。

(1) 多核上将集成更多结构简单、低功耗的核心。

(2) 异构多核是一个重要的方向。

(3) 多核上应用可重构技术。

(4) 多核的功率和发热管理。

(5) 片上多核处理器时代的到来。

2. GPU 的发展

(1) GPU 简介。GPU 英文全称 graphic processing unit，即"图形处理器"。GPU 是相对于 CPU 的一个概念。由于现代计算机中图形的处理变得越来越重要，因此需要一个专门的处理图形的核心处理器，它是显示卡的"心脏"，相当于 CPU 在电脑中的作用，它决定了该显卡的档次和大部分性能，同时也是 2D 显卡和 3D 显卡的区别依据。2D 显示芯片在处理 3D 图像和特效时主要依赖 CPU 的处理能力，称为"软加速"；3D 显示芯片是将三维图像和特效处理功能集中在显示芯片内，也即所谓的"硬件加速"功能。

二十世纪六七十年代，受硬件条件的限制，图形显示器只是计算机输出的一种工具。限于硬件发展水平，只能纯粹从软件实现的角度来考虑图形用户界面的规范问题。图形用户界面国际标准 GKS(GKS3D)、PHIGS 就是其中的典型代表。

20 世纪 80 年代初期，出现 GE(geometry engine)为标志的图形处理器。GE 芯片的出现使图形处理器成为引导计算机图形学发展的年代。1999 年推出具有标志意义的图形处理器——GeForce 256，第一次在图形芯片上实现了 3D 几何变换和光照计算。此后 GPU 进入高速发展时期。

(2) GPU 通用计算。目前，主流计算机中的处理器主要是中央处理器(CPU)和图形处理器(GPU)。传统上，GPU 只负责图形渲染，而大部分的处理都是 CPU。21 世纪人类所面临的重要科技问题，如卫星成像数据处理、基因工程、全球气候预报、核爆炸模拟等，数据规模已经达到 TB 甚至 PB 量级，没有万亿次以上的计算能力是无法解决的。同时，人们在日常应用中(如游戏、高清视频播放)面临的图形和数据计算也越来越复杂，对计算速度提出了严峻挑战。

GPU 在处理能力和存储器带宽上相对 CPU 有明显优势，在成本和功耗上也不需要付出太大代价，从而为这些问题提供了新的解决方案。由于图形渲染的高度并行性，使得 GPU 可以通过增加并行处理单元和存储器控制单元的方式提高处理能力和存储器带宽。GPU 设计者将更多的晶体管用作执行单元，而不像 CPU 那样用作复杂的控制单元和缓存，并以此来提高执行单元的执行效率。

受游戏市场和军事视景仿真需求的引领，GPU 性能提高速度很快。最近几年中，GPU 的性能每年就可以翻倍，大大超过了 CPU 遵照摩尔定律的发展速度。为了实现更逼真的图形效果，GPU 支持越来越复杂的运算，其可编程性和功能都大大扩展了。

目前，主流 GPU 的单精度浮点处理能力已经达到了同时期 CPU 的 10 倍左右，而其外部存储器带宽则是 CPU 的 5 倍左右；在架构上，目前的主流 GPU 采用统一架构单元，并且实现了细粒度的线程间通信，大大扩展了应用范围。

3. CPU 和 GPU 的融合

目前，无论是移动、桌面还是云计算等各个平台，无论是芯片级、机器级还是数据中心级，单位能耗所提供的性能、可扩展的并行处理能力等都成为共同的焦点。在 CPU 的潜力挖掘渐尽的情况下，技术人员纷纷将目光投向天生适合并行计算的 GPU。例如，在互联网领域或云端，在 2010 年底已有使用集群 GPU 的实例，可以以极低的成本提供超级计算能力。曾经夺得超级计算机世界冠军的天河 1A，也配备了近万个 GPU。

为了降低功耗和硬件系统成本，主要传统桌面计算 CPU 供应商 Intel 和 AMD 都在努力将 CPU 和 GPU 的功能在单芯片上进行融合，形成融合了 x86 CPU 计算功能和图像处理功能的融合处理器。从 AMD 和 Intel 的路线图可以预计，在需要大量人机交互的移动计算领域，融合 CPU 和 GPU 功能的处理器芯片将逐步成为低功耗、高效能系统的主流处理器。

3.2.5 CPU 的性能参数

CPU 的性能参数包括主频、外频、总线频率、倍频系数和缓存等。计算机的性能很大程度上由 CPU 的性能决定，而性能主要体现在运行程序的速度上。

(1) 主频：也叫时钟频率，是 CPU 内核的工作频率，单位是兆赫(MHz)或千兆赫(GHz)，用来表示 CPU 运算、处理数据的速度。通常，主频越高，CPU 处理数据的速度越快。目前的 CPU 主频已经达到 4GHz 或更高一点，因为工艺限制和功耗的原因，CPU 的主频不能无限制增长。

$$CPU \text{ 的主频} = \text{外频} \times \text{倍频系数}$$

(2) 外频：即 CPU 的基准频率，单位是 MHz。CPU 的外频决定了整块主板的运行速度。通俗地说，在台式机中超频都是超 CPU 的外频。但对于服务器 CPU 来说，超频是绝对不允许的。因为如果对服务器 CPU 超频了，改变了外频，会产生异步运行，造成整个服务器系统不稳定。

(3) 倍频系数：指 CPU 主频和外频之间的相对比例关系。在相同的外频下，倍频越高，CPU 的频率越高。但实际中，在相同外频的前提下，高倍频的 CPU 本身意义并不大。这是因为 CPU 与系统之间的数据传输速度是有限的，一味追求高主频而得到高倍频的 CPU 会出现明显的"瓶颈"效应，即 CPU 从系统中得到数据的极限速度不能满足 CPU 的运算速度。

(4) 缓存：CPU 的重要指标之一，其结构和大小对 CPU 速度的影响非常大。CPU 缓存的运行频率极高，一般与处理器同频运作，其工作效率远远大于系统内存和硬盘。CPU 缓存进一步分为一级缓存、二级缓存和三级缓存。

① 一级缓存(L1 cache)：指 CPU 第一层高速缓存，分为数据缓存和指令缓存。内置的 L1 级高级缓存的容量和结构对 CPU 的性能影响较大，不过高速缓冲存储器均由静态 RAM 组成，结构较复杂，在 CPU 管芯面积不能太大的情况下，L1 级高速缓存的容量不可能做得太大。一般服务器 CPU 的 L1 级高速缓冲的容量通常为 32～256KB。

② 二级缓存(L2 cache)：指 CPU 的第二层高速缓存，分为内部和外部两种芯片。内部芯片二级缓存运行速度与主频相同，外部芯片二级缓存运行速度只有主频的一半。L2 高速缓存容量也会影响 CPU 的性能，原则是越大越好，目前家庭用 CPU 的 L2 缓存容量最大为 4MB。服务器和工作站上用 CPU 的 L2 缓存容量高达 8MB 或 16MB。

③ 三级缓存(L3 cache)：分为外置和内置两种。使用 L3 可进一步降低内存延迟，同时提升大数据量计算时处理器的性能，一般都是共享的。

(5) 内核数。内核数是目前评价 CPU 性能的重要指标之一。多核处理器在一个处理器中集成多个内核，通过并行处理提高计算能力，可以替代多处理器技术，从而节省空间，减小体积。

3.3 主存储器

计算机的存储器是存放数据和程序的部件，计算机中的全部信息，包括输入的原始信息，经过计算机初步加工后的中间信息以及处理得到的结果信息都记忆或存储在存储器中，另外，对数据信息进行加工处理的一系列指令所构成的程序也存放其中。存储器按照用途不同，可分为主存储器(memory，也称内存储器)和辅助存储器(auxiliary storage，也称外存储器)两大类。主存储器存放当前正在执行的数据和程序，可直接与 CPU 交换信息，具有容量小、速度快等特点；辅助存储器存放当前不立即使用的信息，它与主存储器批量交换信息，相对于主存储器，它有容量大、速度较慢等特点。目前，主存储器(简称主存)都由半导体存储器组成；辅助存储器(简称辅存)则由磁带机、磁盘机(硬磁盘与软磁盘)及光盘机组成，能长期保存信息。本节将介绍由半导体存储器芯片组成的主存储器的结构及工作原理。

3.3.1 主存储器概述

1. 主存储器的基本组成

主存中的每个字节各有一个固定的编号，称为地址。CPU 在读写存储器中的数据时是按地址进行的。为了实现按地址写入或读出数据，存储器至少由地址寄存器、地址译码和驱动器、存储体、读/写放大电路、数据寄存器及读/写控制电路等部件组成，如图 3-14 所示。各组成部分的功能如下。

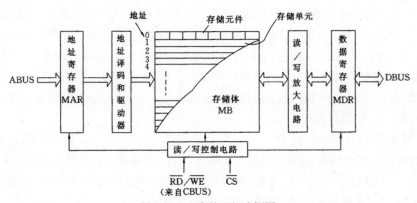

图 3-14 主存储器组成框图

(1) 存储体(memory bank，MB)。存储体由存储单元(memory location)组成，每个单元包含若干存储元件(memory cell)，每个存储元件可存储一位二进制数(1 或 0)。每个存储单元有一个编号，称为存储单元的地址，简称"地址"，存储单元的地址按二进制编码。计算机的数据和指令是按地址存放在存储体的各个存储单元中，通常一个存储单元由 8 个存储元件组成，可存放一字节(8 位二进制数)的数据，存储体所包含的存储单元总数称为存储器的容量，通常用 KB(KiB)、MB(MiB)、GB(GiB)和 TB(TiB)作为存储器容量单位，注意是 1024(2^{10})换算。

(2) 地址寄存器(memory address register，MAR)。地址寄存器由若干位触发器组成，用来存放访问存储器的地址(指令地址或操作数地址)。地址寄存器的长度(即位数)应该与存储器的容量相匹配，如存储器的容量为 4KB，则地址寄存器的长度至少为 2^i=4K，即 i=12。

(3) 地址译码和驱动器。该部件对地址寄存器所提供的地址码进行译码，经驱动器的电流放大"选中"某一存储单元，如地址寄存器所提供的地址码为"0…0100"，则选中存储体的第 4 号存储单元。

(4) 数据寄存器(memory data register，MDR)。数据寄存器由若干位触发器组成，用来暂存从存储单元中读出的数据(或指令)，或暂存从数据总线来的即将写入存储单元的数据。显然，数据寄存器的宽度(W)应该与存储单元的长度相匹配，如存储单元的长度为一字节，则数据寄存器的位数应为 8 位。

(5) 读/写放大电路(read/write amplifier)。该部件实现信息电平的转换，即将存储元件表示 1 和 0 的电平转换为数据寄存器中触发器所需要的电平，反之亦然。

(6) 读/写控制电路(read/write control circuit)。该部件一般由逻辑门电路组成，根据计算机控制器发来的"存储器读/写"信号($\overline{RD}/\overline{WE}$)发出实现存储器读或写操作的控制信号。片选信号 $\overline{CS}$(chip select，CS)是由若干位地址码经译码而形成的，当 $\overline{CS}$ =0(低电位有效)时，该存储器芯片工作；否则，该芯片不工作。

2. 主存储器的读 / 写操作

主存储器实现读操作(取数)和写操作(存数)通常称为对存储器的"访问"。当对某一存储器芯片进行访问时，该芯片应处于工作状态，故必须先选中该芯片($\overline{CS}$ =0)。下面说明读操作和写操作的过程。

1) 读操作过程

(1) 送地址。控制器通过地址总线(ABUS)将指令地址或操作数地址送入地址寄存器(MAR)。

(2) 发读命令。控制器通过控制总线(CBUS)将"存储器读"信号($\overline{RD}$ =0)送入读/写控制电路。

(3) 从存储器读出数据。读/写控制电路根据读信号有效($\overline{RD}$ =0)和片选信号有效($\overline{CS}$ =0)，向存储器内部发出"读出"控制信号，在该信号作用下，地址寄存器中的地址码经地址译码器译码，选中并驱动存储体中的某一存储单元，从该单元的全部存储元件中读出数据，经读/写放大电路放大，送入数据寄存器。再经数据总线(DBUS)将读出的数据送入控制器(若读出的数据是指令)或运算器(若读出的数据是操作数)。

2) 写操作过程

(1) 送地址。同读操作。

(2) 送数据。将要写入存储体的数据由运算器(如运算结果)或输入设备(如输入程序或数据)经数据总线(DBUS)送入数据寄存器。

(3) 发写命令。控制器通过控制总线(CBUS)将"存储器写"信号($\overline{WE}$ =0)送入读/写控制电路。

(4) 将数据写入存储器。读/写控制电路根据写信号有效($\overline{WE}$ =0)和片选信号有效($\overline{CS}$ =0)，向存储器内部发出"写入"控制信号。在该信号作用下，地址寄存器中的地址码经译码，选中存储体中的某一存储单元，与此同时，将数据寄存器中的数据经写入电路，写入到被选中的存储单元中。

3. 主存储器的主要技术指标

存储器的外部特性可用它的技术参数来描述。下面所述的技术参数主要针对主存储器，但其含义同样适用于任何类型的存储器。

(1) 存储容量。存储器可以容纳的二进制信息量，称为存储容量，可按"字节数""字数"或"二进制位数"表示。主存储器的容量一般指存储体所包含的存储单元数量(N)，通常称为"实际装机容量"(2^i)。如前所述，一般情况下地址寄存器(MAR)的长度是按满足 $2^i=N$ 关系设计的，即地址空间等于主存的实际装机容量。但在现代计算机中，出现了 $2^i<N$ 或 $2^i>N$ 的情况。如 16 位字长的计算机，$i=16$ 位，地址空间 $2^i=64KB$，但主存装机容量却达到 512KB 以上。又如 32 位字长的计算机，$i=32$ 位，地址空间 $2^i=4GB(1GB=1024MB)$，而主存实际装机容量可能只有 4MB。一般讲，存储器的容量越大，所能存放的程序和数据就越多，计算机的解题能力就越强。

(2) 存取时间和存储周期。存取时间(access time) T_A 和存储周期(memory cycle)T_{MC} 是表征存储器工作速度的两个技术指标。存取时间(T_A)指存储器从接受读命令到被读出信息稳定在数据寄存器(MDR)的输出端所需的时间。存储周期(T_{MC})指两次独立的存取操作之间所需的最短时间。通常，T_{MC} 要比 T_A 时间长。

(3) 存取速率。存取速率是指单位时间内主存与外部(如 CPU)之间交换信息的总位数，记为 C，则 $C=W/T_{MC}$。式中，$1/T_{MC}$ 表示每秒从主存读/写信息的最大速率，单位是位/秒或字节/秒；W 为数据寄存器的宽度(即一次并行读/写的位数)，故 W/T_{MC} 表示主存数据传输带宽，即每秒能并行传输多少位。

(4) 可靠性。存储器的可靠性用平均故障间隔时间(mean time between failures，MTBF)来描述，它可理解为两次故障之间的平均时间间隔。显然，MTBF 越长，可靠性越高。

主存的速度和容量直接影响计算机的整体性能。

3.3.2 半导体存储器

1. 半导体存储器的分类

半导体存储器(semiconductor memory)按其不同的半导体材料可分为双极型(transistor-transistor logic，TTL)和单极型(metal oxide semiconductor，MOS)半导体存储器两类。前者具有高速的特点，后者具有集成度高、制造简单、成本低、功耗小等特点，故 MOS 半导体存储器是目前广泛应用的半导体存储器。

半导体存储器按存取方式不同，可分为随机存取存储器(random access memory，RAM)和只读存储器(read only memory，ROM)两类。RAM 是一种可读写存储器，在程序执行过程中，该存储器可根据需要随机地写入或读出信息，当断电后，保存的信息都将全部丢失。RAM 在微机中主要用来存放正在执行的程序和临时数据，容量越大，计算机性能越好。RAM 又可分为双极型和单板型两类，双极型 RAM 存取速度快，主要用做高速缓冲存储器。ROM 是一种在程序执行过程中只能将内部信息读出而不可写入的存储器(其内部信息是在脱机状态下用专门设备写入的)，断电后信息不会丢失，容量较小，常用来存放一些固定的程序、数据和系统软件等，如检测程序、BIOS 等。ROM 按存储信息的方法不同又可分为 4 类。

(1) 固定掩模型 ROM。这类 ROM 的内部信息是在制作集成电路芯片时，用定做的掩模"写入"的，制作后用户不能再修改。

(2) 可编程只读存储器(programmable ROM，PROM)。这类 ROM 的内部信息是由用户按需要写入的，但只允许编程写入一次。

(3) 可擦除可编程只读存储器(erasable programmable ROM，EPROM)。这类 ROM 可多次改写，改写时通过紫外线光的照射将芯片内的原存信息全部擦除，再利用高电压写入新的内容。

(4) 电可擦除可编程只读存储器(electrically erasable programmable ROM，EEPROM)。这类 ROM 也可多次改写芯片内容，运作原理类似 EPROM，但改写是通过加入大电流使芯片内的某一个存储单元的原存信息擦除掉，从而减少重新编程的工作量，而且这一擦除与重新编程的工作可在线完成，为用户使用 ROM 芯片提供方便。

另外，快擦除读写存储器 Flash Memory，是 EEPROM 的一种(结合了 ROM 和 RAM 的优点)，使用电可擦除技术，但速度比 EEPROM 快得多，具有非易失性、高密度、低功耗和高可靠性等特点，俗称快闪存储器(闪存)，特别适用于便携式设备。

上述半导体存储器的分类情况如图 3-15 所示。

图 3-15　半导体存储器的分类

2. 存储元件

存储元件用来存储一位二进制信息(1 或 0)。不同的半导体存储器，其存储元件的结构不同，但就存储信息的原理而言，大致分为如下三种：一是用触发器作为存储元件，如双极型和 MOS 型静态 RAM(static RAM，SRAM)，其特点是存取速度快，但价格较高，一般用作高速缓存。二是用电容器作为存储元件，电容充电时为 1，放电时为 0，如 MOS 型动态 RAM(dynamic RAM，DRAM)，其特点是存取速度相对于静态较慢，但价格较低，一般用作计算机的主存；三是用晶体管作为存储元件，管子导通时为 0，截止时为 1，如 ROM。下面仅介绍 MOS 型动态 RAM 存储元件的组成及其存储信息的原理。

动态 RAM 存储元件是用电容的充放电来存储二进制信息的，常有三管和单管两种动态存储元件，图 3-16 所示为单管动态存储元件的基本组成，它包括 MOS 管 T 和记忆电容 C。

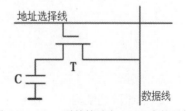

图 3-16　MOS 型单管动态 RAM 存储元件

当电容 C 上有电荷时，表示其存储的信息为 1；反之，当电容 C 上无电荷时，表示其存储的信息为 0。读出时，地址选择线为高电位，T 管导通，电容 C 上的电压经 T 管从数据线上读出。写入时，写入信息置于数据线上，且地址选择线为高电位，T 管导通。此时，数据线上的信息经 T 管对电容 C 充电(写入信息为 1)或放电(写入信息为 0)，使写入信息以电荷方式存储在电容 C 上。

为了缩减元件所占的芯片面积，单管动态存储元件中的电容 C 不可能做得很大，故每次读出后信息会很快消失，为维持原存信息，需在读出后立即进行"重写"。此外，即使不进行读操作，电容 C 上的电荷也会通过电路内部的漏电阻和分布电容发生慢速放电，以致经过一段时间后，电容上的电荷也会放完，存储的信息自动丢失。为此，在由动态存储元件所组成的动态 RAM 中，每隔一定时间需对存储元件进行"刷新"，以保证原存储的信息不丢失。"重写"和"刷新"是动态 RAM 要解决的两个特殊问题，使得这类存储器的外围电路比较复杂。

3. 存储矩阵

如前所述，存储体由存储单元组成，而存储单元由存储元件组成。那么，如何组织存储元件以构成一个存储体呢？常用的方法有两种，一种是一维阵列结构，或称字选法(linear selection)；另一种是二维阵列结构，或称重合法(coincident current selection)。

(1) 一维阵列结构(字选法)。图 3-17 是一个 16×4 位的字选法存储矩阵结构示意图。图中存储元件为 MOS 型单管动态 RAM 存储元件，其连接方式如图 3-17 左下方所示。4 位地址寄存器 MAR 所提供的 4 位地址码($A_3 \sim A_0$)经译码器译码，产生 16 条地址选择线，分别连接 16 个存储单元的 4 个存储元件。不同存储单元的同一位存储元件的数据线连接同一个读/写放大器(R/W)，共有 4 个 R/W，并与 4 位数据寄存器(MDR)相连接。该存储器的读/写原理，将在后续课程讲解。这种结构的存储器具有结构简单的优点，但当存储容量增大时，选择线将以 2^n(n 为地址码的位数)剧增，故适用于小容量存储器。

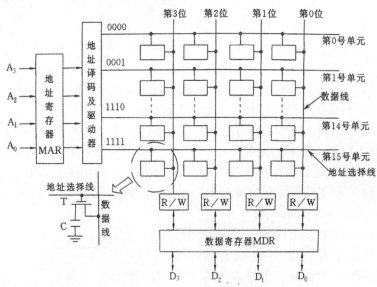

图 3-17　16×4 位的字选法存储矩阵结构

(2) 二维阵列结构(重合法)。图 3-18 是一个 16×1 位重合法存储矩阵结构示意图。图中仍采用单管动态存储元件，其行选择(x)信号与列选择(y)信号分别由高两位(A_3，A_2)和低两位(A_1，A_0)地址经译码器译码产生。行选择线直接连接到各行存储元件的地址选择线，列选择线则作为开关管 $T_3 \sim T_0$ 的栅极控制信号，以控制某一列存储元件的数据线上信息的读出或写入。

下面举例说明该存储器是如何实现按地址读出信息的。设 $A_3 \sim A_0 = 1001$，则 $A_3 A_2 = 10$，经译码使地址选择线为高电位，选中地址为"8～11"4 个存储单元。$A_1 A_0 = 01$，经译码使选择线为高电位，打开 MOS 管 T_1。这样，处于 x_2-y_1 交点处的地址为"9"的存储元件所存储的信息将通过 y_1 数据线，经 T_1 读出到读/写放大器(R/W)，并输出到数据寄存器，这种结构的存储器具有选择线少的优点，适用于大容量存储器。

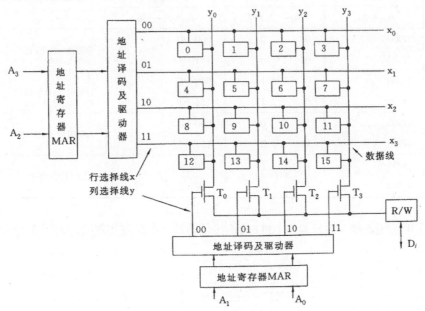

图 3-18　16×1 位的重合法存储矩阵结构

3.3.3　用芯片组成存储器

1. 存储器组成原理

用现成的集成电路芯片构成一个一定容量的半导体存储器，大致要完成以下工作：

(1) 根据所要求的存储器容量大小，确定所需芯片的数目。

(2) 完成地址分配，设计片选信号译码器。

(3) 实现总线(DBUS、ABUS、CBUS)连接。

(4) 解决存储器与 CPU 的速度匹配问题。

下面，通过一个简单例子，说明如何用现成芯片构成一个存储器。

【例 3.1】试用 Intel 2114 芯片组成一个容量为 4K×8 位的存储器。

(1) 确定所需芯片的数目。2114 芯片的容量为 1K×4 位，为了扩展成 1K×8 位，需用 2 片芯片；为了扩展成 4K×8 位，则需用 4 组两片芯片，故所需芯片的数目为：

$$N=(4K×8)/(1K×4)=4×2=8(片)$$

(2) 完成地址分配。因 2114 芯片内含有 IK 个存储单元，故实现片内寻址需 10 位地址码(2^{10}=1024)，占用地址码 A_9～A_0。为实现片外 4 组芯片的选择，需占用两位地址码(A_{11}，A_{10})，并用 2-4 译码器对该两位地址码的行译码以产生 4 个片选信号 $\overline{CS3}$～$\overline{CS0}$。这样，4K×8 位存储器的一种地址分配方案如表 3-5 所示。

表 3-5　4K×8 位存储器地址分配的一种方案

芯片组别	存储单元地址						寻址范围(用十六进制表示)
	留用	片选		片内			
	$A_{15}\cdots A_{12}$	A_{11}	A_{10}	$A_9 A_8 A_7 \cdots A_0$			
1	0000	0	0	$000\cdots 0$			000H～03FFH
	0000	0	0	$111\cdots 1$			
2	0000	0	1	$000\cdots 0$			0400H～07FFH
	0000	0	1	$111\cdots 1$			
3	0000	1	0	$000\cdots 0$			0800H～0BFFH
	0000	1	0	$111\cdots 1$			
4	0000	1	1	$000\cdots 0$			0C00H～0FFFH
	0000	1	1	$111\cdots 1$			

(3) 实现总线连接。存储器与 CPU 的连接是通过三组总线实现的，如图 3-19 所示。

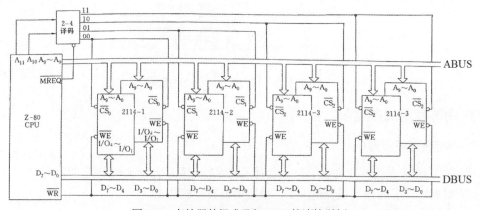

图 3-19　存储器的组成及与 CPU 的连接举例

由图可知，4 组 2114 芯片(2114-1～2114-4)中的每组两片芯片的数据端口($I/O_4 \sim I/O_1$)分别连接到数据总线 DBUS 的 $D_7 \sim D_4$ 和 $D_3 \sim D_0$，而地址线 $A_9 \sim A_0$ 都连接到地址总线 ABUS 的 $A_9 \sim A_0$。这样，每组两片芯片组成了一个容量为 IK×8 位的存储器，4 组芯片则组成一个容量为 4K×8 位的存储器。每一组的片选信号分别由地址 $A_{11}A_{10}$ 的 4 个译码信号产生，从而使 4 组芯片的寻址范围如表 3-5 所示。当存储器进行读/写操作时，CPU 将发出"访存信号"(MREQ=1)有效，该信号使 2-4 译码器工作，产生地址 $A_{11}A_{10}$ 的 4 个译码信号。$\overline{WR}$ 为 CPU 发出的读/写信号，若为写操作，则 $\overline{WR}=0$；若为读操作，则 $\overline{WR}=1$；它连接到所有芯片的 $\overline{WR}$ 端。

2. 内存条

微型机中所使用的主存储器都是以"内存条"形式出现，是主板上的存储部件。内存条是一种封装有多片半导体存储器芯片的一块条形电路板，如图 3-20 所示。目前计算机中的 DDR 型内存常见的容量有 4GB、8GB、16GB 等。选择内存条时，除满足容量要求外，还需注意存储器芯片的类型、芯片的工作速度及引脚线的类型。

图 3-20　内存条结构图

内存条分为下列两种类型，目前常用的是 DDR SDRAM。

(1) 单面单列存储模块(single inline memory module，SIMM)。这类内存条尺寸较小，在一块小型印刷板上装有 8 片(或 9 片)存储器芯片。小印刷板的一边有 30 条引脚或 72 条引脚，便于插入主板的插座上。30 条引脚的内存条只有 8 位数据线，而 72 条引脚的内存条有 32 位数据线。对于使用 32 位的 PC 机，若采用数据线为 32 位的 SIMM 内存条，则用一条内存条做主存，便可使 PC 机工作；若采用数据线为 8 位的 SIMM 内存条，则至少需用 4 条内存条做主存，才能使 CPU 工作。SIMM 内存条的工作电压为 5V。

(2) 双面单列存储模块(dual inline memory module，DIMM)。这类内存条的印刷板的两边都有引脚线，目前绝大部分内存条都采用这种结构。在带有奇偶校验的 DIMM 内存条中数据线有 72 位。这样，对于 64 位的个人计算机，只用一条 DIMM 内存条就可以使 PC 机工作。该类按内存技术标准可以分类为 SDRAM(同步动态随机存储器)和 DDR SDRAM(双倍速率同步动态随机存储器，简称 DDR)，其区别在于一个时钟周期内，DDR 能传输两次数据，而 SDRAM 只能传输一次数据(SDRAM 已退出市场)。SDRAM 内存条有 168 个引脚，金手指有两个缺口，工作电压为 3.3V，而 DDR 内存条有 184 个引脚，且只有一个缺口，工作电压 2.5V。目前 DDR 已发展到第五代产品 DDR5。

3.4　辅助存储器

辅助存储器用来存放当前不立即使用的信息。一旦需要，辅存便与主存成批交换数据，或将信息从辅存调入主存，或将信息从主存调出到辅存。通常，把 CPU 与主存储器看作是计算机系统的主机，其他设备都称为主机的外部设备，故辅助存储器常称为"外存储器"，简称"外存"。目前，常用的辅助存储器有磁带存储器、磁盘存储器、光盘存储器及 PC 存储卡等，这类存储器的最大特点是存储容量大、可靠性高、价格低，在脱机情况下可以永久地保存信息。

3.4.1 磁存储技术

1. 磁表面存储器的存储原理

磁表面存储器是用某些磁性材料涂在金属铝片或塑料片(带)的表面作为载磁体来存储信息的存储器，其存储信息的原理可用图 3-21 说明。

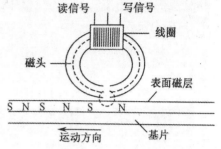

图 3-21 磁表面存储器存储信息原理图

在载磁体的附近有一个磁头，其上绕有一个写线圈和一个读线圈。写操作时，在磁头的线圈中通以一定方向的脉冲电流，磁头的铁芯内便产生一定方向的磁通，该磁通使磁头空隙下的载磁体局部磁化，形成相应极性的磁化元。写入脉冲电流的方向不同，在载磁体上形成的磁化元的极性不同。用一种极性表示信息"1"，另一种极性表示信息"0"，则一个磁化元就是一个存储元件，可存储一位二进制信息。可见，写操作过程是将两个方向的电流脉冲转化为两种极性磁化元的过程，该磁化元的极性可永久地保存在载磁体上，直到下一次重新写入为止。读操作与此相反，是将不同极性的磁化状态转化为不同方向的电流脉冲的过程。其原理是：当载磁体按一定方向移动时，磁头做切割磁力线运动，便在磁头的读线圈中产生感应电势，该电势在外电路的作用下转化为脉冲电流。

2. 磁带存储器

磁带存储器(magnetic tape storage)类似于家用的磁带录音机，录音机记录的是模拟信息，而磁带存储器记录的是数字信息。磁带机的组成简图如图 3-22 所示，它由磁带、磁带盘、读/写磁头、主导轮、驱动磁带盘转动的电机及控制电路等组成。磁带是一种表面涂有磁性材料的塑料带，绕在磁带盘上。当磁带盘在电机的驱动下转动时，磁带从一个盘卷向另一个盘，使磁带在读/写磁头下移动。在 CPU 发出的指令控制下，通过读/写磁头便可实现对磁带的读/写操作。为了能快速启动，在磁头的两边各留有一段自由带，作为加速时的缓冲，以减轻带盘惯性的影响。

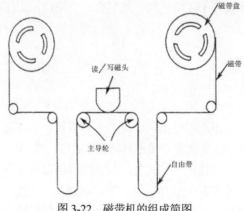

图 3-22 磁带机的组成简图

磁带机是一种顺序存取的存储器，磁带上的信息以信息块(一个"记录"或一个"文件")的形式顺序地存放在磁带上，其存放格式如图 3-23 所示。各信息块之间留有间隙，每个信息块都有文件的"头标"和"尾标"。若磁头当前的位置在磁带首部，而要读取的信息块在磁带的尾部，则必须空转磁带到尾部，才能读取该信息块。因此，磁带的存取时间较长，速度较慢。但磁带能存储的信息容量大，价格便宜，便于携带，互换性好，是大中型计算机系统中常用的辅助存储器。

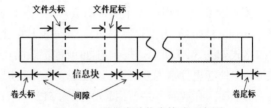

图 3-23 磁带存放信息格式示意图

磁带机的主要技术参数如下：

(1) 带速。在磁带机初始加速之后，磁带以稳定的速度运动，磁头可进行读/写操作，该速度称为磁带机的带速。如高速磁带机的带速为 4～5m/s。

(2) 记录密度。磁带每英寸所能记录的字节数，称为磁带机的记录密度，单位是 BPI(byte per inch)。如磁带机的记录密度分为 800 BPI、1600 BPI、3200 BPI、6250 BPI 等几种。

(3) 数据传输速率。指磁带机在单位时间内所能传送信息的数量，它是记录密度与带速之积。如某磁带机的记录密度为 1600BPI，带速为 18.75 英寸/秒，则数据传输速率为 1600×18.75=30 000B/s。

磁带有各种不同的规格，每种规格的磁带宽度、长度、记录密度及宽度方向的磁道数各不相同，常用磁带的宽度为 1/2 英寸，含 9 个磁道，每个磁道上有一个磁头，记录密度为 1600BPI。

3. 磁盘存储器

磁盘存储器(magnetic disk storage)按其载磁体的基片是"硬"的(铝合金圆盘)还是"软"的(塑料圆盘)，分为硬磁盘存储器和软磁盘存储器两种，简称硬盘机和软盘机。这两种磁盘机的组成及工作原理大致相同。目前，软盘机已被淘汰。

(1) 磁盘机的结构。磁盘机的结构原理图如图 3-24 所示，它由磁盘驱动器、磁盘机接口板及磁盘等组成。

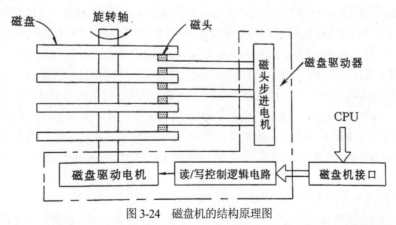

图 3-24 磁盘机的结构原理图

在图 3-24 中，磁盘是存储信息的载磁体，每片磁盘可有两个盘面，每个盘面上有一个读/写磁头，用于读取或写入该盘面上的信息。磁盘驱动器是实现读/写操作的设备，包含磁头步进电机、磁盘驱动电机及读/写控制逻辑电路等。磁盘机接口是连接 CPU 与磁盘驱动器的部件，它接收来自 CPU 的控制命令，发出使磁盘驱动器进行操作的控制信号。

图 3-24 的盘片组由 4 个盘片组成，其中最上面和最下面的两个盘片只有一个盘面存储信息(靠近外壳的盘面不用于存储信息)，其他盘片的上下两个盘面都可存储信息。盘片表面的信息存放格式如图 3-25 所示，每个盘面(或称记录面)上有几十条到上千条同心圆，每个同心圆称为磁道，由外向里分别为 0 磁道、1 磁道、…、n 磁道。每条磁道上又分成若干扇形区域，称为扇区，每个扇区存放若干字节信息(一般为 512 字节)。磁盘上的信息以块(簇)作为存取单位，一个信息块可以是一个扇区或多个扇区。

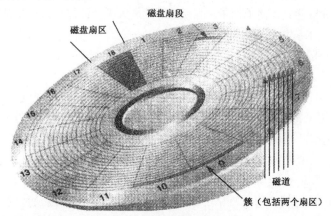

图 3-25　盘片表面的信息存放格式

磁盘机与主存交换信息时，应给出访问磁盘机的"地址"，该地址由下列参数确定：

① 柱面号。柱面由不同盘片上的相同磁道组成，如图 3-24 所示。图中设有 4 个盘片，共 6 个盘面，若每个盘面上有 1000 个磁道，则该盘组就有 1000 个同轴的柱面，其编号由外向里依次为 0 柱面、1 柱面、…、999 柱面。每个柱面上有 6 个扇区信息可同时进行读/写操作。

② 扇区号。每个盘面划分为若干个过圆心的扇形区域，并按一定的顺序对这些扇区进行编号，称为扇区号。

③ 簇数。指要存取信息块的长度。通常，1 簇等于 2 个扇区信息(2×512 字节=1KB)。

这样，当 CPU 访问磁盘机时，先根据给定的"柱面号"，由磁头步进电机将读/写磁头移到该柱面号下。盘片在磁盘驱动电机的驱动下旋转，当给定"扇区号"的扇区进入读/写磁头之下时，控制磁头进行读/写操作，即可将选定柱面上的各扇区中的信息同时读出或写入，读出(或写入)信息块的长度可用一个"簇计数器"控制。例如，要从磁盘机的第 100 柱面上的第 8 扇区开始，读出 6 簇信息。根据访问磁盘机的"地址"(100 号柱面，第 8 扇区，6 簇长度)，先将读/写磁头移动到第 100 号柱面上，当盘片的第 8 扇区转到读/写磁头下时，磁头从 6 个盘面的第 8 扇区开始同时读出 6 个扇区的信息，当连续读出 12 个扇区(6 簇)的信息后，读/写磁头关闭，本次读操作完成。

(2) 磁盘机的主要技术指标。磁盘机的主要技术指标有下面 4 项。

① 记录密度。又称存储密度，一般用磁道密度和位密度来表示。磁道密度是指沿盘面半径方向，单位长度内磁道的条数，其单位是道/英寸。位密度是指沿磁道方向，单位长度内存储二进制信息的位数，单位是位/英寸。由于各个磁道上的存储容量相同，而越靠内侧的磁道越短，

故内侧磁道上的位密度要比外侧磁道上的高。有时也用磁道密度与平均位密度的乘积来描述磁盘机的记录密度。

② 存储容量。磁盘机的存储容量是指它能够存储的有用信息的总量，其单位是字节。存储容量可按下列公式计算：$C=n×k×s×b$

式中，n 为存储信息的盘面数，k 为盘面上的磁道数，s 为每一磁道上的扇区数，b 为每个扇区可存储的字节数。

如 3 英寸软盘：$n=2$，$k=80$，$s=18$，$b=512$，则该盘的容量为

$$C=2×80×18×512=1474560\ B≈1.44\ MB$$

目前，硬盘容量一般以 GB(GiB)为单位。硬盘厂商通常使用的是 GB，在 Windows 系统中依旧以 "GB" 字样来表示 "GiB" 单位(1024 换算)，因此在 BIOS 或在格式化硬盘时看到的容量比厂家的标称值小。

③ 寻址时间。指磁头从启动位置到达所要求的读/写位置所经历的全部时间，它由寻道时间 t_s(又称查找时间)和平均等待时间 t_w 两部分组成。寻道时间指磁头从当前位置(柱面)移动到给定柱面号位置所需要的时间。平均等待时间指从所读/写的扇区旋转到磁头下方所用的平均时间。因为磁头等待不同的扇区所用的时间不同，故一般取磁盘旋转一周所用时间的一半作为平均等待时间。显然，平均等待时间与磁盘的转速有关，转速越快，磁盘寻找文件的速度越快，内部传输率越快，访问时间越短，磁盘的整体性能越好。家用普通硬盘的转速一般有 5400rpm(笔记本常选)、7200rpm(台式机常选)两种。寻道时间由磁盘机的性能决定，它由磁盘生产厂商给出。另外，一个大文件最好存储在连续的扇区中。在读写时可以连续读写，减少寻道时间和等待时间，从而提高读写的速度。如果一个文件碎片较多(存储在较分散的扇区)，则读写速度会显著减慢。

④ 数据传输速率。指磁头找到地址后，每秒读出(或写入)的字节数。硬盘数据传输速率又包括内部数据传输速率和外部数据传输速率(查阅相关资料)。

(3) 机械硬盘。机械硬盘(hard disk)是以铝合金玻璃或陶瓷圆盘为基片，上下两面涂有磁性材料而制成的磁盘。它质地坚硬，可将多个盘片固定在一根轴上，以组成一个盘组，一台硬磁盘机可有一个或多个盘组。硬盘上的读/写磁头大多数是浮动的，它可沿着盘面径向移动。目前常用的硬盘是温彻斯特盘(简称温盘)，其直径有 14 英寸、8 英寸、5.25 英寸和 3.5 英寸等几种类型。在微型计算机中，采用了直径为 3.5 英寸(常用于台式机)和 2.5 英寸(常用于笔记本)的小型温盘，并将硬盘片、磁头、电机及驱动部件全放在一个密封的盒子中，因而具有体积小、重量轻、防尘性好、可靠性高、使用环境比较随便等特点，如图 3-26 所示。另外，目前硬盘都带有缓存(cache memory)，缓存是硬盘控制器上的一块内存片，是硬盘内部存储和外界接口之间的缓冲器，具有极快的存取速度。由于硬盘的内部数据传输速度和外部数据传输速度不同，缓存起到缓冲的作用。缓存的大小与速度是直接关系到硬盘的传输速度的重要因素，能够大幅度地提高硬盘整体性能。与软盘相比，硬盘具有存储容量大(几十 GB 到几 TB)、存取速度快等优点。但硬盘多固定于主机箱内，故不便于携带。

为方便用户携带，出现了移动硬盘(与笔记本电脑硬盘的结构类似)。这是一种比铝、磁更为坚固耐用的盘片材质，多采用硅氧盘片，并且具有更大的存储量和更高的可靠性，提高了数据的完整性。移动硬盘大多采用 USB、IEEE1394 接口，能提供较高的数据传输速度。

图 3-26　机械硬盘外观及结构图

一般情况下，硬盘容量越大，单位字节的价格越便宜，但是超出主流容量的硬盘例外。

3.4.2　光存储技术

1. 光盘存储信息的原理

光盘是以光信息作为存储的载体并用来存储数据的媒体，可以存放文字、声音、图形、图像和动画等多媒体数字信息。它主要由圆盘形(直径为 4.75 英寸)的玻璃或塑料基片及其上面所涂的适于光存储的记录介质组成。光盘的特点是容量大、成本低、稳定性好、使用寿命长、便于携带。与磁盘存储器相似，光盘也需要光盘驱动器配合才能工作，如图 3-27 所示，注意要区分 CD-ROM 驱动器和 DVD-ROM 驱动器。

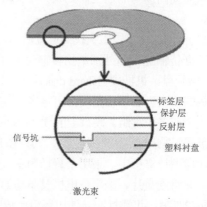

标签层
保护层
反射层
信号坑
塑料衬盘

激光束

图 3-27　光驱与光盘外观

光盘是利用表面有无凹痕来存储信息 0 或 1 的，有凹痕记录 0，无凹痕记录 1。光盘上的凹痕是用高能激光束照射光盘片灼烧而成，灼烧的过程就是写入数据的过程。读取时，用低能激光束入射光盘，如果射中平面(即无凹痕)，激光就会准确地反射到光敏二极管上，二极管接到信号并记为 1；如果射中凹痕，激光束因散射而被吸收，光敏二极管接不到信号，则记为 0。光盘存储器的工作原理示意图如图 3-28 所示。

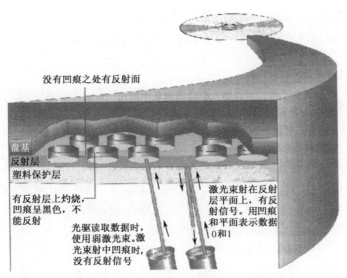

没有凹痕之处有反射面

盘基
反射层
塑料保护层

有反射层上灼烧,
凹痕呈黑色,不
能反射

光驱读取数据时,
使用弱激光束。激
光束射中凹痕时,
没有反射信号

激光束射在反射
层平面上,有反
射信号。用凹痕
和平面表示数据
0和1

图 3-28　光盘存储器的工作原理示意图

光盘上的数据记录在一条轨上,轨从光盘中心呈螺旋状不断展开直至光盘边沿(磁盘的磁道是多个同心圆)。这条轨又均分为多个段,数据以有无凹痕的方式记录在这些段上。

光盘上的数据是通过光盘驱动器(简称光驱)读出的。光驱将数据从光盘传送到其他设备所需要的时间,称为光驱的速度。最早的光驱速度为 150KB 每分钟,并将其规定为单速。之后的光驱都以单速的倍数表示其速度,如某光驱的速度为40X,表示该光驱每秒钟可传达 40×150KB 的数据,即光驱的速度约为 6MB/s。光驱的速度越高,播放的图像和声音就越平滑,价格也越高。

2. 光盘的分类

根据读写激光波长的不同,光盘分为 CD(近红外线激光)、DVD(红色激光)、Blu-ray(蓝紫色激光)三大类。CD 光盘技术能存放 80 分钟的音乐或 700MB 的数据。DVD 是 CD 技术的变体,其标准容量是 4.7GB,经不断改进,能提供更多的存储容量,例如,双层 DVD 在同一面上有两个可记录层,可以存储 8.5GB 的数据。蓝光(Blu-ray)是指一种高容量存储技术,它的每个记录层都具有 25GB 的容量。

根据性能的不同,光盘可分为以下三类。

(1) 只读型光盘 CD-ROM(compact disk ROM)、DVD-ROM(digital video disc ROM)。这类光盘中的数据由生产厂商预先写入,用户只能读取盘上的数据而无法修改。通常,该类光盘呈银白色。

(2) 一次性写入光盘 CD-R、DVD-R。这类光盘允许用户写入自己的数据,而且可以分期分批地写入数据,但对于光盘的同一存储空间只能写入一次,可多次读取。CD-R、DVD-R 通常呈金黄色。要想在 CD-R 或 DVD-R 上写入数据,必须使用相应的软件和驱动器。CD-R 驱动器可以读出 CD-R 或 CD-ROM 中的数据;DVD-R 驱动器既可以读出 DVD-R 或 DVD-ROM 中的数据,还可以读出 CD 光盘中的数据。因而一次性写入光盘(R)驱动器要比只读型光盘(ROM)驱动器贵。

(3) 可擦除型光盘 CD-RW、DVD-RW。这类光盘利用激光束使介质产生物理变化,是可逆的原理，用户可以多次对其读写。该类光盘必须配有相应的驱动器和软件。

随着 DVD 设备价格的降低，DVD 光盘将最终代替 CD 光盘。

3.4.3 固态存储技术

固态存储技术是通过存储芯片内部电子元件的开关状态来存储数据的，不存在机械动作(无读写头，无转动)，存取数据的速度非常快，功耗低，且持久耐用——不会受到振动、磁场、高温等的影响。

固态存储技术按存储介质一般分为两类。

一种是采用 Flash Memory 作为存储介质的固态存储器，这也是比较常见的固态存储器，如固态硬盘、存储卡、U 盘等，统称为闪存盘。这种固态存储器最大的优点就是可移动性强，而且无须电源保护数据，是将数据存储在移动设备上，以及把数据从一台设备传输到另一台设备的理想解决方式，广泛用于数码相机、便携式媒体播放器、iPad 和手机之类的消费型便携式设备中，还被广泛用在台式机或笔记本电脑。但使用年限不高，容量也不是太大，适合个人 PC 用户使用。

另一种是采用 DRAM 作为存储介质的固态存储器，是一种高性能的存储器，使用寿命非常长，但需要电源保护数据(断电数据丢失)，应用范围较窄，属于非主流设备。

1. 固态硬盘

固态硬盘(solid state drives，SSD)是用固态电子存储芯片阵列制成的硬盘，由控制单元和存储单元(Flash 芯片或 DRAM 芯片，个人 PC 常用 Flash 芯片)组成，如图 3-29 所示。固态硬盘的读写速度可以达到 500MB/s(机械硬盘的速度最多为 100MB/s)。

固态硬盘在接口的规范和定义、功能和使用方法上与普通硬盘完全相同，在外形与尺寸上也与普通硬盘一致，是一种可替代机械硬盘的设备。目前也常用作移动硬盘。

图 3-29　固态硬盘外观及存储 PCB 板

与普通机械硬盘相比较，固态硬盘有以下优点。

(1) 启动快，没有电机加速旋转的过程。

(2) 不用磁头，快速随机读取，读延迟极小。

(3) 相对固定的读取时间。由于寻址时间与数据存储位置无关，因此磁盘碎片不会影响读取时间。

(4) 无噪音。因为没有机械马达和风扇，工作时噪音值为 0 dB。

(5) 低容量的基于闪存的固态硬盘在工作状态下能耗和发热量较低，但高端或大容量产品能耗会较高。

(6) 内部不存在任何机械活动部件，不会发生机械故障，也不怕碰撞、冲击、振动。

(7) 工作温度范围更大。典型的机械硬盘驱动器一般在 5℃~55℃工作。而大多数固态硬盘可在-10℃～70℃工作。

(8) 低容量的固态硬盘比同容量机械硬盘体积小、重量轻。

2. 存储卡

存储卡是一种大容量的便携式半导体芯片存储器，其容量为几十 MB 到几百 MB。与其他类型的外存储器相比，存储卡的特点是体积小、容量大、携带使用方便。存储卡广泛用于手机、数码相机、媒体播放器等数码产品中。多数计算机内置读卡器，这使得计算机和数码产品能够直接互相传输数据。

存储卡的类型包括 CF(快闪内存)卡、MMC(多媒体)卡、SD(安全数字)卡、xD(极限数字图片)卡、SM(智能介质)卡等，如图 3-30 所示。

图 3-30　存储卡

所有 PC 存储卡必须满足个人计算机存储卡国际协会(Personal Computer Memory Card International Association，PCMCIA)的要求，不但要有相同的接口标准，还要有相同的尺寸。

3. U 盘

U 盘(flash memory disk)又名优盘，全称 USB 闪存盘，是一种采用快闪存储器(flash memory)为存储介质，通过 USB 接口与计算机交换数据的可移动存储装置，如图 3-31 所示。U 盘具有小巧便捷、可多次擦写、容量超大、存取快捷、即插即用、安全稳定、价格便宜等许多传统移动存储设备无法替代的优点，是目前常用的移动存储设备之一。

图 3-31　U 盘

U 盘的传输速度取决于 USB 版本。目前 U 盘已有 USB 2.0 和 3.0 接口，USB 3.0 能够支持更高的读写速度，USB 3.0 的理论传输速度是 4.8Gbps，是 USB 2.0 的 10 倍。USB 2.0 是黑色接口，USB 3.0 是蓝色接口，两者是兼容的，USB 3.0 接口的 U 盘插到 USB 2.0 上最高只能获得 2.0 的速度。

U 盘没有"磁道"，所以没有坏道，但有坏点，由于电子元件集成度高，通常会是一大片的电子元件坏了。如存储一个英文字母需要用 8 个电子元件，其中一个坏了，其余 7 个就成了摆设，会导致连片整组的数据出错，如果数据刚好没写在坏组，U 盘仍可以用，但可靠性就差了。

3.4.4 计算机的存储体系

1. 多级存储体系

由前可知，计算机中的存储器(内存与外存)是用来存放数据和程序的。因此，要求存储器的容量越大越好，存取速度越快越好，价格越低越好。然而这三个要求是相互矛盾的，一般来说，一个容量很大的存储器难以做到很高的存取速度，而一个速度很快的存储器，由于其材料优质、技术先进，价格总是较高的。如何协调这三者之间的矛盾呢？在计算机中，引入了多级存储体系的设计思想。

通常，将计算机的存储体系分为三级，即高速缓冲存储器(cache)、主存储器(主存)和辅助存储器(辅存)，如图 3-32 所示。图中三级存储器的主要特点如表 3-6 所示。

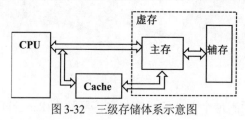

图 3-32　三级存储体系示意图

表 3-6　三级存储器的主要特点

性能	类别		
	Cache	主存	辅存
容量	小	中	大
速度	最快	中等	最慢
价格/位	最高	中等	最低

2. 高速缓冲存储器

CPU 在执行程序时，总是按指令地址或操作数地址访问主存。由于主存的速度比 CPU 的速度低，导致 CPU 在执行指令时，其执行速度受主存的限制，降低了计算机整体的运行速度。

高速缓冲存储器是一种小容量的高速存储器，速度与 CPU 匹配，一般分为一级、二级、三级缓存，可以制作在 CPU 上或者主板上(见 CPU 性能指标)。通常将 Cache 作为主存的缓冲区连接在 CPU 与主存之间(见图 3-32)，用来解决 CPU 和主存之间的速度差距，提高整机的运行速度。计算机开始运算后，将当前正要执行的一部分程序批量地从主存复制到 Cache 中(即把要处理的数据提前准备好)。这样，CPU 读取指令时，先到 Cache 中查找，若在 Cache 中找到，则直接从 Cache 中读取，不用再访问主存，称为命中 Cache；若在 Cache 中未找到，则从主存中读取，并将该指令所在位置的邻近一段程序同时写入 Cache，以备再次使用，称为未命中 Cache。程序执行的局部性原理(即在较短时间间隔内，CPU 执行的一段程序往往集中于存储器中地址连续的一个很小区域内)及主存与 Cache 的映射算法，可以保证 CPU 访问 Cache 的命中率较高(如 90%)，而 Cache 比主存的存取速度快得多，从而使 CPU 不必等待主存，快速地与 Cache 完成读/写操作，显著提高计算机的整体运行速度。

CPU 对主存的访问转换为对 Cache 的访问，Cache 与主存之间的数据小批量的交换，并保持两者数据的一致性都是由辅助硬件实现的，其实现的算法及硬件结构将在后续课程中讲述。

3. 虚拟存储器

Cache 的引入"提高"了主存的速度，那么如何"扩大"主存的容量呢？这里不是指通过增加内存条的方法来扩大主存的容量，而是通过虚拟存储技术来获得一个用户可以使用但实际又不存在的容量比主存大得多的"虚拟主存"。

虚拟存储技术的基本原理是，将辅存的一部分(甚至全部)虚拟为主存，它与由内存条组成的实际主存形成一个虚拟存储器(如图 3-32 中虚线框所示)。由于辅存的容量远远大于实际主存，虚拟存储器(简称虚存)的存储空间将远远大于实际主存(简称实存)的存储空间。用户在虚拟空间中编程，因而多大的程序都可以存放。但计算机执行程序时，CPU 访问的是实存，为此需要将虚存中的指令地址(即逻辑地址)转换为实存中的地址(即物理地址)。这一转换过程是借助于虚拟存储技术中的硬件及软件自动实现的。当 CPU 访问实存而找不到所需要的指令(或数据)时，操作系统中的存储管理软件便会自动从虚存中调入包含所需指令的一段程序到实存。虚拟存储器就是借助辅存到主存的信息动态调度，为用户提供一个可以使用但实际又不存在的大容量主存。

虚拟存储技术的实现涉及操作系统中存储管理算法与软件，将在后面章节及课程中进一步讨论。需指出，虚拟存储器必须建立在"主存—辅存"结构上，但一般的"主存—辅存"系统并不一定是虚拟存储器，其主要差别是在一般的"主存—辅存"系统中，用户的编程空间只是主存。当用户的程序很大时，可以将大部分程序先存放在辅存中，用户根据需要在不同时间将主存中的不用程序调出到辅存，将辅存中要用的程序调入主存，这一主存与辅存之间的信息调度要由用户来实现。而在虚拟存储器中，主存与辅存之间的信息调度是由操作系统自动完成的，用户无须关心这一调度过程，因而用户可认为自己使用的"主存"是非常大的，这一大容量"主存"并非实际主存，而是一个虚拟的主存。

3.5　输入/输出设备

输入/输出设备是实现计算机系统与人(或其他系统)之间进行信息交换的设备，目前输入设备不断丰富，使用越来越简单，操作越来越方便，输出效果也越来越好。通过输入设备(input device)可以把程序、数据、图像或语音送入到计算机中，通过输出设备(output device)可以把计算机的处理结果以数字、字符、图像和声音等形式显示或输出给用户。输入/输出设备是通过其接口(interface)实现与主机交换信息的，输入/输出设备的接口接收来自 CPU 的命令，发出执行该命令的控制信号，以控制输入/输出设备完成输入或输出操作。输入或输出控制的实现可有多种控制策略，如程序查询方式、中断控制方式、直接存储器存取方式及外部处理机方式等。

3.5.1　输入设备

计算机的输入设备按功能可分为下列几类。

- 字符输入设备：如键盘。
- 光学阅读设备：如光学标记阅读器、光学字符阅读器。
- 定位设备：如鼠标器、操纵杆、触摸屏幕和触摸板、轨迹球、光笔。
- 图像输入设备：如摄像机、扫描仪、数码相机。
- 模拟输入设备：如语音输入设备、模数转换器。

下面简要介绍目前常用的输入设备。

1. 键盘

键盘(keyboard)是最常用的输入设备，可以向计算机输入各种指令和数据，指挥计算机工作。它由一组开关矩阵组成，包括数字键、字母键、符号键、功能键及控制键等，共 104 个左右(101或 107)，分散在一定的区域内。键在计算机中都有它的唯一代码。当按下某个键时，键盘接口将该键的二进制代码送给计算机的主机，并将按键字符显示在显示器上。当前，键盘接口多采用单片微处理器，由它控制整个键盘的工作，如上电时对键盘的自检、键盘扫描、按键代码的产生、发送及与主机的通信等。

目前计算机使用的键盘主要有标准键盘、Dvorak 键盘和专用键盘。标准键盘有时也被称为QWERTY 键盘，因为其打字区的第一行自左向右依次排放的是 Q、W、E、R、T、Y 几个字符键，这是流行最广的一种键盘。Dvorak 键盘中，将最常用的字符排放在打字区中部，以提高打字速度。专用键盘是为某种特殊应用而设计的，如银行计算机管理系统中供储户用的键盘，按键数不多，只是为了输入储户标识码和选择操作之用。如果定义键盘上的某些字符与显示器上的光标结合，可获取图形的坐标，也可以绘制图形，但效率较低。

此外，笔记本电脑的键盘和系统单元做成一体，为适应体积要求，不但按键小，而且个数也只有 85 个。另一种是根据人机工程学原理重新设计的键盘，如图 3-33 所示，称为人机工程学键盘。这种键盘改变了传统键盘都是矩形的、键位分成几排、各排直线排列的格局，其目的是使用键盘更舒适、更高效，并可减少长期操作键盘对手腕带来的疲劳和损害。

图 3-33　人体工程学键盘

按工作原理，键盘分为机械式键盘、塑料薄膜式键盘、导电橡胶式键盘、无触点静电电容键盘。按照形式，键盘分为有线键盘和无线键盘。

目前，常见的两种键盘接口方式为 PS/2 和 USB 接口。因 USB 接口支持热插拔，应用非常广泛。

2. 鼠标

鼠标(mouse)是一种手持式屏幕坐标定位设备，常用在下拉式菜单中选择操作项或计算机辅助设计系统中的作图操作，这使计算机的操作更加简便，也促进了图形化计算机的发展。

按工作原理，分为机械式鼠标(见图 3-34 左图)和光电式鼠标(见图 3-34 右图)；按形式，分为有线鼠标和无线鼠标。

图 3-34 鼠标

机械式鼠标的底座上装有一个可以滚动的金属球，当鼠标在桌面上移动时，金属球与桌面摩擦发生转动。金属球与 4 个方向的电位器接触，可测量出上、下、左、右 4 个方向的相对位移量，用以控制屏幕上光标的移动，光标和鼠标的移动方向是一致的，而且移动的距离也成比例。

光电式鼠标的底部装有红外线发射和接收装置，当鼠标在特定的反射板上移动时，红外线发射装置发出的光经反射板反射后被接收装置接收，并转换为移位信号。该移位信号送入计算机，使屏幕上的光标随之移动。其他方面均和机械式鼠标一样。

无线鼠标是利用红外线或无线电波与计算机通信的，其优点是不受桌面的限制。

常见的鼠标接口方式也有两种：PS/2 和 USB 接口，USB 接口应用非常广泛。

3. 光学标记阅读器

光学标记阅读器(optical mark reader，OMR)是一种利用光电原理读取纸上标记的输入设备，如用做计算机评卷记分的输入设备、广泛用于商品和图书管理的条形码阅读器(bar code reader)等。条形码阅读器的基本原理是：用粗细不同的明暗条纹表示号码，当条形码阅读器顶端的光源扫描明暗条纹时，便产生长短不同的电压波形，经译码后就是所读条纹的编码。因此，只要把数字、符号、字母变成条形码，就可以很方便地将它读入到计算机中。

4. 扫描仪

光学扫描仪(optical scanner)简称扫描仪，是一种利用光电技术和数字处理技术，以扫描方式将纸质文档、图形或图像内容转换为数字信息的装置，配合光学字符识别(optical character recognize，OCR)软件，还能将扫描的文稿转换成计算机的文本形式。扫描仪由扫描头、控制电路和机械部件等组成。扫描头由光源、光敏元件和光学镜头等组成。工作时，光源(如长条状白色发光二极管)发出的光照射到原稿(即扫描对象)上，经反射(或透射)后，光被电荷耦合器件

(CCD)接收。由于电荷耦合器件本身由许多单元组成，因而在接收光信号时，将连续的图像分解成分离的点(像素)，同时将不同强弱的亮度信号变成幅度不同的电信号，再经过模数转换变成数字信号。扫描完一行后，控制电路和机械部件使扫描头(或原稿)移动一小段距离，继续扫描下一行。扫描得到的数字信号以点阵形式保持，再使用文件编辑软件将它编辑成标准格式的文件，存储在磁盘上。分辨率是扫描仪最主要的技术指标，决定了扫描仪记录图像的细致度，通常用每英寸长度上扫描图像所含像素点的个数来表示，单位为 PPI(pixels per inch，1 英寸＝25.4mm)。PPI 数值越大，扫描的分辨率越高，扫描图像的品质越高。一幅 300 PPI 的 A4 幅面的彩色图像，最后形成的文件大约是 30 MB。

扫描仪的种类很多，可以按不同的标准来分类。按图像类型分为黑白、灰度和彩色扫描仪。按扫描对象幅面大小分为小幅面手持式扫描仪、中等幅面台式扫描仪和大幅面工程图扫描仪。按照扫描方式分为滚筒式扫描仪、平面扫描仪(见图 3-35 左图)和笔式扫描仪(见图 3-35 右图)等。

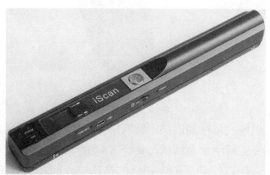

图 3-35　扫描仪

5. 语音输入设备

语音输入设备(speech input device)是一种可以将人的语音转换为计算机能接收的数字信号并加以识别的设备。它由下列三个主要部件组成：

(1) 输入器。该部件(如话筒等拾音器)可将语音转换为模拟信号，该信号经前端模拟放大器放大，作为下一级的输入。

(2) 模数转换器。该部件将经过放大的模拟信号转换成数字信号。

(3) 语音识别器。利用计算机和语音识别软件，将以数字表示的语音信息与计算机内部所存储的语音模型进行比较，从而找出最佳匹配作为识别结果。语音识别的方法很多，比较流行的方法有基于隐式马尔可夫模型(HMM)和基于人工神经网络(ANN)等两种。在完成语音识别后，还可利用语法、语义等对识别结果进行校正，以保证结果的正确性。

语音输入设备有广阔的应用领域，如语音听写机(用语音输入代替键盘输入)、声控系统(使用声音进行自动控制)、电话的语音拨号(以说人名或单位名代替拨号)等。

6. 手写笔

手写笔可以在手写识别软件的配合下输入中文和西文，使用者不需要再学习其他输入法就可以轻松地输入中文。手写笔还具有鼠标的作用，可以代替鼠标操作，并可以作画。手写笔一般包括两部分：与计算机相连的写字板、在写字板上写字的笔。

7. 触摸屏

触摸屏(touch screen)是一种可接收手指等输入信号的感应式显示装置。触摸屏作为一种计算机输入设备，是一种简单、方便、自然的人机交互方式。它赋予了多媒体以崭新的面貌，是极富吸引力的多媒体交互设备。

触摸屏经常用于公共信息查询、多媒体教学等场所，也可作为计算机屏幕或手机屏幕的替代键盘。

3.5.2 输出设备

计算机的输出设备种类很多，常用的有显示器、打印机、绘图仪、投影仪及语音输出设备等。下面简要介绍这些设备。

1. 显示器

显示器(display)，也称监视器，是计算机必备的输出设备，常用的有阴极射线管显示器、液晶显示器和发光二极管显示器。

阴极射线管(cathode ray tube，CRT)显示器可分为字符显示器和图形显示器。字符显示器只能显示字符，不能显示图形，一般只有两种颜色。图形显示器不但可以显示字符，而且可以显示图形和图像，一般都是彩色的。图形是指工程图，即由点、线、面、体组成的图形；图像是指景物图，它们都由显示器上的像素(光点)组成。无论哪种显示器，都是由阴极电子枪发射电子束，电子束从左向右、从上而下地逐行扫描荧光屏。每扫描一遍屏幕，称为刷新一次，只要两次刷新的时间间隔少于 0.01s，人眼在屏幕上看到的就是一个稳定的画面。CRT 显示器的大小是用屏幕对角线的长度表示，常见的有 15、17、19 和 21 英寸等。

液晶显示器(liquid crystal display，LCD)由显示单元矩阵组成，每个显示单元含有称作液晶的特殊分子，它们沉积在两种材料之间。加电时，液晶分子变形，能够阻止某些光波通过而允许另一些光波通过，从而在屏幕上形成需要的图像。LCD 通常用在便携式计算机上，大小有12.1、13.3 和 14.1 英寸等。

发光二极管显示器(LED display)是通过控制半导体发光二极管的显示方式，用来显示文字、图形、图像、动画、行情、视频、录像信号等各种信息的设备，具有色彩鲜艳、动态范围广、亮度高、寿命长、工作稳定可靠、十分省电等优点。LED 显示器广泛应用于商业传媒、文化演出市场、体育场馆、信息传播、新闻发布、证券交易等，可以满足不同环境的需要。

显示器的主要技术指标包括下列三项。

(1) 分辨率。显示器屏幕上的图像实际上是由许多小点组合而成的，这些小点称为像素(pixel)。显示器整个屏幕上像素的总数称为该显示器的分辨率，它由行、列两个方向上的像素乘积求得。例如，某显示器可显示 480 行，每行有 640 列像素，则该显示器的分辨率为 640×480。现代显示器的分辨率多为 1024×768、1280×1024 等。

显示器是通过视频卡(显卡)与 CPU 相连，视频卡中有一个存放像素信息的显示存储器(显存)，该存储器中的每一个存储单元的位数，可对相对应的一个像素的颜色种类进行编码。若存储单元为 8 位二进制代码，则一个像素的颜色可有 $256(2^8)$ 种；同理，若用 24 位二进制代码来表示一个像素的颜色种类，则可有 16.7 兆种颜色。

为了便于显示器与视频卡配套，推出了多种视频卡标准。早期的标准有 MDA(单色显示适配器)，目前大多数显示器都支持 SVGA(超越视频图形适配器)。SVGA 支持的分辨率包括 800×600、1024×768、1280×1024 或 1600×1200 等；可以显示的颜色多达 16.7 兆种。显然，分辨率越高，能显示的像素数目就越多，像素的颜色种类越多，则可显示的图像就越清楚、越平滑、色彩也越逼真。

(2) 点距。两个相邻像素之间的水平距离称为点距。点距越小，显示的图像越清晰。为降低眼睛的疲劳程度，应采用点距不大于 0.28mm 的显示器。

(3) 刷新频率。要在屏幕上看到一幅稳定的画面，必须按一定频率在屏幕上重复显示图像。显示器每秒重画图像的次数称为刷新频率。通常，显示器的刷新频率至少要达到 75Hz，即每秒钟在屏幕上至少要重画图像 75 次，才能维持图像的稳定，使用户不会因屏幕图像的闪烁而感到头痛。

2. 打印机

打印机(printer)是将计算机的运算结果以人类能识别的数字、字母、符号、图形等，按照规定的格式印在纸上。打印机按印字方式可分为击打式和非击打式两类。击打式打印机(impact printer)是利用机械动作打击"字体"，使打印头与色带和打印纸相撞，在纸上印出字符或图形。根据"字体"的结构，击打式打印机又分为活字式打印和点阵式打印(dot matrix printer)。活字式打印是把每一个字刻在印字机构上，可以是球形、菊花瓣形、鼓轮形等各种形状。点阵式打印是利用打印钢针组成的点阵来表示要打印的字符，每个字符可由 $m×n$ 的点阵组成。

点阵式打印机简称针式打印机(见图 3-36 左图)，其打印原理是：打印头上有一列钢针，打印机在打印驱动程序的控制下，使每个钢针在适当的位置上动作，打印出码点。例如，一个字符由 7×8 点阵组成，则打印头上有一列 7 个钢针，每打印一个字符打印头要打印 8 次。显然，点阵的码点越多，打出的字越漂亮，一般汉字由 24×24 点阵组成。针式打印机常以打印头上的钢针数目命名，如 9 针打印机、24 针打印机。针式打印机具有结构简单，价格低、打印内容不受限制(可打印字符、汉字及各种图形)等优点，常用于打印票据。

非击打式打印机(nonimpact printer)是用各种物理或化学的方法印刷字符，如静电感应、电灼、热敏效应、激光扫描和喷墨等。其中常用的是激光打印机(laser printer，见图 3-36 中图)和喷墨打印机(inkjet printer，见图 3-36 右图)，它们都是以点阵形式组成字符和各种图形。激光打印机接收来自 CPU 的信息，然后进行激光扫描，将要输出的信息在磁鼓上形成静电潜像，并转换成磁信号，使碳粉吸附到纸上，经加热定影后输出。喷墨式打印机是靠墨水通过精制的喷头喷到纸面上形成字符和图形。非击打式打印机具有打印速度高、印字质量高、运行无噪声等优点，但其价格较针式打印机贵。

图 3-36 打印机

注意，用打印机打印汉字时，若打印机不带汉字库，则要先执行汉字驱动程序，它将要输出的汉字从编码变为汉字点阵，再发向打印机。带汉字库的打印机，只要给打印机送入汉字编码，它就可以从自带的汉字库中找出对应的汉字点阵进行打印，无须调用汉字驱动程序。

3. 3D 打印机

3D 打印机又称三维打印机，如图 3-37 所示，是一种快速成形技术的机器。它以数字模型文件为基础，运用特殊蜡材、粉末状金属或塑料等可黏合材料，通过打印一层层的黏合材料来制造三维物体。3D 打印机的原理是把数据和原料放进 3D 打印机中，机器会按照程序把产品一层层造出来。

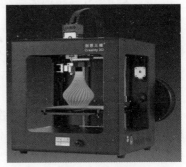

图 3-37 3D 打印机

3D 打印技术经常用于机械制造、工业设计、建筑、工程和施工(AEC)等许多领域。

4. 绘图仪

绘图仪(plotter)是输出图形的重要设备，在计算机辅助设计(CAD)系统中有着广泛的应用。常用的绘图仪有两种：一种是平板式绘图仪，另一种是滚筒式绘图仪。

平板式绘图仪将绘图纸固定在平板上。计算机执行绘图程序，将加工成的绘图信息送入绘图仪，绘图仪产生驱动 X 方向和 Y 方向的步进电机的脉冲，使绘图笔在 XY 平面上运动，并控制绘图笔的起落，从而在图纸上绘出图形。滚筒式绘图仪是将图纸卷在一个滚筒上，在计算机的控制下，图纸沿垂直方向随滚筒卷动，绘图笔则沿水平方向移动，图纸卷动一行，绘图笔绘制一行。与平板式绘图仪相比较，滚筒式绘图仪具有结构紧凑、占地面积小、重量轻、绘图速度快等优点，但对绘图纸要求高。

5. 语音输出设备

将计算机处理过的文本信息以语音形式输出的设备，称为语音输出设备(speech output device)，也称文语转换系统或语音合成系统。在计算机中，语音通常不是以原始语音的形式存储的，而是以语音的压缩编码形式存储的。编码经过解码或特征参数按照某种规则合成产生出语音，从而可以节省计算机的存储空间。

语音输出设备一般由下列三个主要部件组成。

(1) 语音合成器。该部件是语音输出设备的核心，由计算机和语音合成软件组成。语音合成的方法有两种：压缩编码和参数合成法。

(2) 数模转换器。该部件将语音合成器输出的数字信号转换成人耳可以接收的模拟信号。

(3) 输出器。数模转换器输出的模拟信号太小，不足以推动扬声器等器件，需经输出功率放大器放大，然后输出到扬声器或耳机，得到人耳能听见的语音信号。

扬声器和耳机是两种常用的语音输出设备，计算机内部配置一个扬声器，但输出声音的质量不高，因此，常为计算机系统配置大一些的音箱。

3.6 指令系统及其控制

以上介绍了计算机硬件的各主要组成部分，它们是中央处理器(运算器和控制器)、主存储器、辅助存储器和输入/输出设备。它们之间的"硬连接"是通过总线实现的，它们之间的"软连接"是通过指令实现的。

3.6.1 指令系统

计算机的自动计算过程归根到底是执行一条条指令的过程。指令就是给计算机下达的命令，即告诉计算机每一步应做什么操作，参与操作的数来自何处、操作结果又将送到什么地方。这就是说，一条指令必须包含有指出操作类型的操作码，以及指出操作数地址的地址码。通常，一台计算机能够完成多种类型的操作(表 3-1)，而且可用多种方法来形成操作数的地址。因此一台计算机可有多种多样的指令，这些指令的集合称为该计算机的指令系统(instruction set)。

1. 指令的基本格式

所谓指令格式(instruction format)，是指一条指令中操作码和地址码的安排方式。按一条指令所包含的地址码的个数，指令格式分为三地址、二地址、单地址和零地址等，如图 3-38 所示。

图 3-38(a)是三地址指令，它由操作码 θ 和三个地址码 d1、d2、d3 构成，它所实现的功能是，从源地址(source address)d1 和 d2 中取出两个操作数，进行 θ 操作，并将结果送入目标地址(object address)d3 中。源地址和目标地址

(a)	θ	d_1	d_2	d_3
(b)	θ	d_1	d_2	
(c)	θ	d		
(d)	θ			

图 3-38　指令的基本格式

可为存储单元或运算器中的寄存器。这一功能可记为 $d_3 \leftarrow (d_1)\theta(d_2)$。式中，带括号的$(d_1)$和$(d_2)$表示地址为 d_1 和 d_2 单元中的内容，不带括号的 d_3 则表示地址。图 3-38(b)是二地址指令，其功能是 $d_2 \leftarrow (d_1)\theta(d_2)$。式中，地址为 d_2 的单元先作为第二操作数的源地址，后作为存放结果的目标地址。图 3-38(c)是单地址指令，其功能是 $A \leftarrow (A)\theta(d)$。式中，d 为存储单元的地址或寄存器的编号，A 是称为"累加器"的某一指定通用寄存器。图 3-38(d)是零地址指令，这是一种特殊的没有地址码的指令，如空操作指令、停机指令和堆栈指令等。其中空操作和停机指令无须操作数，当然没有地址码；堆栈指令用来完成"堆栈"操作，其操作数地址由专门的堆栈指示器 SP 给出，故在堆栈指令中不需要再给出地址码(有关知识参见其他书籍)。

2. 指令的分类

按操作类型将指令分为下列 4 大类。

(1) 数据处理类指令(data processing instruction)。这类指令实现对数据的加工，如对数据进行算术和逻辑运算、移位操作、比较两数的大小等，执行这类指令后将产生新的结果数据，对这类指令举例如下。

① 算术运算指令。实现算术运算，如加法(ADD)、减法(SUB)、乘法(MUL)、除法(DIV)、增量(INC)、减量(DEC)等指令。

② 逻辑运算指令。实现逻辑运算，如逻辑与(AND)、逻辑或(OR)、逻辑非(NOT)、逻辑异

或(XOR)等指令。

③ 移位指令。实现某个寄存器中的数据左移或右移，如逻辑左移(SHL)、逻辑右移(SHR)、算术左移(SAL)、算术右移(SAR)、循环左移(ROL)、循环右移(ROR)等指令。

(2) 数据传送类指令(data transmission instruction)。这类指令可实现数据在计算机各部件之间的传送，如数据在寄存器之间、存储器与寄存器之间、存储器(或寄存器)与输入/输出端口之间的传送。执行这类指令后将不改变原数据，只是将源地址内的数据复制到目标地址中。对这类指令举例如下。

① 寄存器或存储器传送指令。实现寄存器之间、寄存器与存储器之间的数据传送，如传送指令(MOV)。

② 堆栈指令。实现压栈及出栈操作，如压栈指令(PUSH)、出栈指令(POP)。

③ 输入/输出指令。实现寄存器与输入/输出端口之间的数据传送，即输入/输出操作，如输入(IN)和输出(OUT)指令。

(3) 程序控制类指令(program control instruction)。这类指令用来改变程序的执行顺序，主要包括下列指令。

① 转移指令。分无条件转移指令和条件转移指令。通常，程序按指令的先后排列次序执行，当遇到无条件转移指令时，程序被强迫转移到该指令所指出的地址开始执行。当遇到条件转移指令时，则先判断条件(标志寄存器的某一位的值)是否成立；若成立，则转移到该指令所指出的地址开始执行；若不成立，则程序仍按原指令顺序执行。如无条件转移(JMP)、有进位(借位)转移(JC)、结果为零转移(JZ)、结果不为零转移(JNZ)指令等。

② 调用指令和返回指令。在程序设计时，将经常使用的"算法"编制为子程序，供其他程序调用。通常，把调用子程序的程序称为主程序。当主程序执行调用指令(CALL)后，CPU 就转入执行子程序；而当子程序执行返回指令(RET)后，CPU 又重新继续执行原来的主程序。

③ 中断指令。计算机在运行过程中，一旦出现故障(如电源故障、存储器校验出错等)，故障源立即发出中断信号，CPU 就自动执行中断指令，其结果是暂停当前程序的执行，并转入执行故障处理程序。这类中断指令不提供给用户使用，而是由 CPU 根据中断信号自动产生并执行，称为隐含指令。另有一些可供用户使用的中断指令，如 Intel 80x86 CPU 提供的软中断指令 INT nH 和中断返回指令 IRET 等，利用它来实现系统调用和程序请求。

(4) CPU 状态管理类指令(CPU state management instructions)。这类指令用来设置 CPU 的状态，如使 CPU 复位、执行空操作，使 CPU 允许接收或不接收外来的中断请求信号。对这类指令举例如下。

① 标志操作指令。实现标志寄存器(FR)中某个标志的置位或复位，如中断允许标志置1(STI)、中断允许标志置 0(CLI)、进位标志置 1(STC)、进位标志置 0(CLC)等。

② 空操作指令(NOP)。执行该指令后使 CPU 不执行任何操作。

③ 暂停指令(HLT)。执行该指令后，使 CPU 暂停，直至中断和复位信号出现。

以上仅介绍了计算机中的一些主要指令。指令的种类越多，指令系统的功能就越强，但控制器的结构也就越复杂。

3. 指令的寻址方式

指令中的地址码不一定是操作数的真正存放地址，它是根据指令的操作码和地址码所提供的信息，按一定的规则形成的，称这一规则为寻址方式。由寻址方式形成的操作数的真正存放地址，称为操作数的有效地址。不同计算机具有不同的寻址方式，但都可归结为下列几类：直接寻址、立即寻址、间接寻址、相对寻址和变址寻址等(有关知识参见其他书籍)。

4. 指令系统的兼容性

各计算机公司设计生产的计算机，其指令格式、数量和功能、寻址方式各不相同，即使是一些常用的基本指令，如算术逻辑运算指令、转移指令等也都有差别。因此，用一台计算机的机器指令编制的程序几乎不可能在另一台计算机上运行。然而，随着计算机硬件的迅速发展，计算机的更新换代加快，这就出现了计算机软件的继承性问题，即如何使原有机器上的软件能继续在新机器上使用。

1964 年 IBM 公司在设计 IBM 360 计算机时，提出了"系列机"(family machine)的设计思想，该设计思想的基本要点是，同一系列的计算机尽管其硬件实现方法可以不同，但指令系统、数据格式、I/O 系统等保持相同，因而软件可完全兼容。这样，当研制该系列计算机的新型号或高档产品时，尽管指令系统可以有较大的扩充，但仍保留原来的全部指令，保持了软件向上兼容的特点，使同一系列的低档机或旧机型上的软件可以不加修改地在新机器上运行，以保护用户在软件上的投资。与系列机相对应的另一概念是"兼容机"(compatible machine)。所谓兼容机是仿制"原装机"的一种产品，它与原装机的指令系统完全相同，但硬件的实现方法(包括零部件的质量)却不相同。一般情况下，兼容机与原装机的软件是兼容的。

3.6.2　时标系统

如前所述，指令是通过执行一系列的微操作实现的，不同的指令对应着不同的微操作序列，(见表 3-2)。如何在时间上安排这些微操作是计算机时标系统要解决的问题。

在同步控制方式的计算机控制器中，都有统一的时钟信号。各种微操作都是在这一时钟信号的同步下完成的，称这一时钟信号为计算机的主频(main frequency)，其周期称为时钟周期(clock cycle)，它是计算机时标系统的基础。时钟周期是微处理器的最小时间单位，微处理器进行的每一项活动都以周期来度量。

分析不同指令所完成的操作可以发现，它们都是由一些基本操作实现的，如按指令地址从存储器取出指令(这对任何指令都是一样的)、从存储器读出数据、向存储器写入数据、向 I/O 设备输出数据、I/O 设备输入数据、中断请求与响应操作等。这些基本操作是通过若干微操作实现的，而一条指令要完成的操作则可以用若干基本操作来组合。完成一个基本操作所需要的时间称为机器周期(machine cycle)，而实现一条指令操作(取指令、分析指令和执行指令的全部操作)所需要的时间，称为指令周期(instruction cycle)，可由若干机器周期组成。这样，在计算机中就形成了三级时标系统，即指令周期、机器周期和时钟周期，其关系如图 3-39 所示。

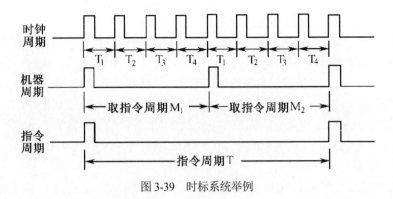

图 3-39　时标系统举例

在图 3-39 中，假定一个指令周期由两个机器周期组成，记为 M_1 和 M_2；每个机器周期都由 4 个时钟周期组成，设计算机的主频 $f=100\,\mathrm{MHz}$，按此假定，则执行一条指令所需时间

$T=t\emptyset\times4\times2=8\times t\emptyset$

$\quad=8\times1/f=8\times1/100\times10^{-6}$

$\quad=0.08\mu s$

即一秒钟内可执行 12.5 百万条指令，记为 12.5 MIPS。

注意，在不同计算机中，时标系统的安排是不同的。在有的机器中，任何指令周期都包含有相同数目的机器周期，而每个机器周期又都包含相同数目的时钟周期。但有的机器中与此相反，它根据基本操作所需要的微操作序列不同，确定包含有不同数目的时钟周期，而不同指令的指令周期又可包含有不同数目的机器周期。此外，在异步控制方式的计算机控制器中，由于机内没有统一的时钟信号，各种微操作信号的时序是由专用的应答线路控制的，即按"命令—回答"的方式进行工作，故不同指令的指令周期差异更大。

3.6.3　总线

计算机的各部件之间的硬连接是由总线实现的。简单地讲，总线是指各模块之间传送信息的通路；严格地说，总线作为计算机的一个部件，是由传输信息的物理介质(如导线)、管理信息传输的硬件(如总线控制器)及软件(如传输协议)等构成。根据总线所连接的对象(模块)所在位置不同，可将总线分为三类。

(1) 片内总线。指计算机各芯片内部传送信息的通路，如 CPU 内部寄存器之间、寄存器与 ALU 之间传送信息的通路。

(2) 系统总线。指计算机各部件之间传送信息的通路，如 CPU 与主存储器之间、CPU 与外设接口之间传送信息的通路。

(3) 通信总线。指计算机系统之间、计算机系统与其他系统(仪器、仪表、控制装置)之间传送信息的通路。

计算机的系统总线将计算机的各功能部件(CPU、主存、I/O 接口等)之间的相互关系变为面向总线的单一关系，使计算机系统结构简单、规整，便于系统功能的扩充或性能更新。采用总线结构也简化了计算机系统的硬件与软件设计，降低了系统的成本，提高了系统的可靠性。

现代微型机系统中大多采用总线结构，而且要求系统总线采用统一的标准，以便计算机零部件厂商遵循此标准生产面向总线标准的计算机零部件,使微型机系统成为真正的开放式系统。

用户可根据自己的实际需要选购相应的计算机零部件组装成满足自己要求的微型机系统。

所谓总线标准，就是对系统总线的机械物理尺寸(如接插件尺寸、形状及机械性)、引线数目、信号含义、功能和时序、数据传输率、工作频率、总线协议(通信方式、仲裁策略)等进行统一的严格定义，使它具有高度的科学性和权威性，以便被计算机界广泛接受。表 3-7 列出了微型机系统中所采用的部分标准系统总线的名称及某些特征(表中类型都是并行数据传输)。图 3-40 所示为采用 PCI 总线的微型机系统结构示意图。此外，微型机系统中还广泛采用 IEEE——488，EIA-RS—232C 和 USB 等标准总线作为通信总线(外总线)，图 3-41 所示为采用 USB 总线的微型机系统结构示意图。

目前，微型机已广泛采用 PCI-Express(简称 PCI-E)总线标准，该标准是 Intel 公司推出的用于取代 PCI 接口的技术，称为第三代 I/O 总线技术，采用全双工的串行数据传输方式，传输速度可达 10GB/s 甚至更高。

国际上从事接纳和主持制订总线标准的机构有美国电气与电子工程师协会(IEEE)、国际电工委员会(IEC)和美国国家标准局(ANSI)组织的专门标准化委员会。

表 3-7　微型机系统使用的标准系统总线

特征	总线名称		
	ISA	EISA	PCI
数据传输位数			
最高速度	<8MB/s	33MB/s	528MB/s
系统配置能力	资源冲突突出	有条件的自动配置	自动配置，即插即用
驱动程序	与硬件有关	与硬件有关	与硬件有关
适用的外设类别	低速 I/O 设备	中速 I/O 设备	高速 I/O 设备
插座的引脚数	98	188	124(32 位)/188(64 位)
插座的兼容性	极广泛的 8 位/16 位卡	浅部同 ISA，深部扩充	32 位/64 位两类，尺寸小
成本价格	低	高	中、低

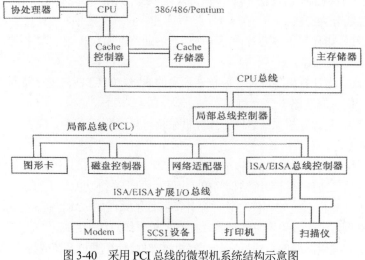

图 3-40　采用 PCI 总线的微型机系统结构示意图

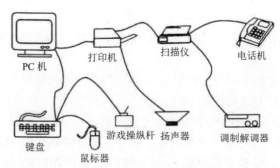

图 3-41　采用 USB 总线的微型机系统结构示意图

3.6.4　接口

前面介绍的辅助存储器、输入设备和输出设备统称为计算机的外部设备，简称外设。由于外设是机电、磁性或光学等设备，它们不能直接通过总线连接主机，必须要有中介来处理这种信号差异，因此外设是通过输入/输出控制器或接口器件连接到总线上，主机与外设之间是通过"接口"交换信息的，每一台外部设备都有各自的"接口"，也称适配器(adapter)、设备控制卡(device control card)或输入/输出控制器。输入/输出接口(简称 I/O 接口)是主机与外设交换数据的界面，一般包括插槽和插头两部分，图 3-42 给出了 I/O 接口的基本组成及其与主机、外设连接示意图。

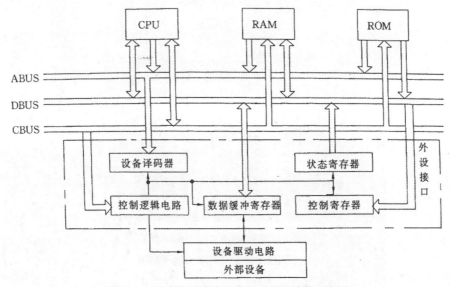

图 3-42　I/O 接口及其与主机、外设的连接示意图

1. 接口功能

尽管不同外设接口的组成及任务各不相同，但它们要实现的基本功能大致相同。一般来说，任何外设接口都必须具有以下基本功能：

(1) 实现数据缓冲。在外设接口中设置若干数据缓冲寄存器，在主机与外设交换数据时，先将数据暂存在该缓冲器中，然后输出到外部设备或输入到主机。

(2) 能够将外设的工作状态"记录"下来，并"通知"主机，为主机管理外设提供必要的信息。外设工作状态一般可分为"空闲""忙"和"结束"三种，这三种状态在接口中用状态寄存器记录下来。

(3) 能够接收主机发来的各种控制信号，以实现对外设的控制操作。为此，在接口设置了控制寄存器，以存放主机发来的控制字。

(4) 能够判断主机是否选中该接口及其所连接的外部设备。一个计算机系统一般配置有多台外部设备，如显示器、打印机、磁盘机等，这些外部设备都有各自的设备号，主机根据这些设备号来确定与哪一台外设交换数据。为识别该设备号(或端口地址)，接口中设置了设备译码器。

(5) 实现主机与外设之间的通信控制，包括同步控制、中断控制等。为此，在接口中包含有控制逻辑电路。

2. 常见的接口类型

计算机中各硬件设备如 CPU、内存、显卡、声卡、网卡等都有各自的专用接口，这些基本设备及接口集成在一块矩形电路板上，称为主板(mainboard)，如图 3-43 所示。计算机通过主板上的地址总线、数据总线、控制总线传递地址流、数据流、控制流信息。

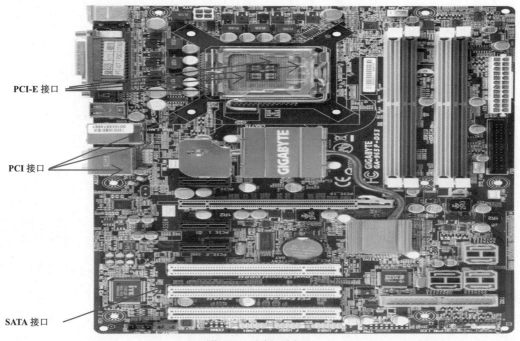

图 3-43　主板示例

主板采用开放式结构。主板上可以插入 CPU 和内存。主板上有多个扩展插槽，供计算机外设的控制卡(适配器)插接。通过更换这些插卡，可以对计算机的子系统进行局部升级，使厂家和用户在配置机型方面有更大的灵活性。

如图 3-44 所示为计算机主板上的各种输入/输出设备的接口，用于连接键盘、鼠标、显示器、音箱和话筒等外部设备。

DVI 接口 ————

VGA 接口 ————

HDMI 接口 ————

图 3-44　主板输入/输出设备接口

目前，常用的接口还包括 IDE、SATA、SCSI、USB、PCI、PCI-E、VGA、DVI、HDMI 等。

1) 硬盘接口

硬盘接口是硬盘与主机系统间的连接部件，在硬盘和内存之间传输数据。不同的硬盘接口决定着硬盘与计算机之间的传输速度，在整个系统中，硬盘接口的优劣直接影响系统性能。硬盘接口分为 IDE(见图 3-45 左图)、SATA(见图 3-45 中图)、SCSI(见图 3-45 右图)、光纤通道等。

图 3-45　常见硬盘接口

IDE(integrated drive electronics)接口是电子集成驱动器，也称为 ATA 接口，使用一根 40 芯电缆与主板进行连接，多用于台式计算机连接硬盘，也可用于连接光驱，现已逐渐被淘汰。

SATA(serial advanced technology attachment)接口，即串行硬件驱动器接口，是目前微型机中硬盘常用的接口，其特点是结构简单、支持热插拔、传输速度快、执行效率高。与 IDE 接口相比，SATA 线缆更细、传输距离更远、传输速率也更高。

SCSI 接口(小型计算机系统接口)，是一种用于计算机和智能设备之间(硬盘、光驱、打印机、扫描仪等)的系统级接口的独立标准，它能与多种类型的外设进行通信。SCSI 接口的硬盘可靠性高，可以长期运转，速度快，支持多设备，支持热拔插，常用于服务器连接硬盘。

光纤通道(fiber channel)，利用光纤形成高速通道，能提高多硬盘存储系统的速度和灵活性。光纤通道的主要特性有可热插拔、高速带宽、远程连接、连接设备数量大等。光纤通道价格昂贵，一般只用在高端服务器。

2) PCI 和 PCI-E 接口

PCI(peripheral component interconnect)接口曾是个人计算机中广泛使用的接口(见图 3-43)。PCI 的特点是结构简单、成本低，但由于 PCI 总线传输速度不太高，对处理声卡、网卡、视频卡等绝大多数输入/输出设备绰绰有余，但无法满足高性能需求。

PCI-E 接口(见图 3-43)目前已广泛用于显卡、网卡、声卡等接口卡中，根据总线位宽不同而有所差异，包括 X1、X4、X8 及 X16，从 1 条通道连接到 32 条通道连接，伸缩性强，可以满足不同设备对数据传输带宽的需求。PCI-E X1 主要用于主流声效芯片、网卡芯片和存储设备。由于图形芯片对数据传输带宽要求较高，因此图形芯片必须采用 PCI-E X16。

3) 图形显示接口

常用的图形显示接口包括 VGA、DVI 和 HDMI(见图 3-44)。

VGA(video graphics array)视频图形阵列是一个使用模拟信号的计算机输出数据的专用接口。VGA 接口共有 15 针，分成 3 排，每排 5 个孔，曾是显卡上广泛应用的接口。

DVI(digital visual interface)即数字视频接口，是一种高速传输数字信号的技术，有 DVI-A、DVI-D 和 DVI-I 3 种不同的接口形式。DVI-D 只有数字接口，DVI-I 有数字和模拟接口，目前计算机的显示主要以 DVI-I 为主。

HDMI(high definition multimedia interface)接口，即高清晰度多媒体接口，是一种数字化视频/音频接口技术，适合影像传输的专用数字化接口。传统接口无法满足 1080P 高清视频的传输速度，而 HDMI 的最高数据传输速度为 2.25Gbit/s，完全可以满足高清视频的需求，同时还可以传输 3D 数据格式。

4) USB 接口

USB(universal serial bus，通用串行总线)接口，是连接计算机系统与外部设备的一种串口总线标准，可以连接多个设备，支持即插即用，被广泛应用于个人计算机、移动设备及通信产品。目前已有 USB 2.0 和 3.0 接口标准，两者是兼容的，USB 3.0 能够支持更高的读写速度，其理论传输速度是 USB 2.0 的 10 倍。

3.6.5 输入/输出控制方式

主机通过"接口"实现对外部设备的管理，其管理方式主要有 4 种：程序查询方式、中断控制方式、直接存储器存取方式(DMA 方式)及输入/输出处理机方式。下面简要介绍这几种输入/输出控制方式的工作原理及特点。

1. 程序查询方式

用程序查询(program inquiry)方式实现输入/输出的工作原理如图 3-46 所示。

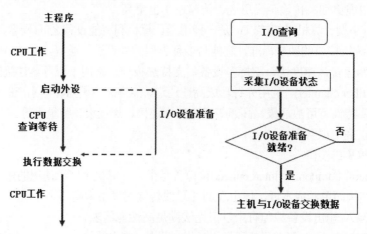

图 3-46　程序查询方式工作原理图

在 CPU 执行主程序的过程中，需要进行输入或输出操作时，就启动外设工作(见图 3-46 左图)。此后，CPU 执行"查询程序"，其工作过程如图 3-46 右图所示。在此期间，输入/输出设备做好允许进行新的输入/输出操作的准备。一旦准备完毕，CPU 就查得"I/O 设备已准备就绪"，可执行主机与外设之间的数据交换。输入/输出操作完毕，CPU 继续执行原来的主程序。

由图可知，这种控制方式的主要特点是，在 I/O 设备准备期间，CPU 将处于查询等待状态，使 CPU 的工作效率降低。

2. 中断控制方式

用中断控制(interrupt control)方式实现输入/输出的工作原理如图 3-47 所示。

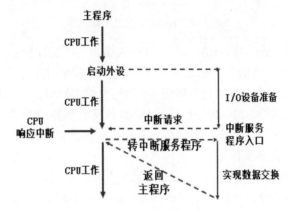

图 3-47　中断控制方式工作原理图

在 CPU 执行主程序过程中，需要进行输入或输出操作时，就启动外设工作。外设被启动后，CPU 继续执行原来的主程序，而 I/O 设备则进入准备状态。当 I/O 设备准备就绪后，向 CPU 发出"中断请求"，以"通知"CPU 可以进行输入/输出操作。CPU 接收到该信号，经中断优先级排队后确信可以响应该中断，就向 I/O 设备发出中断响应信号，并转入执行中断服务程序(此时暂停主程序)，实现主机与外设之间的数据交换，输入/输出操作完毕，CPU 由中断服务程序返回执行原来的主程序。

由图可见，用中断控制方式实现输入/输出的主要特点是，在 I/O 设备准备期间，CPU 无须查询 I/O 设备的工作状态，可继续有效地工作(执行原主程序)。通过执行中断服务程序完成输入/输出操作。显然，与程序查询方式相比，中断控制方式提高了 CPU 的工作效率，因为对于慢速的 I/O 设备而言(如键盘、打印机)，其 I/O 设备的"准备"时间远大于执行中断服务程序所需的时间。

3. 直接存储器存取方式

一般，输入/输出控制方式要求在机器内增设 DMA(direct memory access，直接存储器存取)控制器(简称 DMAC)，并由它直接控制主机与外设之间的数据交换，其工作原理如图 3-48所示。

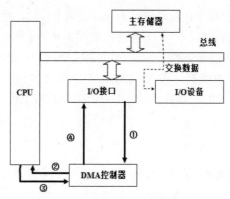

图 3-48　DMA 方式工作原理图

当 I/O 设备准备就绪后，向 DMAC 发出"DMA 请求"，见图中①。DMAC 在接收到该请求后，向 CPU 发出"总线请求"，见图中②。CPU 接收到该请求后，向 DMAC 发出"总线响应"，见图中③。与此同时，CPU 将总线使用权暂时交给 DMAC。DMAC 在接收到"总线响应"信号后，表示它已取得总线的使用权，向 I/O 设备发出"DMA 响应"，以"通知"外设可与主存交换数据，见图中④。至此，DMAC 可直接控制外设实现输入或输出操作，而 CPU 仍能完成无须使用总线的内部操作。

与中断控制方式相比，DMA 方式的主要优点如下。

(1) 加快了主存与外设之间的数据传送速度。因为在 DMA 方式下，数据传送是在硬件(DMAC)控制下直接完成的，它比 CPU 执行中断服务程序要快得多。

(2) 提高了 CPU 的工作效率。因为在 DMA 方式下，CPU 不仅可以省去执行中断服务程序所需要的时间，而且在外设与主存交换数据期间可以进行内部操作。

当然，采用 DMA 方式将增加硬件成本，因为它是用 DMA 控制器取代 CPU 来实现对主存和外设之间的数据交换的控制，而且一类或一个 I/O 设备都需要一套 DMA 控制器。

4. 外部处理机方式

在大型计算机系统中，I/O 设备种类多、数量大，I/O 设备与主存之间数据交换频繁，故采用外部处理机(peripheral processor)方式。这种控制方式的基本原理是用一台或多台外部处理机来管理众多的 I/O 设备，它既可控制 I/O 设备的输入/输出操作，还可完成与输入/输出操作有关的处理及通信控制。外部处理机一般可采用小型计算机，它与主处理机之间只是一种简单的"通信"关系。

3.6.6　计算机的性能评价

当用户选购一台计算机时，都希望能以相对低的价格获得相对较高的性能。那么，如何评价一台计算机的性能呢？

一般来说，计算机的性能与下列技术指标有关。

(1) 机器速度(speed)。计算机的时钟频率(常称主频)在一定程度上反映了机器速度。一般来讲，主频越高，速度越快。如前所述，计算机执行指令的速度与机器时标系统的设计有关，并与计算机的体系结构有关，因此，还需要用其他方法来测定计算机的速度。目前常用的方法是用一些"标准的"典型程序进行测试，这种测试方法不仅能比较全面地反映机器性能，而且便于在不同计算机之间进行比较。

(2) 机器字长(size)。计算机的字长是指它能够并行处理的二进制代码的位数，决定计算机的运算能力。字长越长，运算精度越高，数据处理也越灵活。通常，计算机的字长都为字节(8位二进制代码)的整倍数，如 8 位、16 位、32 位、64 位等。

(3) 存储器容量(capacity)。包括主存容量和辅存容量。显然，存储器容量越大，计算机所能存储的程序和数据就越多，计算机解题能力就越强。现在计算机系统软件越来越庞大，而图像信息的处理等，要求的存储器容量也越来越大，甚至如果没有足够大的主存容量，某些软件就无法运行。

(4) 指令系统(instruction set)。如前所述，指令系统包括指令的格式、指令的种类和数量、指令的寻址方式等。显然，指令的种类和数量越多，指令的寻址方式越灵活，计算机的处理能力就越强。一般计算机的指令多达几十条至一百多条。

(5) 机器可靠性(reliability)。计算机的可靠性常用平均无故障时间(MTBF)来表示，它是指系统在两次故障间能正常工作的时间的平均值。显然，该时间越长，计算机系统的可靠性越高。实际上，引起计算机故障的因素很多，除所采用的元器件外，还与组装工艺、逻辑设计等有关。因此，不同厂商生产的兼容机，即使采用相同的元器件，其可靠性也可能相差很大，这也是人们愿意出高价购买名牌原装机的原因。

3.7　计算机系统结构

围绕着如何提高指令的执行速度和计算机系统的性价比，出现了多种计算机的系统结构，如流水线处理机、并行处理机、多处理机及精简指令系统计算机等。尽管这些计算机系统结构做了较大的改进，但仍没有突破冯·诺依曼型计算机的下列体系结构特征。

* 计算机内部的数据流动是由指令驱动的，而指令的执行顺序由程序计数器决定。
* 计算机的应用仍主要面向数值计算和数据处理。

国际上研制的数据流计算机、数据库计算机及智能计算机等，对上述两点都有所突破，基本上属于非冯·诺依曼型计算机。

3.7.1　并行处理概念

不难理解，在采用相同速度元件的前提下，n 位并行运算的计算机的速度几乎要比 n 位串行运算的计算机快 n 倍，其原因是运用了"并行性"(parallel)。所谓并行性，是指在同一时刻或在同一时间间隔内完成两种或两种以上性质相同或不相同的工作。只要在时间上互相重叠的工作都存在并行性。严格地说，并行性可分为同时性和并发性两种，同时性是指两个或多个事件在同一时刻发生，而并发性则指两个或多个事件在同一时间间隔内发生。

提高计算机系统处理速度的一个重要措施是增加处理的并行性，其途径是采用"时间重叠""资源重复"和"资源共享"三种方法。时间重叠是在并行性概念中引入"时间因素"，即多个处理过程在时间上互相错开，轮流重叠地使用同一套硬件设备的各个部分，以加速硬件周转，赢得时间，提高速度，如流水线计算机。资源重复是在并行性概念中引入"空间因素"，即采用重复设置硬设备的方法来提高计算机的处理速度，如并行处理机。资源共享是指多个用户按一定时间顺序轮流使用同一套硬设备，如多道程序运行和分时系统等。上述三种并行性反映了计算机系统结构向高性能发展的自然趋势：一方面在单处理机内部广泛采用多种并行性措施，另一方面发展各种多计算机系统。

计算机的基本工作过程是执行一串指令，对一组数据进行处理，通常，把机器执行的指令序列称为"指令流"，指令流调用的数据序列称为"数据流"，把机器同时可处理的指令或数据的个数称为"多重性"。根据指令流和数据流的多重性可将计算机系统分为下列 4 类。

(1) 单指令流单数据流(single instruction stream single data stream，SISD)。这类计算机的指令部件一次只对一条指令进行译码，并且只对一个操作部件分配数据。目前大多数串行计算机都属于 SISD 计算机系统。

(2) 单指令流多数据流(single instruction stream multiple data stream，SIMD)。这类计算机有多个处理单元，它们在同一个控制部件的管理下执行同一条指令，但向各个处理单元分配各自需要的不同数据。并行处理机属于这一类计算机系统。

(3) 多指令流单数据流(multiple instruction stream single data stream，MISD)。这类计算机包含多个处理单元，按多条不同指令的要求对同一个数据及其中间结果进行不同的处理。这类计算机实际上很少见。

(4) 多指令流多数据流(multiple instruction multiple data stream，MIMD)。这类计算机包含多个处理机、存储器和多个控制器，实际上是几个独立的 SISD 计算机的集合，它们同时运行多个程序并对各自的数据进行处理。多处理机属于这类计算机系统。

3.7.2 流水线处理机系统

1. 流水线结构的基本概念

将计算机中各个功能部件所要完成的操作分解成若干"操作步"来处理，其处理方式类似于现代工业生产装配线上的流水作业，具有这种结构的计算机称为流水线处理机(pipeline processor)。通常采用的流水线分为指令执行流水线(instruction pipeline)和运算操作流水线(arithmetic pipeline)。现以指令执行流水线为例，说明流水线结构的基本概念。

如前所述，指令是按顺序串行执行的，如图 3-49 所示。这种执行方式的优点是控制机构简单，缺点是速度较低，各部件的利用率低。

图 3-49　指令的顺序执行

若假定图中取指令、分析指令和执行指令的时间相同，都为 t，则完成 n 条指令所需要的时间为

$$T_0 = \sum_{t=1}^{n}(t_{1i} + t_{2i} + t_{3i}) = 3nt$$

若将一条指令的各个操作步与其后指令(一条或若干条)的各个操作步适当重叠执行，即形

成指令执行的流水线，如图 3-50 所示。

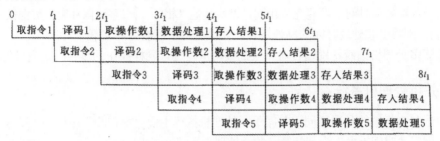

图 3-50　5 条指令的重叠执行举例

图中一条指令包含 5 个操作步，即取指令、译码、取操作数、数据处理及存入结果。设每一个操作步的时间为 t_1(假定各操作步所需时间相同)，则执行 n 条指令所需时间为

$$T_1=5t_1+(n-1)t_1=(4+n)t_1$$

与图 3-49 比较，显然，$t_1<t$，且 $T_1 \leqslant T_0$。从图 3-50 可知，该流水线可同时对 5 条指令的不同操作步进行处理，从而在获得第 1 条指令的结果后，在每一个操作步时间内都可连续不断地获得一条指令的执行结果。这意味着，一条指令的指令周期由 $5t_1$ 缩短为 t_1，获得相当于"并行"执行 5 条指令的效果。指令执行流水线的缺点是控制复杂。

运算操作流水线是指，将一个运算操作分解成若干道"工序"，而每一道"工序"都可在其专用的逻辑部件上与其他"工序"同时执行。

2. 流水线多处理机

若把上述指令看作是某种待处理的数据，把指令执行周期中的 5 个操作看成是对该数据进行处理的不同"工序"，每道"工序"都由一个特定功能的处理机来完成，则对该数据的流水线处理方式，可用流水线结构的多处理机来实现，如图 3-51(a)所示。图中 $PU_1 \sim PU_5$ 是 5 台处理机，分别处理工序 1～5。图 3-51(b)是该流水线处理的时空图，图中横坐标表示各处理机对数据进行处理所耗费的时间，纵坐标表示流水线上各处理机在空间的顺序。

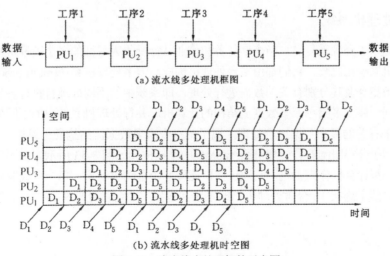

(a) 流水线多处理机框图

(b) 流水线多处理机时空图

图 3-51　流水线多处理机的示意图

从理论上讲，一条 K 级线性(各级处理时间相同)流水线，其处理能力可以提高 K 倍。但实际上，由于各级处理时间不可能完全相同，以及其他"相关"问题(访问冲突、数据依赖、转移和中断等)，都将引起处理时间的额外延长，处理能力不可能提高 K 倍。

流水线多处理机系统特别适合对一大批数据重复进行同样操作的场合，如向量处理。

3.7.3 并行处理机系统

流水线处理机系统是通过同一时间不同处理机执行不同"操作步"(或"工序")来实现并行性的，即以"时间重叠"为其特征。并行处理机系统(parallel processor system)则以"资源重复"为特征，在该系统中重复设置了大量处理机，在同一控制器(一般为一台小型计算机)的指挥下，按照同一指令的要求，对一个整组数据同时进行操作，即实现了处理机一级的整个操作的并行。通常，并行处理机也称阵列式计算机(array computer)，它适用于求解"并行算法"的问题，如向量处理(数组或矩阵运算)。

最先制成的并行处理机是美国的 ILLIAC-IV 系统，其处理机阵列如图 3-52 所示。该阵列由 64 台处理机组成，每台处理机包含算术处理单元、本地 RAM 存储器及存储器逻辑部件。

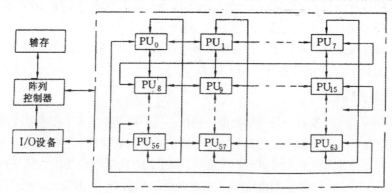

图 3-52　ILLIAC-IV 系统的一个处理机阵列

3.7.4 多处理机系统

该系统是以"资源重复"，指令、任务和作业并行操作为特征的多个处理机构成的系统。与并行处理机系统相比较，它们都由多台处理机构成，但多处理机系统(multi processor system)是同时对多条指令及其分别有关的数据进行处理，即系统中的不同处理机执行各自的指令及处理各自的数据，属于多指令流多数据流结构的计算机。并行处理机系统中的不同处理机只是对同一条指令下有关的多个数据进行处理，属于单指令流多数据流结构的计算机。

德国西门子公司研制的多处理机系统 SMS 的结构框图如图 3-53 所示。由图可知，该系统由一台高档小型计算机作为主机，它通过接口连接 8 个总线驱动器，每个总线驱动器驱动一套总线，每套总线上连接 16 台微处理机，即系统共包括 128 台微处理机。

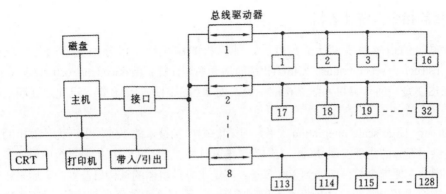

图 3-53 SMS 多处理机系统结构框图

3.7.5 数据流计算机

数据流计算机(data flow computer)是指采用数据流方式驱动指令执行的计算机。为了说明数据流计算机的基本概念，先回顾一下"传统计算机"(前述的单处理机或多处理机系统)的工作过程。例如，要计算机求解 $C=(A+4)\times(A-B)$，且 $A=5$，$B=3$，则用三地址指令格式可编出下列一段程序：

(1) LDA A，5   ；$5\rightarrow A$

(2) ADD A，4，d_1 ；$A+4\rightarrow d_1$，$d_1=9$

(3) LDA B，3   ；$3\rightarrow B$

(4) SUB A，B，d_2 ；$A-B\rightarrow d_2$，$d_2=2$

(5) MUL d_1，d_2，C   ；$d_1\times d_2\rightarrow C$，$C=18$

其执行流程如图 3-54 所示。这种方式称为控制流方式，图中实线表示控制流，虚线表示数据流。可见，在这种方式下，指令的执行顺序隐含在控制流中，即由程序计数器的内容来确定操作序列。指令在执行过程中，按每条指令的"提示"来取操作数。

在数据流方式下，只有当一条或一组指令所要求的操作数全部准备就绪时，才启动相应指令的执行。执行的结果将送往等待这一数据的下一条或下一组指令。对于上例程序，其执行过程如图 3-55 所示。可见，在数据流方式下，指令的执行是由数据驱动的，因而不再需要程序计数器，而且特别有利于并行性的开发，因为只要所需的输入数据到齐，就可以启动多条指令同时执行。

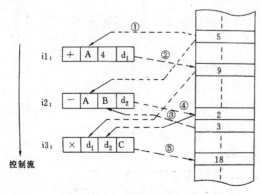

图 3-54 控制流工作方式示意图

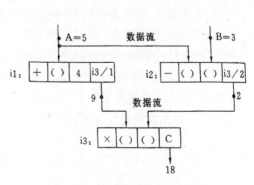

图 3-55 数据流工作方式示意图

3.7.6　精简指令系统计算机

从计算机的指令系统设计的角度看，计算机的系统结构可分为复杂指令系统计算机 (complex instruction set computer，CISC)和精简指令系统计算机(reduced instruction set computer，RISC)。CISC 是当前计算机系统结构的主流，而 RISC 则是近十多年来迅速发展起来的一颗新星。

VLSI(very large scale integration，超大规模集成电路)技术的迅速发展，为计算机的系统结构设计提供了充分的物理实现基础。人们为了增强计算机的功能，在指令系统中引入了各种各样的复杂指令，使指令数目增加到 300 多条，其结果导致机器的结构日益复杂。后来还出现了所谓复杂指令系统计算机，这种机器不仅制造困难，而且还可能降低系统的性能，使得 CISC 技术面临严重挑战。

1975 年，IBM 公司开始组织力量，研究指令系统的合理性。1979 年，以帕特逊为首的一批科学家开始在美国加利福尼亚大学伯克利分校开展这方面的研究，研究结果表明，CISC 存在下列缺点：

(1) CISC 指令系统中，各种指令的使用频度相差悬殊。据统计，有 20%的指令使用频度占运行时间的 80%。这就是说，有 80%的指令只在 20%的运行时间内才有用。

(2) CISC 指令系统的复杂性导致了计算机体系结构的复杂化，增加了设计的时间和成本，并容易造成设计错误。

(3) CISC 指令系统的复杂性给 VLSI 设计带来困难，不利于单片机和高档微型机的发展。

(4) CISC 指令系统中许多指令的操作很复杂，因而速度很慢。

针对上述缺点，帕特逊等人提出了精简指令系统计算机的设想。根据这一设想，1982 年美国加利福尼亚大学伯克利分校宣布做成了 RISC 型微处理器(RISC I)，它只有 31 条指令，执行速度比当时最先进的商品化微处理器(如 MC68000)快三四倍。帕特逊等人后来又推出 32 位 RISC 微处理器(RISC II)，其时钟速度从 RISC I 的 5 MHz 提高到 RISC II 的 8MHz。当今世界计算机市场上，RISC 结构机器纷纷涌现，形成一支很有竞争力的新军。

RISC 结构在本质上仍属于冯·诺依曼型，但已做了较大改进。与 CISC 相比，RISC 不只是简单地将指令系统中的指令减少，而是在体系结构的设计和实现技术上有其明显的特色，从而使计算机的结构更合理，有利于机器运算速度的提高。RISC 的设计原则如下。

- 选取使用频率最高的少数指令，并补充一些很有用但并不复杂的指令。
- 指令长度固定，指令格式和寻址方式种类少。
- 只有取数和存数指令访问存储器，其余指令的操作都在寄存器之间进行。
- CPU 中采用大量的通用寄存器。
- 以硬布线控制逻辑(即组合逻辑)为主，不用或少用微程序控制。
- CPU 内部多采用流水线结构，使每个时钟周期可执行完一条机器指令。

RISC 在技术实现方面采取了一系列措施，如在逻辑实现上采用以硬件为主、固件为辅的技术，延迟转移技术及重叠寄存器窗口技术等，这些技术将在后续相关课程中探讨。

3.8　本章小结

本章重点讨论了冯·诺依曼结构计算机的硬件基本结构。冯·诺依曼结构计算机模型包括硬件系统和软件系统两部分，其中硬件系统是组成计算机的各种物理设备，由五大基本功能部件组成，即运算器、控制器、存储器、输入设备和输出设备，它们构成的三个子系统是 CPU、主存和输入输出设备，通过数据总线、地址总线和控制总线进行互连，以及交换数据或信息。

本章详述了 CPU(包括运算器和控制器)、主存储器、辅助存储器(包括磁带、磁盘、光盘、固态硬盘等)、常用输入设备(包括键盘、鼠标、光学阅读器、扫描仪、语音输入设备、手写笔、触摸屏等)、常用输出设备(包括显示器、打印机、绘图仪、语音输出设备等)的主要功能、基本结构及性能参数，概述了计算机指令系统及其控制机理(包括时标、总线和接口以及输入输出控制方式)，讲述了现代计算机系统的基本结构(包括流水机、并行机、多处理机、数据流机、精简指令机等)。

通过对本章的学习，读者能够掌握计算机硬件系统的组成及各主要硬件结构及其特点，理解计算机指令系统及其控制，了解计算机的现代系统结构。

3.9　习题

(1) 简述计算机硬件系统的组成。

(2) CPU 指什么？它由哪几部分组成？

(3) 控制器由哪些部件组成？简要说明各个部件的功能。

(4) 已知主存的存储周期(T_{MC})为 200ns(纳秒)，主存的数据寄存器为 8 位，试求主存的数据传输带宽及主存的最大速率。

(5) 什么是 RAM？什么是 ROM？说明各种 ROM 的特点。

(6) 什么是辅助存储器？目前常用的辅助存储器有哪几种？

(7) 已知磁盘机的盘组由 9 块盘片组成，有 16 个盘面可记录数据(一般最上一块盘片的上面和最下一块盘片的下面不记录数据)，每面分 256 个磁道，每道分成 16 个扇区，每个扇区存储 512 字节信息，问该磁盘机的存储容量为多大？

(8) 试述光盘存储器的特点。

(9) 常见的输入/输出设备有哪些？其主要特点是什么？

(10) 什么是计算机的指令系统？

(11) 某 80386 微型机的一个指令周期由两个机器周期组成，而每个机器周期由两个时钟周期组成，该机的主频为 300 MHz，问该机在一秒钟内可执行多少条指令？

(12) 常见的接口有哪些？用于连接哪类外设？

(13) 试比较程序查询方式、中断控制方式和 DMA 方式等三种输入/输出控制方式的优缺点。

(14) 评价一台计算机的技术指标一般有哪些？并对这些指标做简要说明。

第 4 章

计算机软件系统

本章重点介绍以下内容：
- 软件的基本概念；
- 程序设计算法概述；
- 程序设计语言概述；
- 数据库系统概述；
- 操作系统概述；
- 软件工程概述。

在计算机中可以看到和触摸到的东西，例如显示器、CPU、内存、键盘、鼠标等，我们称之为硬件。但只有硬件还无法做事情，需要将相应的软件添加到系统中后，才能发挥硬件的重要作用，并实现我们的需要。

4.1 计算机软件概述

4.1.1 什么是软件

软件和程序不同，软件是程序、数据和在开发、使用和维护程序时所需的所有文档的完整集合。1983 年，IEEE 将软件定义为：计算机程序、方法、规则，相关文档以及在计算机上运行程序所需的数据。方法和规则通常在文档中描述并在程序中实现。没有相关文档，只有程序是不能称为软件产品的。我们可以将软件的定义简化为：

软件=程序＋文档＋数据

程序是为了解决某个特定问题而用程序设计语言描述的适合计算机处理的语句序列，它由软件开发人员设计和编码。在执行程序时，通常需要输入数据，操作的结果也将输出给用户。

文档是软件开发活动的记录，供人们阅读，如软件设计说明书、流程图、用户手册等。文档可用于专业人员和用户之间的沟通交流，以及软件开发过程的管理和运行维护等阶段。为了提高软件开发的效率，降低软件产品的维护成本，软件开发人员现在越来越重视文档的作用。

4.1.2　软件的分类

计算机软件发展非常迅速，其内容丰富，因此人们很难对计算机软件进行科学分类。传统意义上，软件分为两类：系统软件和应用软件。系统软件指管理、控制和维护计算机及外围设备，并提供计算机和用户界面的软件，如操作系统、各种语言的编译系统、数据库管理系统、网络软件等。应用软件是指能够解决特定应用领域问题的软件，如办公软件、通信软件、下载软件等。

1. 系统软件

系统软件负责管理计算机系统中的各种独立设备，协调设备之间的工作。系统软件使计算机用户和其他软件将计算机作为一个整体来处理，而不用顾及每个设备是如何工作的。一般来说，系统软件包括操作系统和一系列基本工具(如编译器、数据库管理、存储器管理、文件系统管理、用户认证、驱动程序管理、网络连接等)。

1) 操作系统

操作系统是最底层的系统软件，是其他系统软件和应用程序在计算机上运行的基础。操作系统可以有效地管理和控制计算机系统中的软/硬件资源，合理地组织计算机的工作流程，为用户提供良好的工作环境，并起到用户与计算机之间的接口作用。

操作系统是直接运行在裸机上的最基本的系统软件，任何其他软件必须在操作系统的支持下才能运行。目前比较常见的操作系统有 Windows、Linux、UNIX 和 Mac OS。

注：裸机是指没有安装操作系统和其他软件的计算机。

2) 语言处理程序

计算机不能直接执行用不同编程语言编写的源程序，这些源程序必须进行翻译(对汇编语言是汇编，对于高级语言是编译或解释)后，才能由计算机执行。这些翻译程序就是语言处理程序，包括汇编程序、编译程序和解释程序等，它们的主要功能是将用面向用户的高级语言或汇编语言编写的源程序翻译成计算机能够执行的二进制程序。

3) 系统支撑和服务程序

这些程序又称工具软件，如系统诊断程序、调试程序、排错程序、编辑程序、查杀病毒程序等，都是为维护计算机系统的正常运行或支持系统开发所配置的软件系统。

4) 数据库管理系统

数据库管理系统主要用来建立存储各种数据资料的数据库，并进行操作和维护。常用的数据库管理系统有微机上的 Visual FoxPro、Access 和大型数据库管理系统(如 Oracle、DB2、Sybase、SQL Server 等)，它们都是关系型数据库管理系统。

2. 应用软件

应用软件是为特定目的开发的软件。它可以是一个特定的程序，如照片查看器、图形软件 Photoshop、Adobe Illustrator、3D 动画软件 3DS Max、Maya、即时通信 QQ、MSN、微信等；也可以是由许多独立程序组成的庞大软件系统，如 Microsoft Office、WPS Office 和 Google Online Office System。

4.1.3 常用软件简介

1. 办公软件

办公软件是指可以执行文字处理、表格制作、幻灯片制作、图形图像处理、简单数据库处理等工作的应用软件。计算机深入到我们工作和生活的方方面面，无论是文件的起草、报告的撰写还是数据的统计分析后，办公软件已成为我们工作和学习中所需的必备软件。如今，最常用的办公软件套件是 Microsoft Office 系列和金山 WPS 系列。

随着通信技术的不断发展，单一的个人办公软件已经不能满足现代办公日益频繁的信息交流需求，从国内的钉钉、腾讯等云文档编辑器，到国外 Google Docs 的迅速普及、微软 Office 程序向 Office 365 的过渡，这一切都意味着 Web 技术和办公软件技术的有机结合，开发可以实现资源共享、协同处理的办公软件是未来的趋势。

2. 多媒体处理软件

多媒体(multimedia)是文本、音频、图像等多种媒体的综合。在计算机系统中，多媒体是指组合两种或多种媒体的一种人机交互式信息交流和传播媒体。其使用的媒体包括文本、图像、声音、动画和电影，以及软件提供的交互功能。

随着移动终端的普及和网速的提升，多媒体技术给传统的计算机系统、音视频设备带来了根本性的变化，对大众传媒产生了深远的影响。目前，多媒体处理软件主要包括图形处理、图像处理、动画制作、音视频处理软件等。

3. 网页浏览器

网页浏览器主要通过 HTTP 协议与 Web 服务器交互并获取网页，一个网页可以包含多个文档。大多数浏览器支持其他 URL 类型及其相应的协议，例如 FTP、Gopher 和 HTTPS(HTTP 协议的加密版本)。HTTP 内容类型和 URL 协议规范允许 Web 设计人员在网页中嵌入图像、动画、视频、声音、流媒体等。

常用的网页浏览器包括 Internet Explorer、Microsoft Edge(微软)、Safari(Apple)、Chrome(Google)等。

注：微软已于 2023 年 2 月 14 日关闭 IE 浏览器，取而代之的是 Edge 浏览器，之后 Windows 系统中的浏览器将会保留 IE 兼容模式一段时间。

4. 电子邮件工具

电子邮件是最早和最流行的互联网应用之一，通过网络电子邮件系统，用户可以使用非常低的价格，以非常快的方式发送到世界任何角落中的互联网用户，这些电子邮件可以是文本、图像、语音等。

虽然目前大多数电子邮件服务器都提供以登录网页的方式访问用户自己的邮箱，但为了提高对电子邮件的管理能力和使用效率，还是有必要使用一些专门的电子邮件管理工具。常用的电子邮件工具包括 Outlook、Fox mail、Thunderbird、网易邮箱大师、阿里邮箱客户端等。

5. 压缩软件

压缩软件主要用于减少计算机文件的容量，它又分为普通文件压缩软件和专用文件(如图片、视频、音频)压缩软件两类。这里主要介绍普通文件压缩软件。

普通文件压缩软件适于任何文件的压缩，它采用无损压缩方式，压缩后的文件经解压后可以完整还原。但一般对文本类文件才有较大的压缩比。

常用的普通文件压缩软件有 WinRAR、WinZip、7-zip 等。

6. 反病毒软件

反病毒软件也被称为杀毒软件，是一种用于消除计算机病毒、特洛伊木马和恶意软件的软件。反病毒软件通常集成了识别监控、病毒扫描和清除、自动升级等功能。反病毒软件可以进行实时监控和磁盘扫描。部分反病毒软件通过在系统添加驱动程序的方式，进驻系统，并且随操作系统启动。大部分的反病毒软件还具有防火墙功能。

Windows 10 中自带的一款微软研发的免费杀毒软件 Defender，国外的 Bitdefender、Kaspersky(卡巴斯基)、ESET Nod32、McAfee，国内的 360 安全卫士、腾讯电脑管家、火绒安全软件等都是较为常见的反病毒软件。

7. 系统/网络安全软件

系统/网络安全软件通常与杀毒软件集成在一起，但其主要作用是防范黑客的侵扰，并消除计算机与网络系统的不安全因素。这些软件的主要功能包括系统漏洞检测与修复、查杀木马、清理插件、清理系统使用痕迹、安全性诊断等。

常见的系统/网络安全软件包括 360 安全卫士、腾讯电脑管家、Norton(诺顿)安全套装等。

4.1.4　计算机系统组成

计算机系统组成如图 4-1 所示，硬件系统(hardware)是指计算机的电子器件、各种线路，以及其他设备等，是看得见摸得着的物理设备，是计算机的物质基础。例如 CPU(中央处理器)、显示器、打印机、键盘、鼠标等均属于硬件。软件系统(software)是指维持计算机正常工作所必需的各种程序和数据，是为了运行、管理和维修计算机所编制的各种程序，以及与程序有关的文档资料的集合。

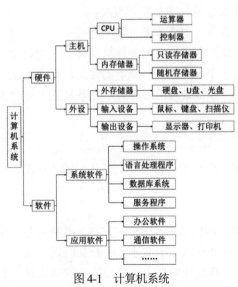

图 4-1　计算机系统

硬件是一台计算机的基础，没有硬件对软件的物质支持，软件的功能无从谈起；软件则是计算机系统的灵魂，没有安装软件的计算机不能供用户直接使用。硬件系统和软件系统组成完整的计算机系统，它们共同存在，共同发展，缺一不可。

4.2 算法与数据结构

著名的计算机科学家沃思曾提出：程序=数据结构＋算法。

(1) 数据结构：程序中要指定数据的类型和数据的组织形式。

(2) 算法：对数据进行操作的方法和步骤的描述。

编写程序需要考虑数据的定义、存储和处理方式。但实际上，除了上述两个必要元素外，还必须使用某些编程方法设计程序，并以特定的计算机语言表示，即：

程序=数据结构＋算法＋程序设计方法＋语言工具和环境

其中，算法是程序的核心。计算机算法就是使用计算机解决问题时所采取的特定方法和步骤。

4.2.1 算法基础

1. 算法的概念

当用计算机解决问题时，通过按特定顺序执行一系列指令而获得答案。因此，在使用计算机解决问题之前，有必要将解决问题的方法转换为一系列特定的、计算机可执行的步骤，这些步骤可以清楚地反映解决问题的方法，这个过程被称为算法。

通俗地说，算法就是解决问题的方法和步骤，解决问题的过程就是算法实现的过程。

2. 算法的特性

一个算法应该具有以下特性。

(1) 输入：在算法中可以有零个或者多个输入。

(2) 输出：在算法中至少有一个或者多个输出。

(3) 有穷性：任意一个算法在执行有穷个计算步骤后必须终止。

(4) 确定性：算法的每一个步骤都具有确定的含义，不会出现二义性。

(5) 可行性：算法的每一步都必须是可行的，也就是说，每一步都能够通过执行有限的次数完成。

3. 算法的表示方法

算法的表示方法有很多，常用的有自然语言、传统的流程图、N-S 图、伪代码和计算机语言等。

1) 自然语言

用人们日常使用的语言，即自然语言来描述算法，其特点是通俗易懂，但存在以下缺陷。

(1) 容易产生歧义，往往要根据上下文才能判断其确切含义。

(2) 语句烦琐、冗长，尤其是描述包含选择和循环的算法时，不太方便。因此，一般不用自然语言来描述算法，除非是很简单的问题。

2) 传统的流程图

流程图是描述算法的常用工具，常采用一些图框、线条以及文字说明来形象、直观地描述算法处理过程。美国国家标准化协会(American National Standard Institute，ANSI)规定了一些常用的流程图符号，如表 4-1 所示。

表 4-1　常用的流程图符号

符号名称	图形	功能
起止框		表示算法的开始和结束
输入输出框		表示算法的输入输出操作
处理框		表示算法中的各种处理操作
判断框		表示算法中的条件判断操作
流程线		表示算法的执行方向
连接点		表示流程图的延续

流程图具有三种基本结构，分别如下。

(1) 顺序结构。如图 4-2 所示，虚线内是一个顺序结构。其中 A 和 B 两个框是顺序执行的。即在执行完 A 框指定的操作后，必须接着执行 B 框所指定的操作。

(2) 选择结构。选择结构又称选取结构或分支结构，如图 4-3 所示。虚线框内是一个选择结构。此结构中必须包含一个判断框，根据给定的条件是否成立而选择执行 A 框或 B 框。但无论条件 P 是否成立，只能执行 A 框或 B 框之一，不可能既执行 A 框又执行 B 框。

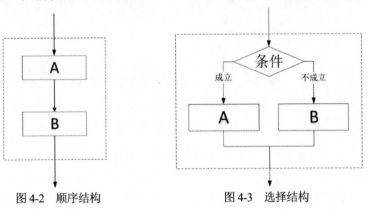

图 4-2　顺序结构　　　　图 4-3　选择结构

(3) 循环结构。循环结构又称重复结构，即反复执行某一部分的操作。循环结构可以分为两类。

- 当型循环结构(while)。当型循环结构如图 4-4(a)所示。它的功能是：当给定的条件成立时，执行 A 框操作，执行完 A 后，再判断条件是否成立，如果仍然成立，再执行 A 框，如此反复执行 A 框，直到某一次条件不成立为止。此时不执行 A 框，而从 b 脱离循环结构。

- 直到型循环结构(until)。直到型循环结构如图 4-4(b)所示。它的功能是：先执行 A 框，然后判断给定的条件是否成立，如果条件不成立，则再执行 A，然后再对条件作判断，如果条件仍然不成立，又执行 A。如此反复执行 A，直到给定的条件成立为止，此时不再执行 A，从 b 点脱离循环结构。

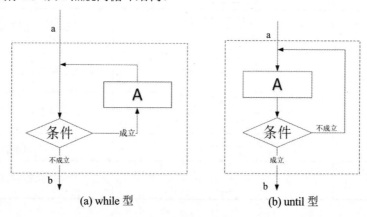

(a) while 型　　　　　　(b) until 型

图 4-4　循环结构

3) N-S 图

N-S 图是一种简化的流程图，去掉了流程图中的流程线，全部算法写在一个矩形框内。N-S 图有 3 种基本结构：顺序结构、选择结构、循环结构，如图 4-5 所示。N-S 图表示算法直观、形象，且比流程图紧凑易画，实际应用中也经常采用。

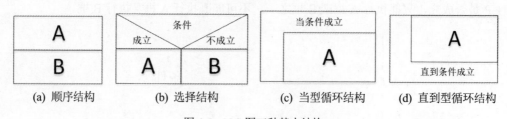

(a) 顺序结构　　(b) 选择结构　　(c) 当型循环结构　　(d) 直到型循环结构

图 4-5　N-S 图三种基本结构

4) 伪代码

用流程图表示算法直观易懂，但画起来比较费事，尤其当设计一个复杂算法并需要反复修改时，就更加麻烦。为了设计算法时方便，常用一种称为伪代码的工具。所谓"伪代码"就是用介于自然语言和计算机语言之间的文字和符号来描述算法。伪意味着假，因此用伪代码写的算法是一种假代码，不能被计算机理解，但便于转换成某种语言编写的计算机程序。

例如，求 ABC 三个数字中最大值的伪代码如下所示。

```
Begin（算法开始）
输入 A，B，C
IF A>B 则 A→Max
否则 B→Max
IF C>Max 则 C→Max
Print Max
End （算法结束）
```

伪代码有如下简单约定。

- 每个算法用 Begin 开始，以 End 结束。若仅表示部分实现，代码可省略。
- 每条指令占一行，指令后不跟任何符号。
- "//"标志表示注释的开始，一直到行尾。
- 算法的输入输出以 Input/Print 后加参数表的形式表示。
- 用 "→" 表示赋值。
- 用缩进表示代码块结构，包括 While 和 For 循环、If 分支判断等。块中多条语句用一对 { }括起来。
- 数组形式为数组名[下界…上界]，数组元素为数组名[序号]。

5) 计算机语言

直接用某种高级编程语言来表示算法，要求按照严格的语法规则来描述，该方法描述的算法可直接用于程序之中。

4．常用的算法

1) 查找

查找运算的使用效率很高，几乎在任意一个计算机系统的系统软件和应用软件中都会涉及查找。下面介绍两种常见的查找方法：顺序查找法和折半查找法。

(1) 顺序查找法。

顺序查找法对数据的排列先后次序没有任何要求。顺序查找法的基本思想是从序列的一端开始，依次对序列元素和给定值做比较，如果访问到的序列元素值和给定值相同，则查找成功；如果访问序列所有元素，仍没有找到和给定值相同的元素，则查找失败。

假定在数组 d 中有 n 个数据，查找键已经存储在变量 key 中。其顺序查找的处理过程是：从数组 d 的第 1 个元素 d[0]开始，依次判断各元素的值是否与查找键 key 相等，若某个数组元素 d(i)的值等于 key，则结束处理(找到了指定的数据)；若找遍了所有的 n 个元素，无任何元素的值等于 key，则结束处理(输出未找到信息)，其流程图如图 4-6 所示。

(2) 折半查找法。

折半查找又称二分查找法，是一种高效的查找方法。折半查找法的前提是元素已经有序排列。其基本思想是：查找过程中，先确定查找元素的范围，然后逐步缩小序列范围，每次将待查找元素的序列范围缩小一半，直到找到或找不到元素为止。

已知数组 array 中有 n 个元素，而且已经按照升序排列

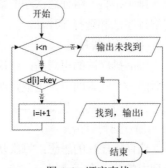

图 4-6 顺序查找

好。使用 low、high 和 mid 表示待查找范围的下界、上界和中间位置，设置 low 的初值是 0，high 的初值是 n-1。

步骤 1：取中间位置 mid，mid=(low＋high)/2；

步骤 2：比较中间位置的元素和给定值的关系，有以下三种。

- 中间位置的元素等于给定值，查找成功。
- 中间位置的元素大于给定值，待查找元素在范围的前半段，修改上界值，high=mid-1，转步骤 1。
- 中间位置的元素小于给定值，待查找元素在范围的后半段，修改下界值，low= mid＋1，转步骤 1。

比较直到越界(low>high)，查找失败，其流程图如图 4-7 所示。

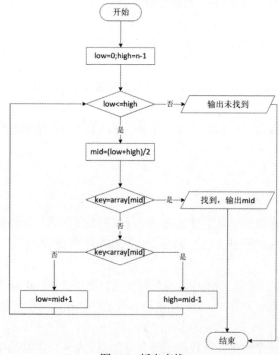

图 4-7　折半查找

2) 排序

排序指将一组任意次序的数据重新排列成有序的数据序列。下面介绍两种重要的排序方法：冒泡排序法和选择排序法。

(1) 冒泡排序法。

冒泡排序法的思想是：依次比较相邻的两个序列元素的大小关系，如果前一个元素的值大于后面一个元素的值，也就是两个元素是反序的，则进行交换，直到序列中没有反序的元素为止，冒泡排序的过程如图 4-8 所示。

(2) 选择排序法。

选择排序法的思想：每次从当前排序的序列中选择值最小的元素，然后与待排序的元素的序列中的第一个元素进行交换，直到整个数组有序为止。选择排序的过程如图 4-9 所示。

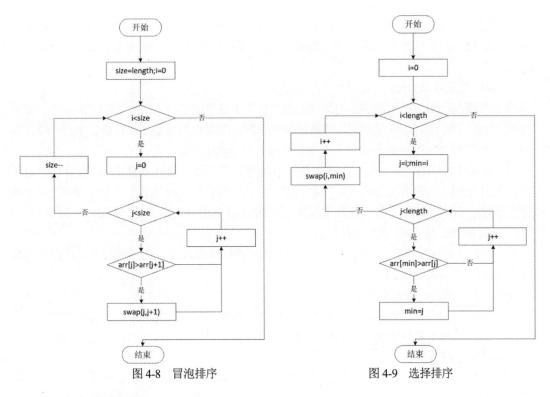

图 4-8 冒泡排序　　　　　　　图 4-9 选择排序

4.2.2 数据结构基础

一般来说，在使用计算机解决问题时，通常会经过以下步骤：首先，从给定问题中抽象出合适的数据模型(或数学公式)；然后设计算法来描述该模型；最后编写和调试程序，直到最终解决实际问题。如果计算机正在处理一个数值计数问题，可以用数学方程来描述，所涉及的对象一般是一些简单的数据类型，如整型、实型或字符型等。此时，程序员可能对组织和存储数据不太感兴趣。随着计算机应用领域的不断扩展，计算机处理的对象等多是非数值计算的问题，如数据查询、组织管理、交通道路规划等问题，它们的数学模型不能用数学方程来描述，这时就需要创建相应的数据结构来描述和分析问题中使用的数据是如何组织的，研究数据之间的关系，然后设计一个合适的数据结构来解决这些问题。

下面介绍数据结构的相关术语。

1) 数据

数据(data)是指能够输入计算机中，并被计算机识别和处理的符号的集合。例如，数字、字母、汉字、图形、图像、声音都可以称为数据。

2) 数据元素

数据的基本单位是数据元素(data element)。在计算机中通常作为一个整体进行考虑和处理，例如，学号为 01 的学生记录如表 4-2 所示。

表 4-2 学生信息表

学号	姓名	性别	籍贯	电话	通信地址
01	张三	男	成都	12345678	学府大道 130 号

一个数据元素可由若干个数据项(域或称字段)组成，如上表中学号为 01 的这个数据元素，是由学号、姓名等 6 个数据项组成的。数据项是数据的最小单位。数据元素也被称为节点、元素、记录等。

3) 数据类型(data type)

数据类型是一组性质相同的值的集合，以及定义于这个值集合上的一组操作的总称。数据类型是指程序设计语言中各变量可取的数据种类。数据类型是高级程序设计语言中的一个基本概念，它和数据结构的概念密切相关，主要体现在以下两方面。

(1) 在程序设计语言中，每一个数据都属于某种数据类型。数据类型显式或隐含地规定了数据的取值范围、存储方式及允许进行的运算。可以认为，数据类型是在程序设计中已经实现的数据结构。例如，C 语言中用到的基本整数类型(int)，它的取值范围是-32 767～+32 768，可进行的运算有加、减、乘、除、取模。

(2) 在程序设计过程中，当需要引入某种新的数据结构时，总是借助编程语言所提供的数据类型来描述数据的存储结构。

4) 数据结构(data structure)

数据结构是一门研究数据是如何组织、存储、数据之间的相互关系及运算操作的学科。具体来讲，数据结构主要包含 3 个方面的内容，即数据的逻辑结构、数据的存储结构和对数据所施加的运算(或操作)。

(1) 元素之间的相互关系又称为数据的逻辑结构。数据的逻辑结构独立于计算机，是数据本身所固有的。

(2) 数据元素在计算机内存中的表示,称为数据的物理结构(存储结构),必须依赖于计算机。

(3) 对数据需要施加的操作主要包括查找、插入、删除、修改和排序等。运算的定义直接依赖于逻辑结构，但运算的实现必须依赖于存储结构。

4.3 程序设计语言

4.3.1 程序设计语言发展

计算机程序设计语言的发展，经历了从机器语言、汇编语言到高级语言的历程。

1. 机器语言

电子计算机使用由"0"和"1"组成的二进制数，二进制是计算机语言的基础。在计算机发明之初，人们只能写出一系列由"0"和"1"组成的指令供计算机实现，这种语言就是机器的语言。由于每台计算机的指令系统通常不同，因此在一台计算机上执行的程序如果要在另一台计算机上执行，则必须单独编程，这会导致重复工作。但是，由于使用的是针对特定型号计算机的语言，故而运算效率是所有语言中最高的。机器语言是第一代计算机语言。

2. 汇编语言

为了减轻使用机器语言编程的难度，人们做了一个改进：用一些简洁的英文字符和符号字符串代替特定的二进制指令串，比如用"ADD"来代表加法，用"MOV"代表传输数据等，这样人们就可以方便地阅读和理解程序的作用，调试和维护都变得更加方便，这种编程语言被称为汇编语言，即第二代计算机语言。但是，计算机无法识别这些代码，这需要一个特殊的程序负责将这些代码翻译成二进制数的机器语言，这种翻译程序被称为汇编程序。

汇编语言同样十分依赖于机器硬件，移植性不好，但效率仍十分高，针对计算机特定硬件而编制的汇编语言程序，能准确发挥计算机硬件的功能和特长，程序精练且质量高，所以至今仍是一种常用而强有力的软件开发工具。

3. 高级语言

最初与计算机交流的经历让人们意识到，应该设计一种这样的语言，这种语言接近于数学语言或人的自然语言，同时又不依赖于计算机硬件，编出的程序能在所有机器上通用。经过努力，1954 年，第一个完全脱离机器硬件的高级语言——FORTRAN 问世了。几十年来，共有几百种高级语言出现，有重要意义的有几十种，影响较大、使用较普遍的有 FORTRAN、ALGOL、COBOL、BASIC、LISP、SNOBOL、PL/1、Pascal、C、PROLOG、Ada、C++、VC、VB、Delphi、Java 等。

高级语言的发展也经历了从早期语言到结构化程序设计语言，从面向过程到非过程化程序语言的过程。相应地，软件的开发也由最初的个体手工作坊式的封闭式生产，发展为产业化、流水线式的工业化生产。

20 世纪 60 年代中后期，软件越来越多，规模越来越大，但在当时软件的生产基本上是各自为战，缺乏科学规范的系统规划和测试、评估标准，其恶劣结果就是大量的软件系统，由于出现各种错误而无法使用，甚至给使用者带来巨大的损失。软件给人的感觉是越来越不可靠，以至于没有软件是不出错的。这一切极大地震动了计算机界，被称为"软件危机"。人们意识到编写大型程序与小程序不同，程序的设计应易于保证正确性，也便于验证正确性。1969 年，人们提出了结构化编程方法，到了 1970 年，出现了第一种结构化编程语言——Pascal，这标志着结构化编程时期的开始。

自 80 年代初以来，在软件设计方面又发生了一场革命，那就是面向对象编程。在此之前，高级语言几乎都是面向过程的，程序执行就像一个流水线，在模块执行完成之前，人们不能做任何其他事情，也不能动态地改变程序执行的方向。这与人们每天处理事物的方式不一致，对人而言是希望发生一件事就处理一件事，不能面向过程，而应是面向具体的应用功能，也就是对象(object)。对于用户来说，他只关心自己的接口(输入和输出)以及可以实现哪些功能，至于如何实现，这是内部问题，用户根本不在乎，C++、VB、Delphi 就是典型的代表。

高级语言的下一个发展目标是面向应用，也就是说：只需要告诉程序你要干什么，程序就能自动生成算法，自动进行处理，这就是非过程化的程序语言。

4.3.2　程序设计基础

1. 定义

(1) 程序：计算机程序，是指为了得到某种结果而可以由计算机等具有信息处理能力的装置执行的代码化指令序列，或者可以被自动转换成代码化指令序列的符号化指令序列或者符号化语句序列。

(2) 程序设计：程序设计是给出解决特定问题程序的过程，是软件构造活动中的重要组成部分。程序设计往往以某种程序设计语言为工具，给出这种语言下的程序。程序设计过程应当包括分析、设计、编码、测试、排错等不同阶段。

(3) 程序设计语言：程序设计语言是用于书写计算机程序的语言。语言的基础是一组记号和一组规则。根据规则由记号构成的记号串的总体就是语言。在程序设计语言中，这些记号串就是程序。程序设计语言有 3 个方面的因素，即语法、语义和语用。

2. 程序设计过程

程序设计的过程一般包含以下几部分。

(1) 确定数据结构：指根据任务书提出的要求、指定的输入数据和输出结果，确定存放数据的数据结构。

(2) 确定算法：针对存放数据的数据结构来确定解决问题、完成任务的步骤。

(3) 编码：根据确定的数据结构和算法，使用选定的计算机语言编写程序代码，输入到计算机并保存在磁盘上，简称编程。

(4) 调试：目的是验证代码的正确性，用各种可能的输入数据对程序进行测试，消除由于疏忽而引起的语法错误或逻辑错误；使之对各种合理的数据都能够得到正确的结果，对不合理的数据能进行适当的处理。

(5) 整理并写出文档资料。

3. C 语言

C 语言是当今社会应用广泛，并受到众多用户欢迎的一种计算机高级语言。它既可用来编写系统软件，也可用来编写应用软件。

C 语言起源于 1968 年发布的 CPL 语言(combined programming language)，其许多重要思想来自 Martin Richards 于 1969 年开发的 BCPL 语言和基于 BCPL 的 B 语言。Dennis M. Ritchie 于 1972 年基于 B 语言开发了 C 语言，并用 C 语言编写了第一个在 PDP-11 计算机上实现的 UNIX 操作系统(主要用于贝尔实验室的内部使用)。从那时起，C 语言经历了许多改进，直到 1975 年，当用 C 语言编写的 UNIX 操作系统第 6 版公布后，C 语言才引起了全球的关注。1977 年，独立于机器的 C 语言编译文本《可移植 C 语言编译程序》出现，大大简化了将 C 编译程序移植到新环境所需的工作。1978 年以后，C 语言被先后移植到大、中、小、微型计算机上，它的应用领域已不再限于系统软件的开发，而成为当今最流行的程序设计语言之一。

我们先通过一些简单的 C 语言程序示例，初步了解 C 语言程序的基本结构。

【例 4.1】编写程序，输出文字 Hello C!

```
#include <stdio.h>
main( )
{
printf("Hello C!\n");
}
```

运行这个程序时，在屏幕上显示一行英文：

```
Hello C!
```

这是一个仅由 main 函数构成的 C 语言程序。main 是函数名，C 语言规定必须用 main 作为主函数名，函数名后面一对圆括号内写函数参数，本程序的 main 函数没有参数，故圆括号中间是空的，但圆括号不能省略。程序中的 main( )是主函数的起始行，一个 C 程序总是从主函数开始执行。每一个可执行的 C 程序都必须有且仅有一个主函数，但可以包含任意多个不同名的函数。main( )后面被大括号{ }括起来的部分称为函数体。"\n" 是换行符，即在输出 "Hello C!" 后回车换行。

【例 4.2】已知两个整型数 8 和 12，按公式 $s=ab$ 计算矩形的面积，并显示结果。

```
#include <stdio.h>
/*标准输入输出头文件*/
void main( )
int a，b，s;
/*定义三个整型变量*/
a=8;b=12;
/*将两整数值分别赋给两边长 a 和 b*/
s=a*b ;
/*计算面积并存储到变量 s 中*/
printf("a=%d，b=%d，s=%d\n"，a，b，s);
/*输出矩形的两边长和面积*/
```

执行以上程序的输出结果如下。

```
a=8，b=12，s=96
```

此例题函数体内由定义部分、执行语句部分两部分组成，程序中的 "int a，b，s;" 为程序的定义部分。从 "a=8;" 到 "printf("a=%d，b=%d，s=%din"，a，b，s);" 是程序的执行部分。执行部分的语句称为可执行语句，必须放在定义部分之后，语句的数量不限，程序中由这些语句向计算机系统发出操作指令。

【例 4.3】求两个整数的和。

```
#include"stdio.h"
int sum ( int x , int y )
{
int s2 ;
s2=x＋y;
return s2 ;
}
main()
{
int num1，num2，s1;
scanf("%d，%d"，&num1，&num2);
s1=sum(num1，num2);
printf("sum=%d\n"，s1);
}
```

运行这个程序时，输入 3、5。

在屏幕上显示：sum=8

本程序由 main 函数和一个被调用的函数 sum 构成，sum 函数的作用是返回 num1 和 num2 的和，通过 return 语句将 num1 和 num2 的和 s2 返回给主调函数 main 中的变量 s1。返回值是通过函数名 sum 带回到 main 函数的调用处。main 函数中第 3 行为调用 sum 函数，在调用时将实际参数 num1、num2 的值分别传送给 sum 函数中的形式参数 x、y。经过执行 sum 函数得到一个返回值，然后输出这个值。

4.3.3　面向对象程序设计

软件中的对象是一些东西的模型，例如学生、教师。换言之，对象就是数据与相关行为的集合。面向对象就是功能性地指向建模对象。这是众多复杂系统建模的技术之一，即通过数据和行为来描述一系列相互作用的对象。分析、设计与编程都是软件开发中的不同阶段，将它们称为面向对象只是为了指定所追求的软件开发风格。

面向对象程序设计即面向对象编程(object-oriented programming, OOP)，是一种计算机编程架构。OOP 的一条基本原则是计算机程序由单个能够起到子程序作用的单元或对象组合而成。OOP 达到了软件工程的三个主要目标：重用性、灵活性和扩展性。为了实现整体运算，每个对象都能够接收信息、处理数据、向其他对象发送信息。

1. C++

C++和 C 语言均诞生于贝尔实验室，Bjarne Stroustrup 博士在 C 语言中引入了面向对象的思想，并将这种语言命名为 C++。C++是 C 语言的扩展，根据 Stroustrup 博士自己的说法，C++是一个"更好的 C 语言"。它是一种混合型的语言，既支持传统的结构化程序设计，又支持面向对象程序设计。

C++最初的目标是扩展 C 语言并引入面向对象编程思想。虽然 C 语言有其强大的功能，但作为一种结构化编程语言，当软件规模过大时，它的局限性不可避免地暴露出来。C++支持面向对象的编程方法，是大规模软件设计和开发的有力工具。同时，C++在设计时充分考虑了与 C 语言的兼容性，许多 C 语言编写代码无须修改即可被 C++使用，许多原本用 C 语言编写的库函数和实用程序也可以使用。C++和 C 语言的主要区别是 C++对数据抽象和面向对象程序设计方法的支持。C++允许数据抽象，支持封装、继承、多态等特征。C 语言程序的设计一般采用自上而下、逐步求精的方式进行软件开发，而 C++则同时具有自下而上和自上而下两种方式。

2. Java

Java 是一种面向对象的编程语言，支持跨平台的应用程序软件开发。Sun 公司(被 Oracle 收购)于 1995 年 5 月推出了 Java 编程语言和 Java 平台。在过去的几十年中，Java 技术因其出色的通用性、高效性、平台移植性和安全性而广泛应用于个人计算机、数据中心、游戏机、超级计算机、移动电话和互联网。在全球云计算产业环境和移动互联网中，Java 也具有巨大的优势和广阔的前景。

3. C#

C#是一种面向对象的、运行于.NET Framework 之上的高级程序设计语言。1998 年，Anders Hejlsberg(Delphi 和 Turbo Pascal 语言的设计者)和他的微软开发团队开始设计 C#的第一个版本。

2000 年 9 月，ECMA(信息和通信系统司国际标准化组织)成立了一个工作组，以定义 C#编程语言的语法标准，其设计的目标是开发一种"简单、现代、通用、面向对象的编程语言"，这是一种令人满意的简洁语言，其语法类似于 Java，但又借用了 C++和 C 风格。C#提供了越界数组检查和"强类型"检查，禁止使用未初始化的变量，增强了程序的健壮性。C#语言的正式版本始于 2002 年的 Visual Studio，一经推出，就受到众多程序员的青睐。

4.4　数据库系统

4.4.1　什么是数据库

1. 数据库的定义

数据库是结构化信息或数据的有序集合，一般以电子形式存储在计算机系统中。通常由数据库管理系统(DBMS)控制。在现实中，数据、DBMS 及关联应用一起被称为数据库系统，通常简称为数据库。

为了提高数据处理和查询效率，当今最常见的数据库通常以行和列的形式将数据存储在一系列的表中，支持用户便捷地访问、管理、修改、更新、控制和组织数据。另外，大多数数据库都使用结构化查询语言(SQL)来编写和查询数据。

2. 数据库与电子表格的区别

数据库和电子表格(例如 Microsoft Excel)都可以便捷地存储信息，两者的主要区别包括：
- 存储和操作数据的方式
- 谁可以访问数据
- 可以存储多少数据

从一开始，电子表格就是专门针对单一用户而设计的，其特性也反映了这一点。它非常适合不需要执行太多高度复杂的数据操作的单一用户或少数用户。相反，数据库是为了保存大量甚至海量有组织的信息而设计的，它允许多个用户同时使用高度复杂的逻辑和语言，快速、安全地访问和查询数据。

4.4.2　数据库模型

数据模型是数据特征的抽象。数据是描述事物的符号记录，模型是现实世界的抽象。数据模型从抽象层次上描述了系统的静态特征、动态行为和约束条件，为数据库系统的信息表示与操作提供了一个抽象的框架。数据模型所描述的内容有三部分：数据结构、数据操作和数据约束。

常见的三种数据库数据模型是：层次模型、网状模型及关系模型。数据库模型描述了在数据库中结构化和操纵数据的方法，模型的结构部分规定了数据如何被描述(如树、表等)。

1. 层次模型

层次数据库系统的典型代表是 IBM 公司的 Information Management System(信息管理系统)。层次模型用树状结构来表示各类实体以及实体之间的联系，如图 4-10 所示。

满足下面两个条件的基本层次联系的集合为层次模型。

(1) 有且只有一个节点没有双亲节点，这个节点称为根节点。

(2) 根以外的其他节点有且仅有一个双亲节点。

在层次模型中，每个节点表示一个记录，记录类型之间的联系用节点之间的连线(有向边)表示，这种联系是父子之间的一对多的联系。

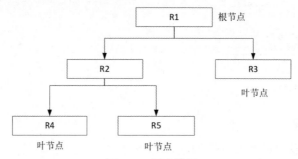

图 4-10　层次模型

2. 网状模型

网状数据库系统采用网状模型(图 4-11)作为数据的组织方式，典型的代表是 DBTG 系统。在数据库中，把满足以下两个条件的基本层次联系集合称为网状模型。

(1) 允许一个以上的节点无双亲节点。

(2) 一个节点可以有多于一个的双亲节点。

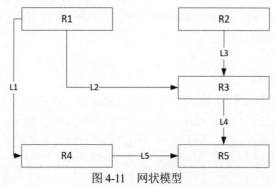

图 4-11　网状模型

3. 关系模型

关系数据库系统采用关系模型作为数据的组织方式，1970 年美国 IBM 公司 San Jose 研究室的研究员 E.F.Codd 首次提出了数据库系统的关系模型。

关系模型中数据的逻辑结构是一张二维表，它由行和列组成。表 4-3 就是一个常见的学生信息表，用于描述学生的关系模型。

表 4-3　学生信息表

学号	姓名	性别	籍贯	电话	通信地址
01	张三	男	成都	12345678	学府大道 130 号
02	李四	女	重庆	87654321	学府大道 130 号

关系模型中的常见概念包括：

- 关系(relation)：一个关系对应通常所说的一张表。
- 元组(tuple)：表中的一行即为一个元组。
- 属性(attribute)：表中的一列即为一个属性，给每一个属性起一个名称即属性名。
- 码(key)：表中的某个属性组，它可以唯一确定一个元组。
- 域(domain)：属性的取值范围。
- 关系模式：对关系的描述，如学生(学号、姓名、性别、籍贯、电话、通信地址)。

4.4.3　数据库语言

SQL(structured query language)语言是一种可以在数据库中查询数据、从数据库中取回数据、在数据库中插入新的数据记录、更新数据库中的数据、删除数据库中已有记录的一种计算机语言。还可以创建新的数据库，在数据库中建表、创建存储过程、创建视图以及设置其权限。所以在数据库语言中，SQL 语言的运用是相当广泛的。

SQL 语言包括四类主要语句：数据定义语言(DDL)、数据操纵语言(DML)、数据查询语言(DQL)和数据控制语言(DCL)。

1. 数据定义语言

数据定义语言(data definition language，DDL)是定义关系模式、删除关系、修改关系模式以及创建数据库中的各种对象，如表、聚簇、索引、视图、函数、存储过程和触发器等。

数据定义语言是由 SQL 语言集中负责数据结构定义与数据库对象定义的语言，并且由 CREATE、ALTER、DROP 和 TRUNCATE 四个语法组成。

【例 4.4】创建一个 student 表。

```
create table student(
id int identity(1,1) not null,
name varchar(20) null,
course varchar(20) null,
grade numeric null
)
```

【例 4.5】在 student 表中增加一个年龄字段。

```
alter table student add age int NULL
```

【例 4.6】在 student 表中删除年龄字段，删除的字段前面需要加 column，不然会报错，而添加字段不需要加 column。

```
alter table student drop column age
```

【例 4.7】删除 student 表。

```
drop table student --删除表的数据和表的结构
truncate table student --只是清空表的数据，但并不删除表的结构，student 表还在，只是数据为空
```

2. 数据操纵语言

数据操纵语言(data manipulation language，DML)主要是进行插入元组、删除元组、修改元组的操作。主要由 insert、update、delete 语法组成。

【例 4.8】向 student 表中插入数据。

方法一：

```
INSERT INTO student (name, course,grade) VALUES ('张飞','语文',90);
INSERT INTO student (name, course,grade) VALUES ('刘备','数学',70);
INSERT INTO student (name, course,grade) VALUES ('关羽','历史',25);
INSERT INTO student (name, course,grade) VALUES ('赵云','英语',13);
```

方法二：

```
--数据库插入数据一次性插入多行多列，格式为
INSERT INTO table (字段 1, 字段 2,字段 3) VALUES (值 1,值 2,值 3),(值 1,值 2,值 3),...;
INSERT INTO student (name, course,grade) VALUES ('张飞','语文',90),('刘备','数学',70),('关羽','历史',25),('赵云','英语',13);
```

【例 4.9】更新关羽的成绩。

```
update student set grade='18' where name='关羽'
```

【例 4.10】关羽因为历史成绩太低，要退学，所以删除关羽这个学生。

```
delete from student where name='关羽'
```

3. 数据查询语言

数据查询语言(data query language，DQL)用来进行数据库中数据的查询，即最常用的 select 语句。

【例 4.11】从 student 表中查询所有的数据。

```
select * from student
```

【例 4.12】从 student 表中查询姓名为张飞的学生。

```
select * from student where name='张飞'
```

4. 数据控制语言

数据控制语言(data control language，DCL)用来授权或回收访问数据库的某种特权，并控制数据库操纵事务发生的时间及效果，能够对数据库进行监视，如常见的授权、取消授权、回滚、提交等操作。

1) 创建用户

语法结构：

```
CREATE USER 用户名@地址 IDENTIFIED BY '密码';
```

【例 4.13】创建一个 testuser 用户，密码为 111111。

```
create user testuser@localhost identified by '111111';
```

2) 给用户授权

语法结构：

```
GRANT 权限 1, … , 权限 n ON 数据库.对象 TO 用户名;
```

【例 4.14】将 test 数据库中所有对象(表、视图、存储过程，触发器等。*表示所有对象)的 create、alter、drop、insert、update、delete、select 赋给 testuser 用户。

```
grant create,alter,drop,insert,update,delete,select on test.* to testuser@localhost;
```

3) 撤销授权

语法结构：

```
REVOKE 权限 1, … , 权限 n ON 数据库.对象 FORM 用户名;
```

【例 4.15】将 test 数据库中所有对象的 create、alter、drop 权限撤销。

```
revoke create,alter,drop on test.* to testuser@localhost;
```

4) 查看用户权限

语法结构：

```
SHOW GRANTS FOR 用户名;
```

【例 4.16】查看 testuser 的用户权限。

```
show grants for testuser@localhost;
```

5) 删除用户

语法结构：

```
DROP USER 用户名;
```

【例 4.17】删除 testuser 用户。

```
drop user testuser@localhost;
```

6) 修改用户密码

语法结构：

```
USE mysql;
UPDATE USER SET PASSWORD=PASSWORD('密码') WHERE User='用户名' and Host='IP';
FLUSH PRIVILEGES;
```

【例 4.18】将 testuser 的密码改为 123456。

```
update user set password=password('123456') where user='testuser' and host='localhost';
```

4.4.4 数据库设计

1. 数据库设计概述

数据库设计是指对于给定的应用环境，在关系数据库理论指导下构造(设计)出最优的数据库逻辑模式和物理结构，并在此基础上建立数据库及其应用系统，使之能够有效地存储和管理数据，满足各种用户的应用需求，包括信息管理要求和数据操作要求。

2. 数据库设计流程

(1) 需求分析：分析用于需求，包括数据、功能及性能需求。

(2) 数据库设计：这种建模工作需要一种正式的方法来发现和识别实体和数据元素，因此数据库设计又细分为以下三阶段。

- 概念结构设计：采用 E-R 模型进行设计。
- 逻辑结构设计：将 E-R 模式转成关系模式，即把 E-R 图转换成表的结构。
- 物理结构设计：选择合成的 DBMS 软件，架设数据库应用服务。

(3) 数据库实施：选择开发语言、使用适当的数据库 ORM 框架编写、测试和运行代码。

(4) 运行和维护数据库系统。

3. 数据库设计方法

要成功、高效地设计一个结构复杂、应用环境多样的数据库系统，仅靠手工方法是很难的，必须在科学的设计理论和工程方法的支持之上，采用非常规范的设计方法，否则，就很难保证数据库设计的质量。近年来，人们将软件工程的思想和方法应用于数据库设计实践中，提出了许多优秀的数据库设计方法。下面介绍两种较为常用的方法：

1) 新奥尔良法

规范设计法中比较著名的有新奥尔良(new orleans)方法，其将数据库设计分为四个阶段：需求分析(分析用户要求)、概念设计(分析和定义信息)、逻辑设计(设计实现)和物理设计(物理数据库设计)，如图 4-12 所示。目前，常用的规范设计方法大多起源于新奥尔良法。

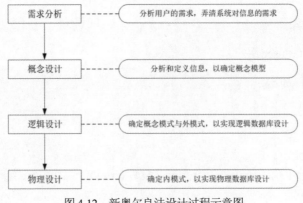

图 4-12　新奥尔良法设计过程示意图

2) 基于 E-R 模型的数据库设计方法

该方法由 P. P. S. Chen 于 1976 年提出，是数据库概念设计阶段广泛采用的方法。其基本思想是在需求分析的基础上用 E-R 图构造一个反映现实世界客观事物及其联系的概念模式。它完成了将现实世界向概念世界的转换过程。

联系可分为以下 3 种类型。

- 一对一联系(1 : 1)

对于实体集 A 和实体集 B 来说,如果对于 A 中的每一个实体 a,B 中至多有一个实体 b 与之有联系,而反过来也是如此,则称实体集 A 与实体集 B 存在一对一联系。

例如,一个部门有一个经理,而每个经理只在一个部门任职,则部门与经理的联系是一对一的。

- 一对多联系(1 : N)

对于实体集 A 和实体集 B 来说,如果对于 A 中的每一个实体 a,B 中有 N 个实体 b 与之有联系,而实体 B 中每一个实体 b,A 中至多有一个与之有联系,则称实体集 A 与实体集 B 存在一对多联系。

例如,某校一个班级可以有多个学生,但一个学生只能有一个班级,则班级与学生的联系是一对多的。

- 多对多联系(M : N)

对于实体集 A 和实体集 B 来说,如果对于 A 中的每一个实体 a,B 中有 N 个实体 b 与之有联系,而实体集 B 中每一个实体 b,A 中有 M 个实体 a 与之有联系,则称实体集 A 与实体集 B 存在多对多联系。

例如,某校一个学生可以选修多门课程,一门课程也可以有多个同学同时选修,则学生与课程的联系是多对多的。

实体符号用矩形表示,并标以实体名称,属性用椭圆表示,并标以属性名称,联系用菱形表示,并标以联系名称,如图 4-13 所示。

图 4-13 实体、属性和联系符号

这里,以学生与课程之间的多对多联系为例,画出学生选课的 E-R 图,如图 4-14 所示。

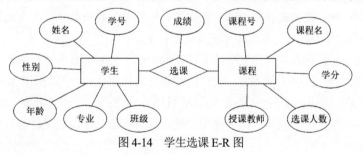

图 4-14 学生选课 E-R 图

接下来介绍如何将 E-R 模型转化为关系模型。

在关系模型中一张二维表格(行,列)对应一个表格,二维表中的每行代表一个实体,每个实体的列代表该实体属性。E-R 图最终需要转换为关系模型才有意义。

1) 实体转化为关系

实体集转化为关系非常简单,只需将实体的属性作为关系的列即可(实体的所有属性)。

学生(学号、姓名、性别、年龄、专业、班级)

课程(课程号、课程名、学分、选课人数、授课教师)

2) 联系转化为关系

在学生和课程的多对多联系中，需要将学号和课程号作为选课表的主键，以建立学生和选课，以及选课和课程之间的联系。

选课(学号、课程号、成绩)

4.4.5 数据库技术的发展

自 20 世纪 60 年代初诞生以来，数据库发生了巨大变化。最初，分层数据库(树形模型，仅支持一对多关系)和网络数据库(更灵活，支持多种关系)被用于存储和操作数据。这些早期系统操作简单，但缺乏灵活性。在 20 世纪 80 年代，关系数据库开始兴起。到了 20 世纪 90 年代，面向对象的数据库开始成为主流。最近，随着互联网的快速发展，NoSQL(非关系型数据库)已经出现，以便更快地处理非结构化数据。而云数据库和自动驾驶数据库等新型数据库也在数据收集、存储、管理和使用方面不断取得新的突破。

注：基于云的自治驾驶数据库(也称作自治数据库)是一种全新的极具革新性的数据库，它利用机器学习技术自动执行数据库调优、保护、备份、更新，以及传统上由数据库管理员(DBA)执行的其他常规管理任务。

4.5 操作系统

4.5.1 操作系统概述

由于计算机系统的每类硬件资源都有不同的物理特性，需要采用不同的操作方式，使用起来非常不方便。为了正确使用计算机系统，屏蔽硬件的差异，需要编写程序来管理计算机的所有部件。计算机系统中使用的各种程序称为计算机软件。有了软件，计算机才可以对信息进行存储、处理和检索，听音乐，玩游戏，处理许多有意义的事情。因此，现代计算机系统是硬件和软件的有机统一体，硬件是计算机的"躯体"，软件是计算机的"灵魂"，软件能充分发挥硬件潜能，扩充硬件功能，完成各种系统及应用任务。

在软件系统中，操作系统是最底层的系统软件，用于控制和管理计算机系统的硬件和软件资源，控制程序执行、改善人机界面、合理地组织计算机工作流程并为用户使用计算机提供良好的运行环境。在计算机系统中设置操作系统的目的在于提高计算机系统的效率，增强系统的处理能力，提高系统资源的利用率，方便用户使用计算机。它不仅是硬件与其他软件的接口，也是用户和计算机之间进行"交流"的界面。

1. 操作系统的发展

计算机操作方式是随计算机技术的发展而发展的，其经历了人工、管理程序和操作系统 3 个发展阶段。

1) 人工阶段

早期的计算机运行速度慢、内存容量小、外部设备少、软件功能简单，没有强大的软件工具，对计算机的使用只有独占方式。因此，对计算机的操作过程完全可以由人工完成。其过程是：先输入程序和数据并存储在人为指定的内存位置，再设置起始指令并启动程序运行，必要时人工干预计算机的运行，最后输出结果。用户无须任何软件来操作计算机，所有的外部设备都必须人工地、物理地去控制，用户凭借自己的经验和敏感能力使用计算机。

该阶段计算机的时间效率、空间效率、设备效率都不能得到应有的发挥。随着计算机的发展，这个问题越来越突出，越来越严重。

2) 管理程序阶段

计算机操作的最早软件形式是管理程序。硬件技术的发展为管理程序的应用提供了有利的条件。管理程序提供若干可使用的操作"命令"，操作员通过控制台输入命令管理计算机硬件资源，控制程序的执行。

管理程序方式比单纯的人工操作要快速、准确、直观得多。有些管理程序还允许计算机同时执行多个程序。但管理程序还是没有摆脱大量人工参与的严重缺陷，没从根本上解决最大限度地有效利用系统资源的问题。

3) 操作系统阶段

随着计算机技术的飞速发展，硬件功能部件的增加、外部设备的增多、软件工具的丰富以及广泛应用使得管理程序已经不堪重负，操作系统应运而生。操作系统的出现是计算机系统管理和软件发展的一次革命，使对计算机系统的管理和操作彻底摆脱了人工干预，逐步走向完全自动化的发展道路。为所有资源提供统一有效、简单方便管理的操作系统，使这些资源发挥最大的使用效益，用户能利用键盘向计算机输入多条命令，或用鼠标选择菜单和按动按钮来控制程序，与系统进行在线交互，控制作业的执行。

2. 操作系统的分类

按用户使用的操作环境和功能特征，早期的操作系统一般可分为 3 种基本类型，即批处理操作系统、分时操作系统和实时操作系统。随着计算机体系结构的发展，又出现了嵌入式操作系统、网络操作系统和分布式操作系统。接下来做详细介绍。

1) 批处理操作系统

批处理操作系统出现于 20 世纪 60 年代，是用户将作业交给系统操作员，系统操作员将用户的作业批量输入到计算机中，在系统中形成一个自动转接的连续作业流，然后启动操作系统，系统自动、依次执行每个作业，最后由操作员将作业结果交给用户。该操作系统的优点是用户可以脱机使用计算机，提高 CPU 利用率等，缺点是无交互性。

2) 分时操作系统

分时操作系统的一台主机连接若干个终端，每个终端有一个用户在使用。用户向系统提出命令请求，系统接收每个用户的命令，采用时间片轮转方式处理服务请求，并通过终端向用户显示结果。由于时间片划分得很短，循环执行得很快，使得每个程序都能得到 CPU 的响应，好像在独享 CPU。分时操作系统的主要特点是允许多个用户同时运行多个程序，每个程序都是独立操作、独立运行、互不干涉的。

3) 实时操作系统

实时操作系统是指使计算机能及时响应外部事件的请求，在规定的严格时间内完成对该事件的处理，并控制所有实时设备和实时任务协调一致地工作的操作系统。实时操作系统具有实时性和可靠性，常用于实时控制系统和自动控制系统中。

4) 网络操作系统

网络操作系统是基于计算机网络的，是在各种计算机操作系统上按网络体系结构协议标准开发的软件，包括网络管理、通信、安全、资源共享和各种网络应用。其目标是相互通信及资源共享。

3. 操作系统的特征

尽管现在的操作系统种类繁多，功能差别很大，但它们仍然具有一些共同的特征，如操作系统具有并发性、共享性、虚拟性和异步性。

1) 并发性

并发性是指多个程序同时在系统中运行。操作系统是一个并发的系统，并发性是它最重要的特性。计算机系统中同时存在若干个运行的程序，这些程序在执行时间上重叠。并发性能够消除计算机系统中各个部件之间的相互等待，有效改善系统资源的利用率，提高系统的吞吐量和系统效率。并发性体现了操作系统同时处理多个活动事件的能力。通过并发减少了计算机中各部件间由于相互等待而造成的资源浪费，提高了资源利用率。

2) 共享性

共享性是指计算机系统中的资源能够被并发执行的程序共同使用，共享是在操作系统控制下实现的。资源共享的方式有互斥访问和同时访问。

并发性和共享性是现代操作系统最基本的两个特征，两者是互为存在条件的。操作系统要对资源进行管理与调度，使得并发执行的多个程序能够合理地共享这些资源。共享的实质是多个并发的程序在操作系统的统一指挥下交替使用资源。

3) 虚拟性

虚拟性是指操作系统通过某种技术将一个实际存在的实体变成多个逻辑上的对应体，并发的多个程序访问这些逻辑对应体，提高了实体的利用率。例如，虚拟内存技术，即匀出一部分硬盘空间来充当内存使用，当计算机运行程序所需的内存不足时，操作系统会将计算机的内存和硬盘上的部分空间组合，统一进行逻辑编址，这样，程序访问的便是空间扩大了的虚拟存储器。操作系统的虚拟性体现在 CPU、内存、设备和文件管理等各个方面，正是操作系统的虚拟性才把裸机变成了功能更强更易于使用的虚拟机。

4) 异步性

异步性也称为不确定性，是指在多个程序并发运行环境中，每个程序何时开始执行、何时暂停、推进速度如何是不确定的。因此，操作系统的设计与实现要充分考虑各种可能性，以便稳定、高效、可靠、安全地达到程序并发和资源共享的目的。

4.5.2 操作系统功能

为了使计算机系统能协调、高效和可靠地工作，同时也给用户提供一种方便友好的计算机使用环境，在计算机操作系统中，通常设有五大管理功能。

1. 处理机管理

处理机管理也称为处理器管理。为了提高处理器的利用率，现代操作系统采用了多道程序设计技术。当一个程序因等待某一条件而不能运行时，就把处理权交给另一个可以运行的程序。或者，当一个比当前运行程序更重要的程序到达时，它应该抢占当前程序占用的 CPU。为了描述多道程序的并发执行，操作系统引入进程或线程的概念来描述程序的动态执行过程。所谓进程(process)，是计算机中的程序关于某数据集合上的一次运行活动，是系统进行资源分配和调度的基本单位，是操作系统结构的基础，处理器的分配和调度都是以进程或线程为基本单位的。因此，处理机的管理可归结为对进程或线程的管理，主要包括以下几方面。

- 创建或删除用户进程和系统进程。
- 暂停或重启进程。
- 提供进程同步机制。
- 提供进程通信机制。
- 提供死锁处理器机制。

2. 存储管理

存储管理主要是指操作系统针对内存的管理。如果 CPU 需要执行指令，则这些指令必须在内存中。如果一个程序要执行，则它必须先映射成绝对地址并装入内存。随着程序的执行，进程可以通过产生绝对地址来访问内存中的程序指令和数据。程序运行结束时，其内存空间得以释放，下一个程序可以被装入并执行。因此，为了改善 CPU 的利用率和计算机对用户的响应速度，必须在内存中保留多个程序。存储管理的主要任务是为多道程序的运行提供良好的环境，方便用户使用存储器，提高存储器的利用率以及能从逻辑上扩充内存，主要包括以下几方面。

- 记录内存的哪些部分正在被使用及被谁使用。
- 当内存空间可用时，决定哪些进程可以装入内存。
- 根据需要分配和释放内存空间。
- 确保在多道程序环境下，各个程序只在自己的内存空间中运行，互不干扰。
- 当内存空间不足时，采取何种策略扩展逻辑内存。

3. 设备管理

设备管理是指操作系统对各类外围设备的管理，包括分配、启动和故障处理等。当用户使用外部设备时，必须提出要求，待操作系统进行统一分配后才能使用。当用户的程序运行到要使用某外部设备时，由操作系统负责驱动该设备。操作系统还具有处理外部设备中断请求的功能。设备管理的任务是方便用户使用外部设备，提高 CPU 和设备的利用率，主要包括以下几方面。

- 提供外部设置的控制与处理。
- 提供缓冲区的管理。
- 提供设备独立性。
- 外部设置的分配和驱动调度。
- 实现虚拟设备。

4. 文件管理

文件管理是指操作系统对信息资源的管理。计算机中的数据和信息以文件的形式存储在外存储器上供用户使用。文件管理支持文件的存储、检索和修改等操作以及文件的保护功能。为了实现对文件的管理，操作系统必须提供文件的存储、检索和修改等操作，解决文件的共享、保密和保护等问题，以便用户能方便、高效、安全地访问文件。文件管理的主要功能包括：

- 创建或删除文件。
- 创建或删除目录。
- 提供操作文件和目录的原语。
- 将文件映射到外存上。
- 在稳定的存储介质上备份文件。

5. 作业管理

作业管理是用户与操作系统间的接口，因此也被称为接口管理。操作系统提供的接口有两大类：命令接口和程序接口。程序接口是为用户程序执行中访问系统资源而设置的，是用户程序取得操作系统资源的唯一途径，它由一组系统调用组成。命令接口可分为基于文本的接口(通常称为 Shell)和基于图形的用户接口(graphical user interface，GUI)两种，用户通过命令接口可以实现与操作系统的交互。作业管理的内容主要包括作业的输入和输出、作业的调度与控制。

4.5.3 常用操作系统简介

在计算机的发展过程中，出现了许多种类的操作系统，其中最为常用的有 DOS、Windows、Mac OS、Linux、UNIX、OS/2 等。

1. DOS 磁盘操作系统

DOS(disk operating system)磁盘操作系统是美国 Microsoft 公司研制的安装在个人计算机上的单用户命令行界面操作系统。从 1981 年到 1995 年的 15 年间，磁盘操作系统在 IBM PC(IBM personal computer)兼容机市场中占有举足轻重的地位。DOS 具有简单易学、硬件要求低等特点。

2. Windows 操作系统

Windows 操作系统是 Microsoft 公司研发的图形用户界面操作系统。从 1985 年发布的 Windows 1.0 至今，已有多个版本。具有图形用户界面、操作简单、生动形象等特点。目前使用较多的版本是 Window XP、Windows Server 2003、Windows 7、Windows 10。新一代的 Windows 操作系统 Windows 11，是美国微软公司研发的新一代跨平台及设备应用的操作系统，目前该操作系统已正式发布。

3. UNIX 操作系统

UNIX 操作系统是一个强大的多用户、多任务操作系统，支持多种处理器架构，按照操作系统的分类，属于分时操作系统，最早由 Ken Thompson、Dennis Ritchie 和 Douglas Mcllroy 于 1969 年在 AT&T 的贝尔实验室开发。UNIX 系统易读、易修改、易移植，安全性较好。

4. Linux 操作系统

Linux 操作系统是一种基于个人计算机平台的开放式操作系统，是基于 POSIX 和 UNIX 的多用户、多任务、支持多线程和多 CPU 的操作系统。它能运行主要的 UNIX 工具软件、应用程序和网络协议，它支持 32 位和 64 位硬件。Linux 继承了 UNIX 以网络为核心的设计思想，是一个性能稳定的多用户网络操作系统。

5. Mac OS

Mac OS 是一套运行于苹果(Apple)公司的 Macintosh 系列计算机上的操作系统。Mac OS 是首个在商用领域成功运用的图形用户界面操作系统。Mac OS 具有全屏模式、任务控制、快速启动面板和应用商店四大特点。

4.6　软件工程

4.6.1　软件工程概述

软件工程既是工程，又是一门学科，软件工程学科的内容丰富，定义也是多种多样。最早的定义是弗里斯·鲍尔在 NATO 学术会议上给出的，他指出软件工程是建立并使用完善的工程化原则，以较经济的手段获得能在实际机器上有效运行的可靠软件的一系列方法。

IEEE 将软件工程定义为：将系统化的、严格约束的、可量化的方法应用于软件的开发、运行和维护，即将工程化应用于软件；其次是与上述有关方法的研究。

美国国家工程院院士、著名的软件工程专家巴利·玻姆认为软件工程是现代科学技术知识在设计和构造计算机程序中的实际应用，其中包括管理在开发、运行和维护这些程序的过程中所必需的相关文档资料。

在《计算机科学技术百科全书》中将软件工程定义为：应用计算机科学、数学、逻辑学及管理科学等原理，开发软件的工程。软件工程借鉴传统工程的原则、方法，以提高质量、降低成本和改进算法。其中，计算机科学、数学用于构建模型与算法，工程科学用于制定规范、设计范型、评估成本及确定权衡，管理科学用于对计划、资源、质量、成本等管理。

从以上软件工程的定义可以看出，软件工程包含的内容很丰富，它涉及软件开发、管理、维护、质量保证等各个方面，它既有一般工程的特点，也有其特殊性，它不但和软件相关，也和其他学科相关，因此可以说软件工程是一门多学科交叉的学科。

4.6.2　软件开发模型

软件开发模型也称为软件生存期模型，是软件开发过程的一个宏观框架，该框架反映了软件生命周期的主要活动以及它们之间的联系，从宏观上描述软件的开发进程，讨论如何安排软件生命周期中的各项工作和任务，如何组织软件生命周期中的各种活动，以及各个阶段如何衔接。

1. PDCA 管理循环

1950 年，休哈特博士提出了 PDCA 管理循环，而后戴明将 PDCA 发扬光大，并且运用到质量领域。PDCA 管理循环作为全面质量管理体系运转的基础方法，是质量计划的制定和组织实现的过程，其模型示意图如图 4-15 所示。软件工程中的 PDCA 分别表示如下。

- plan：软件需求，规定软件的功能及运行时的机制。
- do：软件开发，开发出满足规格说明的软件。
- check：软件测试，确认开发的功能满足用户的需求。

● action：软件交付/维护，在运行过程中不断改进以满足客户的需求。

在软件工程后续所发展出来的快速原型、螺旋模型、极限编程等，都是基于 PDCA 模型进行改造和优化。

图 4-15　PDCA 管理循环示意图

2. 瀑布开发模型

瀑布模型将软件生命周期划分为项目计划、需求分析、软件设计、软件编码、软件测试和软件维护 6 个基本活动。这 6 个软件活动自上而下，相互衔接，就像瀑布一样，逐级下沉，如图 4-16 所示。这种模型在每个阶段都有明确的工作目标和任务。

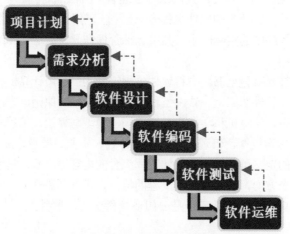

图 4-16　瀑布开发模型示意图

瀑布模型是其他模型的基础，是规范的开发模型，它支持结构化开发，为软件开发和维护提供了较为有效的管理模式，它对控制软件开发复杂度、制定开发计划、进行成本预算、组织阶段评审和文档控制等各项软件工程活动都较为有效，对保证软件质量具有较好的作用，但它的突出缺点是缺乏灵活性，无法应对软件需求不明确、不准确的问题，特别是，由于各阶段工作次序固定，使前期操作中造成的差错越到后期影响越大，带来的损失也越大，而要想纠正它们所花费的代价也越高，而这又是不可避免的。

3. 快速原型模型

快速原型模型一开始就需要建造一个可以运行的软件原型，原型是软件的快捷呈现。软件开发人员通过构建一个快速原型，实现客户与系统的交互；客户对原型进行评价并进一步细化软件需求，通过原型与软件开发人员达成共识；开发人员逐步调整原型使其满足客户的要求，最终确定客户需求并开发客户满意的软件产品，其示意图如图 4-17 所示。

图 4-17　快速原型模型示意图

快速原型模型能够克服瀑布模型的缺点，让客户与开发人员在需求上达成一致，减少由于需求不明确所带来的开发风险，大大提升软件的交付成功率。

4. 螺旋开发模型

螺旋模型兼顾了快速原型的特征和瀑布模型的系统化与严格监控，加入了两种模型均忽略的风险分析，弥补了这两种模型的不足。螺旋模型强调风险分析，使软件在无法排除重大风险时有机会停止。因此特别适用于庞大、复杂并且具有高风险的系统。与瀑布模型相比，螺旋模型支持用户需求的动态变化，为用户参与软件开发的所有关键决策提供了方便，有助于提高软件的适应能力，并且为项目管理人员及时调整管理决策提供了便利，从而降低了软件开发的风险。

螺旋开发模型采用了一种周期性的方法来进行软件开发，每一个周期内使用瀑布开发模型。螺旋开发模型中的每个周期内都包含了目标计划、风险分析、工程实施、客户评估，如图 4-18 所示。

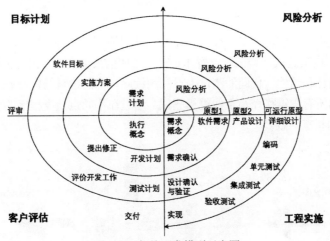

图 4-18　螺旋开发模型示意图

5. 敏捷开发模型

敏捷不是开发的具体方法，它是一套能够指导企业进行高效开发的价值观与原则。敏捷开发强调在软件研发过程中持续地根据用户反馈的需求，并依据需求优先级的高低来发布新版本，不断进行迭代，让产品逐渐完善，其与传统开发模型的对比如图 4-19 所示。它强调开发者和用户之间的持续沟通与合作，以用户的需求进化为核心，采用迭代、循序渐进的方法进行软件开发。

传统开发模型：增量

敏捷开发模型：迭代

图 4-19　敏捷开发模型与传统开发模型对比

4.6.3　软件工程测试

测试是软件工程中非常重要的一个阶段，是保证软件质量和可靠性的重要手段。根据软件的重要性不同，软件测试所占的工作量也有所不同。通常，软件测试工作量约占整个软件开发工作量的 40%，重要软件的测试工作量可占整个软件开发工作量的 80% 以上。

软件测试大致可分为人工测试和基于计算机的测试，基于计算机的测试主要有白盒测试和黑盒测试。

1. 白盒测试

白盒测试是根据软件的内部工作过程，设计测试用例，检查每种操作是否符合要求，其过程如图 4-20 所示。白盒测试把测试对象看作是一个透明的玻璃盒子，在这种测试方法中，测试人员知道代码的设计和结构。代码的测试人员利用程序内部的逻辑结构及条件，设计并选择测试用例，对程序的所有逻辑路径及条件进行测试。通过在不同点检查程序的状态，确定实际的状态是否与预期的状态一致。

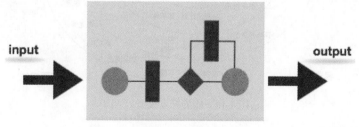

图 4-20　白盒测试

2. 黑盒测试

黑盒测试是根据软件的功能说明，设计测试用例，检查每个已经实现的功能是否符合要求，其过程如图 4-21 所示。黑盒测试把待测试对象看作是一个黑盒子，在这种测试方法中，测试人员不知道代码的设计和结构,在完全不考虑程序内部的逻辑结构和内部特性的情况下进行测试。因此,黑盒测试是在软件的接口上进行测试,如检查输入数据能否被正确地接收并产生正确的结果。

图 4-21　黑盒测试

3. 人工测试

人工测试一般是不使用计算机进行的测试,主要方法有桌面检查、代码会审和走查。经验表明,人工测试方法能有效地发现 30%～70%的逻辑设计和编码错误。

(1) 桌面检查是指程序员对源代码进行仔细检查,并记录错误、不足之处等,主要包括:变量的交叉引用表检查,标号的交叉引用表检查,子程序、宏、函数的检查,等价变量的类型的一致性检查,常量检查,标准检查,程序设计风格检查,程序员所设计的控制流图与实际程序生成的控制流图的检查,实际控制流中路径的选择和激活,实际代码与程序的规格说明的比较。

(2) 代码会审是指测试人员在会审前仔细阅读软件的有关资料,根据错误类型清单(基于以往的经验、对源程序的估计等,并可在测试中进行补充)填写检测表。会审时,由程序设计人员讲解程序的设计方法,由程序开发人员讲解程序代码的开发过程和内容,测试人员需要逐个审查、提问、讨论可能出现的问题。代码会审包括对程序的功能、结构、逻辑和风格的审定。

(3) 走查是指测试人员先阅读相应的文档和源代码,然后将测试数据输入被测试程序,并跟踪监视程序的执行情况,沿着程序的逻辑运行,以便发现程序的错误。走查的具体测试内容包括模块特性、模块接口、模块的对外输入或输出、局部数据结构、数据计算错误、控制流错误、处理出错和边界测试等。

4.6.4　软件项目管理

软件被认为是一种无形的产品。软件开发是世界商业中的一种全新流程,在构建软件产品方面的经验很少。大多数软件产品都是根据客户的要求量身定制的。最重要的是底层技术的变化和进步如此频繁和迅速,以至于一种产品的经验可能无法应用于另一种产品。所有这些业务和环境限制都会给软件开发带来风险,因此有效管理软件项目至关重要。

1. 管理活动

软件项目管理包括了一系列活动,其中有项目的规划、软件产品范围的决定、各个方面的成本估算、任务和事件的调度和资源管理。

1) 项目规划

软件项目规划的任务,是在生产软件的真正开始之前进行。它是为软件生产而存在的,但不涉及与软件生产有任何方面联系的具体活动;相反,它是一组多个流程,便于软件生产。

2) 范围管理

它定义项目的范围,包括为了制作可交付的软件产品而需要完成的所有活动和过程。范围管理是必不可少的,因为它通过明确定义在项目中可以做什么做,不可以做什么来创建项目的界限。这使得项目包含有限的且可量化的任务,它可以很容易地进行记录,进而避免了成本和时间超支。

3) 项目估算

对于各项措施的有效管理,准确的估算是必需的。有了正确的估算,经理可以更有效地管理和控制项目。项目估算可能涉及软件规模、工作量、时间、成本等内容。

2. 资源管理

用于开发软件产品的所有元素都可以被假定为该项目的资源。这可能包括人力资源、生产工具和软件库。资源数量有限,并作为资产池留在组织中。资源短缺阻碍了项目的发展,可能会滞后于进度。分配额外的资源最终会增加开发成本。因此,有必要为项目估算和分配足够的资源。资源管理包括以下几方面。

- 通过创建项目团队并将职责分配给每个团队成员来定义适当的组织项目。
- 确定特定阶段所需的资源及其可用性。
- 通过在需要时生成资源请求并在不再需要时取消分配来管理资源。

3. 风险管理

风险管理涉及与识别、分析和准备项目中可预测和不可预测风险有关的所有活动。风险可能包括以下内容。

- 经验丰富的工作人员离开该项目,新员工加入。
- 组织管理的变化。
- 需求变更或误解需求。
- 低估了所需的时间和资源。
- 技术变化、环境变化、商业竞争。

记下项目中可能发生的所有可能的风险。根据对项目可能产生的影响,将已知风险分为高、中和低风险强度。分析各阶段风险发生的概率。制定计划以避免或面临风险。尽量减少它们的副作用。密切监测潜在风险及其早期症状。还要监控为减轻或避免它们而采取的措施的影响。

4. 项目管理工具

即使项目是根据既定方法开发的,风险和不确定性也随着项目规模的增加而成倍增加。因此需要一些可用的工具帮助开发人员进行有效的项目管理。

1) 甘特图

甘特图是能够帮助开发人员提高工作效率和时间管理能力的一种图表,能够可视化地将规定时间内需要完成的任务以直观图的形式表示出来,如图 4-22 所示。

甘特图会告诉开发人员每天:

- 需要完成哪些任务。
- 任务完成的顺序。
- 完成每个任务要花费的时间。

- 项目期间任务的进展情况。

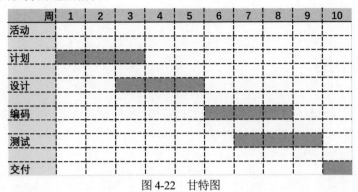

周	1	2	3	4	5	6	7	8	9	10
活动										
计划										
设计										
编码										
测试										
交付										

图 4-22 甘特图

2) PERT 图

PERT 图描绘项目包含的各种活动的先后次序，标明每项活动的时间或相关的成本，能清晰地描述子任务之间的依赖关系。

构造 PERT 图，需要明确四个概念：事件、活动、松弛时间和关键路线。

- 事件(events)表示主要活动结束的那一点。
- 活动(activities)表示从一个事件到另一个事件之间的过程。
- 松弛时间(slack time)表示不影响完工前提下可能被推迟完成的最大时间。
- 关键路线(critical path)是 PERT 网络中花费时间最长的事件和活动的序列。

PERT 图每个节点示意如图 4-23 所示，完成某项任务的 PERT 图如图 4-24 所示。

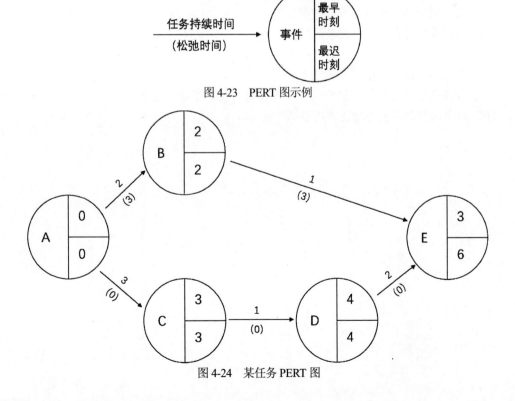

图 4-23 PERT 图示例

图 4-24 某任务 PERT 图

由图 4-24 可知，该任务关键路径为：ACDE，其时间长度为 6(3＋1＋2)。任务 AB 的松弛时间为 3(6－1－2)，任务 BE 的松弛时间为 3(6－1－2)。

4.7　本章小结

本章介绍了计算机软件的概念、算法与数据结构、程序设计语言、数据库系统、操作系统、软件工程等与计算机软件系统相关的内容。

4.8　习题

(1) 简述软件的分类。

(2) 什么是程序？程序和算法的区别是什么？

(3) 算法有哪些特性？

(4) 请描述常用的流程图符号。

(5) 计算机程序设计语言的发展经历了哪几个阶段？

(6) 程序设计过程包括哪些步骤？

(7) 数据库管理系统和数据库系统有何区别？

(8) 常见的数据库模型包括哪些？

(9) SQL 语言包括哪几类语句？

(10) 关系间的联系可分为哪几种类型？

(11) 操作系统的发展分为哪些阶段？

(12) 计算机操作系统通常设有哪些管理功能？

(13) 瀑布开发模型包括哪些活动？

(14) 为什么要进行软件测试？基于计算机的测试主要有哪些方法？

(15) 软件项目管理的主要工具有哪些？

第5章

计算机系统的应用

本章重点介绍以下内容：
- 计算机网络；
- 多媒体技术；
- 计算机信息安全与职业道德。

5.1 计算机网络

5.1.1 计算机网络概述

21世纪的今天已完全进入计算机网络时代。计算机网络极大普及，计算机应用已进入更高层次，计算机网络成了计算机行业的一部分。计算机网络尤其是 Internet 技术必将改变人们的生活、学习、工作乃至思维方式，并对科学、技术、政治、经济乃至整个社会产生巨大的影响，每个国家的经济建设、社会发展、国家安全乃至政府的高效运转都将依赖于计算机网络。

计算机网络的定义：计算机网络是计算机技术与通信技术发展相结合的产物，并在用户需求的促进下得到进一步的发展。通信技术为计算机之间的数据传输和交换提供了必需的手段，而计算机技术又渗透到了通信领域，提高了通信网络的性能。在计算机网络发展的不同阶段，人们对计算机网络的理解和侧重点不同，也提出了不同的定义。从目前计算机网络现状来看，主要从资源共享观点定义了计算机网络：用通信路线和通信设备将分布在不同地点的具有独立功能的多个计算机系统互相连接起来，在功能完善的网络软件的支持下实现彼此之间的数据通信和资源共享的系统。

(1) 通信路线和通信设备：可以用多种传输介质和多种通信设备实现计算机的互联，如双绞线、同轴电缆、光纤、微波、无线电、集线器、交换机、路由器等。

(2) 独立功能的计算机系统：网络中各计算机系统具有独立的数据处理功能，它们既可以连入网内工作，也可以脱离网络独立工作。从分布的地理位置来看，它们既可以相距很近，也可以相隔千里。

(3) 数据通信：网络中各计算机按照共同遵守的通信规则，对文本、图形、声音、图像等多媒体信息进行相互交换。

(4) 资源共享：网络中各计算机按照共同遵守的通信规则，对计算机的硬件、软件和信息进行共享传递。

5.1.2 计算机网络的发展

计算机网络的形成和发展大致可以分为 4 个阶段。

1. 远程终端联机阶段

远程终端计算机系统是在分时计算机系统基础上，通过 Modem(调制解调器)和 PSTN(公用交换电话网络，public switched telephone network)把计算机资源向分布在不同地理位置上的许多远程终端用户提供共享资源服务的。这虽然还不能算是真正的计算机网络系统，但它是计算机与通信系统结合的最初尝试。远程终端用户似乎已经注意到使用"计算机网络"了，如图 5-1 所示。

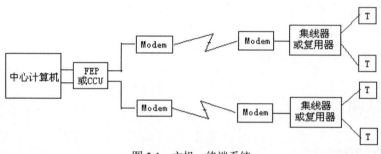

图 5-1　主机—终端系统

2. 计算机网络阶段

在远程终端计算机系统基础上，人们开始研究把计算机与计算机通过 PSTN 等已有的通信系统互联起来。为了使计算机之间的通信连接可靠，建立了分层通信体系和相应的网络通信协议，于是诞生了以资源共享为主要目的的计算机网络。由于在网络中计算机之间具有数据交换的能力，提供了在更大范围内计算机之间协同工作、实现分布处理甚至并行处理的能力，联网用户之间直接通过计算机网络进行信息交换的通信能力也大大增强，如图 5-2 所示。

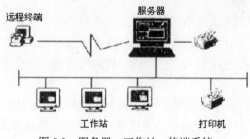

图 5-2　服务器—工作站—终端系统

3. 计算机网络互联阶段

以 ARPANET 为主干发展起来的国际互联网，它的覆盖范围已遍及全世界，全球各种各样的计算机和网络都可以通过网络互联设备联入国际互联网，实现全球范围内的计算机之间的通信和资源共享。

4. 信息高速公路阶段

20 世纪 90 年代,计算机技术、通信技术以及建立在计算机和通信技术基础上的计算机网络技术得到了迅猛的发展。特别是 1993 年美国宣布建立国家信息基础设施(NII)后,全世界许多国家纷纷制定和建立本国的 NII,从而极大地推动了计算机网络技术的发展,使计算机网络进入一个崭新的阶段。全球以美国为核心的高速计算机互联网络 Internet 很快形成,Internet 已经成为人类最重要的、最大的知识宝库。而美国政府又分别于 1996 年和 1997 年开始研究发展更加快速可靠的互联网 2(Internet 2)和下一代互联网。可以说,高速计算机网络正成为最新一代计算机网络的发展方向。

5.1.3 计算机网络的组成

计算机网络从逻辑上看可分为通信子网与资源子网两大部分,如图 5-3 所示。

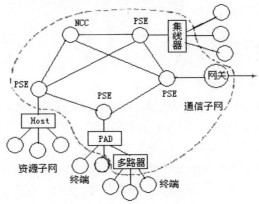

图 5-3 通信子网与资源子网

1. 通信子网

为资源子网提供信息传送服务,是支持资源子网上用户之间相互通信的基本环境。它的组成如下。

- 分组交换器(PSE)
- 集线器或多路转换器
- 分组组装/拆卸设备 PAD
- 网络控制中心(NCC)
- 网关

2. 资源子网

资源子网实现全网的面向应用的数据处理和网络资源共享。它由各种硬件(主机与外设)和软件(网络操作系统与网络数据库)组成。

- 主机
- 终端设备
- 网络操作系统
- 网络数据库

5.1.4　计算机网络的功能

(1) 数据通信：计算机网络主要提供传真、电子邮件、电子数据交换(EDI)、电子公告牌(BBS)、远程登录和浏览等数据通信服务。

(2) 资源共享：凡是入网用户均能享受网络中各个计算机系统的全部或部分软件、硬件和数据资源。

(3) 提高计算机的可靠性和可用性：网络中的每台计算机都可通过网络相互成为后备机。一旦某台计算机出现故障，它的任务就可由其他的计算机代为完成，这样可以避免在单击情况下，一台计算机发生故障引起整个系统瘫痪的现象，从而提高系统的可靠性。而当网络中的某台计算机负担过重时，网络又可以将新的任务交给较空闲的计算机完成，均衡负载，从而提高了每台计算机的可用性。

(4) 分布式处理：通过算法将大型的综合性问题交给不同的计算机同时进行处理。用户可以根据需要合理选择网络资源，就近快速地进行处理。

5.1.5　计算机网络的分类

1. 根据网络的覆盖范围和规模划分

计算机网络按照覆盖的地域范围和规模可以分为三类：局域网、城域网、广域网。

(1) 局域网(local area network，LAN)：计算机网络为某一个单位拥有和管理，为这个单位的应用服务，通常分布范围较小。

(2) 城域网(metropolitan area network，MAN)：在一个较大的地理范围内分布(如几十千米)的计算机网络，通常为一个系统所拥有(如交通管理局、银行、城市的教育网等)。

(3) 广域网(wide area network，WAN)："广域"自然范围较大，地理分布范围在几百至几千千米。广域网可以是计算机对计算机的连接网络，也可以是计算机网络和计算机网络的互联网络。多数情况下是网际网。

2. 根据网络通信信道的数据传输速率划分

根据通信信道的数据传输速率高低不同，计算机网络可分为低速网络、中速网络和高速网络。有时也可直接按照数据传输速率的具体大小来划分，例如 10Mbps 网络、100Mbps 网络、1000Mbps 网络、10000Mbps 网络。

3. 根据网络传输技术划分

计算机网络根据网络传输技术不同，可以分为广播式网络和点到点网络。

(1) 广播式网络：当一个站点发出信息以后，所有其他的站点都可以收到该信息，广播式网络中所有上网计算机都连到一个公共的通信信道上(如总线状网络)。

(2) 点到点网络：点到点网络是利用线路把两个站点连接起来，信息只能由发出信息的计算机(信源)发往接收信息的计算机(信宿)，其他站点接收不到这些信息。

5.1.6　计算机网络的体系结构

为了促进互联网的发展，国际标准化组织制定了 OSI 和 TCP/IP 网络体系结构。

1. OSI 参考模型

OSI(open system interconnect，开放式的系统互联)，一般都叫 OSI 参考模型，是国际化标准组织在 1985 年发布的，最著名的标准是 ISO/IEC7498，又称为 X.200 协议。ISO 为了使网络应用更为普及，推出了 OSI 参考模型，其含义就是推荐所有的公司使用这个规范来控制网络。该体系结构标准定义了网络互连的七层框架，即 ISO 开放系统互连参考模型，用以实现开放系统环境中的互连性、互操作性和应用的可移植性。OSI 将整个通信功能划分为 7 个层次：物理层、数据链路层、网络层、传输层、会话层、表示层、应用层。如图 5-4 所示为 OSI 参考模型。

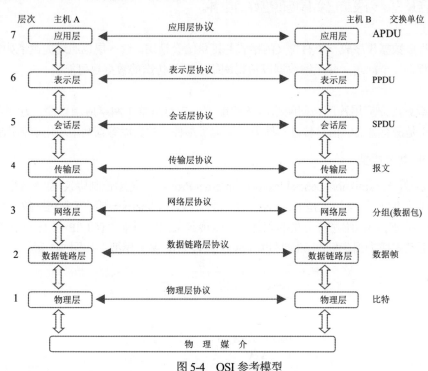

图 5-4　OSI 参考模型

1) 物理层

物理层是 OSI 参考模型的最底层，向下直接与物理传输介质连接。物理层的主要功能是利用物理传输介质为数据链路层提供物理连接，以便透明地传输比特流。

2) 数据链路层

数据链路层将数据进行分帧，并处理流控制。数据链路层在物理层提供的比特流服务基础上，建立相邻节点之间的数据链路，传送按一定规格组织起来的数据帧。本层为网络层提供可靠的信息传送机制，以实现应答、差错控制、数据流控制和发送顺序控制，确保接收数据的顺序与原发送顺序相同等功能。

3) 网络层

定义网络操作系统通信用的协议，为信息确定地址，把逻辑地址和名字翻译成物理的地址。它也确定从源机沿着网络到目标机的路由选择，并处理交通问题，例如交换、路由和对数据包阻塞的控制。路由器的功能在这一层。路由器可以将子网连接在一起，它依赖于网络层将子网之间的流量进行路由。

4) 传输层

该层负责错误的确认和恢复，以确保信息的可靠传递。在必要时，它也对信息重新打包，把过长信息分成小包发送；而在接收端，把这些小包重构成初始的信息。在这一层中最常用的协议就是 TCP/IP&127 的传输控制协议 TCP、Novell 的顺序包交换 SPX 以及 Microsoft NetBIOS/NetBEUI。

5) 会话层

该层向会话的应用进程之间提供会话组织和同步服务，对数据的传送提供控制和管理，以达到协调会话过程、为表示层实体提供更好的服务。

6) 表示层

将应用程序数据排序成一个有含义的格式并提供给会话层。这一层也通过提供诸如数据加密的服务来负责安全问题，并压缩数据以使得网络上需要传送的数据尽可能少。

7) 应用层

该层是最终用户应用程序访问网络服务的地方。它负责整个网络应用程序一起很好地工作。这里也正是最有含义的信息传过的地方，如电子邮件、数据库等都利用应用层传送信息。

2. TCP/IP 参考模型

TCP/IP 协议(Transmission Control Protocol/Internet Protocol，传输控制协议/因特网互联协议)又称为网络通信协议。这个协议是 Internet 最基本的协议，是 Internet 国际互联网络的基础。OSI 参考模型虽然提出了将网络进行分层的思想，但实现起来比较困难，TCP/IP 在 1974/1975 年经过两次修订后正式成为国际标准，同时也就诞生了 TCP/IP 参考模型，如图 5-5 所示。

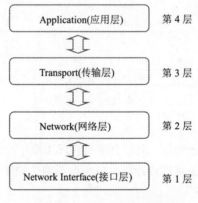

Application(应用层)	第 4 层
Transport(传输层)	第 3 层
Network(网络层)	第 2 层
Network Interface(接口层)	第 1 层

图 5-5　TCP/IP 参考模型

1) 接口层

接口层又称为主机—网络层，负责对硬件的沟通。接收 IP 数据报并进行传输，从网络上接收物理帧，抽取 IP 数据报转交给下一层，对实际的网络媒体进行管理，定义如何使用实际网络(如 Ethernet、Serial Line 等)来传送数据。

2) 网络层

网络层又称为互连网络层，负责提供基本的数据封包传送功能，让每一块数据包都能够到达目的主机(但不检查是否被正确接收)，如网际协议(IP)。

3) 传输层

传输层又称为主机对主机层，负责传输过程中流量的控制、差错处理、数据重传等工作。如传输控制协议(TCP)、用户数据报协议(UDP)等，TCP 和 UDP 给数据包加入传输数据并把它传输到下一层中，这一层负责传送数据，并且确定数据已被送达并接收。

4) 应用层

应用层是应用程序间进行沟通的层，如简单的电子邮件传输协议(SMTP)、文件传输协议(FTP)、网络远程访问协议(Telnet)等。

除了以上的两种参考模型外，现在又提出了一种建议的参考模型，在该模型中把网络分为五层：物理层、数据链路层、网络层、传输层、应用层。

5.1.7　网络传输介质

传输介质是计算机网络最基础的通信设施，其性能好坏直接影响到网络的性能。传输介质可以分为两大类：有线传输介质(如双绞线、同轴电缆、光纤)和无线传输介质(如无线电波、微波、红外线、激光等)，有线传输介质如图 5-6 所示。

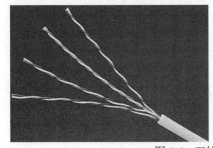

图 5-6　双绞线、同轴电缆、光纤

衡量传输介质性能的主要技术指标有：传输距离、传输宽带、衰减、抗干扰能力、价格、安装便利性等。

5.1.8　计算机网络发展现状及其未来

1. 计算机网络发展现状

尽管 IPv4 协议在其 50 年的发展历程中非常成功，但是它仍不可避免被新一代技术 IPv6 取代。IP 网络在当初设计时并没有想到今天会有如此多的 Internet 用户。Internet 之父当初也没有预想到，今天大量的网上冲浪者在咖啡厅、机场、宾馆等场合在接入 Internet 时对安全传输也有基本的要求。目前网络在发展过程中主要暴露出了以下问题：

(1) IPv4 地址长度过短。目前的互联网协议为 IPv4，其地址为 32 位编码，可提供的 IP 地址大约为 40 多亿个，而且由美国掌握绝对控制权，全球将面临严重的 IP 地址枯竭的危机。美国一个大学拥有的 IP 地址就几乎等于全中国的 IP 地址。中国的公众网因 IP 地址匮乏，被迫大量使用转换地址，严重影响了互联网本身的效益及安全。

(2) IPv4 安全性较差。在 IPv4 的发展中，很多安全防范技术被忽略了。从那时开始，Internet 应用的开发者不得不面对许多安全方面的挑战。IPsec(Internet protocol security，互联网安全协议)就是事后发展的一种协议，而 NAT(network address translation，网络地址转换)使真正的端到端的安全应用难以实现。NAT 允许一个机构专用 Intranet 中的主机透明地连接到公共域中的主机，内部主机无须拥有注册的 Internet 地址，它解决了 IP 地址短缺的问题，但是却增加了安全风险。

(3) 服务质量(QoS)难以保证。由于协议本身的原因，导致网络速度较慢、网络延时较大、网络传输质量较差等，网络服务质量难以保证。

(4) 移动接入相当不便。

2. 计算机网络的未来发展

由于网络协议本身存在的问题很多，所以计算机网络的发展方向可归结如下。

(1) IPv4 网络向 IPv6 网络过渡。

① 地址空间更大。IPv6 网络中地址长度可达 128 位，地址数量无限，几乎可以给家庭中的每一个可能的电子产品分配一个自己的 IP 地址，让数字化生活变成现实。

② 更快。IPv6 网络中数据传输速度可比现在提高 1000～10 000 倍，如图 5-7 所示。

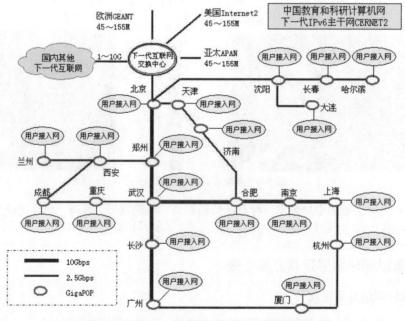

图 5-7 我国下一代教育科研网主干网网速规划图

③ 更安全。下一代互联网将在建设之初就充分考虑安全问题，可以有效控制、解决网络安全问题。

(2) 网络新技术的不断涌现。随着网络技术的进一步成熟和发展，现在出现了很多网络新技术，这些新技术带领着计算机网络朝着一个新的方向发展，比如现在的网格技术、云技术等。

5.1.9 Internet 基本服务

Internet(因特网)是全球性的、开放性的计算机互联网络。Internet 起源于美国国防部高级研究计划局(ARPA)资助研究的 ARPANET 网络。Internet 上有丰富的信息资源，我们可以通过 Internet 方便地寻求各种信息。

1. WWW 服务

WWW 也叫作 Web，是我们登录 Internet 后最常利用到的 Internet 的功能。人们连入 Internet 后，有一半以上的时间都是在与各种各样的 Web 页面打交道。在基于 Web 方式下，人们可以浏览、搜索、查询各种信息，发布自己的信息，与他人进行实时或者非实时的交流，可以游戏、娱乐、购物等，如图 5-8 所示为百度搜索网页。

图 5-8　百度搜索首页

2. 电子邮件

在 Internet 上，电子邮件(E-mail)是使用最多的网络通信工具，E-mail 已成为备受欢迎的通信方式。你可以通过 E-mail 系统同世界上任何地方的朋友交换电子邮件。不论对方在哪个地方，只要他也可以连入 Internet，那么你发送的邮件只需要几分钟的时间就可以到达对方的手中。

电子邮件地址的格式是 USER@SERVER.COM，由三部分组成。第一部分“USER”代表用户信箱的账号，对于同一个邮件接收服务器来说，这个账号必须是唯一的；第二部分“@”是分隔符；第三部分“SERVER.COM”是用户信箱的邮件接收服务器域名，用以标志其所在的位置。

3. 远程登录

远程登录(Telnet)就是通过 Internet 进入和使用远距离的计算机系统，就像使用本地计算机一样。远端的计算机可以在同一间屋子里，也可以远在数千千米之外，使用的工具是 Telnet。它在接到远程登录的请求后，就试图把你所在的计算机同远端计算机连接起来。一旦连通，你的计算机就成为远端计算机的终端，你可以正式注册(login)进入系统成为合法用户，执行操作命令，提交作业，使用系统资源。在完成操作任务后，通过注销(log-out)退出远端计算机系统，同时也退出 Telnet。

4. 文件传输

文件传输协议(FTP)是 Internet 上最早使用的文件传输程序。它同 Telnet 一样，使用户能登录到 Internet 的远程计算机，把其中的文件传送回自己的计算机系统，或者反过来，把本地计算机上的文件传送并装载到远方的计算机系统。在使用 FTP 的过程中，必须首先登录，在远程主机上获得相应的权限以后，方可上传或下载文件。也就是说，要想向某台计算机传送文件，就必须具有该台计算机的适当授权。换言之，除非有用户 ID 和口令，否则便无法传送文件。这种情况违背了 Internet 的开放性，Internet 上的 FTP 主机不止千万，不可能要求每个用户在每一台主机上都拥有账号。因此就衍生出了匿名 FTP。

5.1.10 Internet 常用术语

1. 浏览器

浏览器是指可以显示网页服务器或者文件系统的 HTML 文件内容，并让用户与这些文件交互的一种软件。网页浏览器主要通过 HTTP 协议与网页服务器交互并获取网页，这些网页由 URL 指定，文件格式通常为 HTML，并由 MIME 在 HTTP 协议中指明。一个网页中可以包括多个文档，每个文档都是分别从服务器获取的。大部分的浏览器本身支持除了 HTML 之外的广泛的格式，例如 JPEG、PNG、GIF 等图像格式，并且能够扩展支持众多的插件。另外，许多浏览器还支持其他的 URL 类型及其相应的协议，如 FTP、Gopher、HTTPS(HTTP 协议的加密版本)。常见的网页浏览器包括微软的 Internet Explorer、Mozilla 的 Firefox、Apple 的 Safari，还有 Opera、Google Chrome、GreenBrowser 浏览器、360 安全浏览器、搜狗高速浏览器、腾讯 TT、遨游浏览器、百度浏览器、腾讯 QQ 浏览器等，浏览器是最经常使用到的客户端程序。

2. 主页

主页是一个文档，当一个网站服务器收到一台计算机上网络浏览器的消息连接请求时，便会向这台电脑发送这个文档。当在浏览器的地址栏输入域名，而未指向特定目录或文件时，通常浏览器会打开网站的首页。网站首页往往会被编辑得易于了解该网站提供的信息，并引导互联网用户浏览网站其他部分的内容，这部分内容一般被认为是一个目录性质的内容。

3. HTTP 协议

超文本传输协议(HTTP，hypertext transfer protocol)是一种详细规定了浏览器和万维网服务器之间互相通信的规则，通过互联网传送万维网文档的数据传送协议。使用 HTTP 定义的请求和响应报文，客户机发送"请求"到服务器，服务器则返回"响应"。

4. HTML

超级文本标记语言(HTML)是标准通用标记语言下的一个应用，也是一种规范、一种标准，它通过标记符号来标记要显示的网页中的各个部分。网页文件本身是一种文本文件，通过在文本文件中添加标记符，可以告诉浏览器如何显示其中的内容(如：文字如何处理，画面如何安排，图片如何显示等)。浏览器按顺序阅读网页文件，然后根据标记符解释和显示其标记的内容，对书写出错的标记将不指出其错误，且不停止其解释执行过程，编制者只能通过显示效果来分析出错原因和出错部位。但需要注意的是，对于不同的浏览器，对同一标记符可能会有不完全相同的解释，因而可能会有不同的显示效果。

5. 统一资源定位器

统一资源定位器又称统一资源定位符(uniform resource locator，URL)。对于 Intranet 服务器或万维网服务器上的目标文件，可以使用统一资源定位符(URL)地址(该地址以"http://"开始)。

Web 服务器使用"超文本传输协议(HTTP)"，是"幕后的"Internet 信息传输协议。URL 的组成为：

<协议类型>://<域名或 IP 地址>/路径及文件名

其中"协议类型"可以是 http、ftp、telnet 等，"域名或 IP 地址"指明要访问的服务器，"路径及文件名"指明要访问的页面名称。

5.1.11　IP 地址

Internet 以 TCP/IP 作为标准通信协议，只要计算机系统支持 TCP/IP，它就可以连入 Internet，同时由 IP 子协议为连入 Internet 的计算机分配一个 IP 地址作为唯一标识。

1. IP 地址结构

因特网目前使用的 IP 协议版本为 IPv4，目前采用了分层结构的方式来表示整个 IP 地址空间，IP 地址的长度为四字节(32 位)，整个地址分为两部分，即网络号(Network ID)和主机号(Host ID)，如图 5-9 所示。

图 5-9　IP 地址结构图

对于 IP 地址的表示方法，目前采用的是点分十进制表示方法，即将 32 位的 IP 地址中的每 8 位二进制数用 1 个等效的十进制数表示，并且每个十进制数之间加上一个点。

例：10000001　　00001011　00000011　00011111
　　　　129　　　　　11　　　　3　　　　　31
IP = 129. 11. 3. 31。

2. 分类 IP 地址

整个 IPv4 地址空间被分为 A、B、C、D、E 五类，其中 A、B、C 三类为常用类型，D 类为组播地址，E 类为保留地址，如图 5-10 所示。

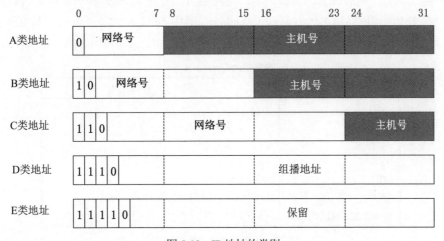

图 5-10　IP 地址的类别

A 类地址用前 1 字节标识网络地址，后 3 字节标识主机地址，每个网络最多可容纳($2^{24}-2$)台主机，从高位起，前 1 位为 0，第 1 字节用十进制表示的取值范围为 0～127，具有 A 类地址特征的网络总数为 126 个。

B 类地址用前 2 字节标识网络地址，后 2 字节标识主机地址，每个网络最多可容纳($2^{16}-2$)台主机，从高位起，前 2 位为 10，第 1 字节用十进制表示的取值范围为 128～191，具有 B 类地址特征的网络总数为 2^{14} 个。

C 类地址用前 3 字节标识网络地址，后 1 字节标识主机地址，每个网络最多可容纳 254 台主机，从高位起，前 3 位为 110，第 1 字节用十进制表示的取值范围为 192～223，具有 C 类地址特征的网络总数为 2^{21} 个。

3. 子网和子网掩码

为了更充分利用 IP 地址空间，方便管理，TCP/IP 协议采用了子网技术。子网技术把主机地址空间划分为子网和主机两部分，使得网络被划分为更小的网络——子网，这样一来，IP 地址结构则由网络地址、子网地址和主机地址三部分构成，如图 5-11 所示。

网络号	子网号	主机号

图 5-11　采用子网的 IP 地址结构

为了能够确定哪几位用来表示子网，IP 协议引入了子网掩码的概念。子网掩码是一个与 IP 地址对应的 32 位数字，由若干个 1 和若干个 0 构成。对于 A 类地址，对应的子网掩码默认值为 255.0.0.0，B 类地址对应的子网掩码默认值为 255.255.0.0，C 类地址对应的子网掩码默认值为 255.255.255.0。

5.1.12　域名

采用点分十进制表示的 IP 地址不便于记忆，也不能反映出主机的相关信息，于是 Internet 中采用了层次结构的域名系统(domain name system，DNS)来协助管理 IP 地址。主机域名的一般格式为：

……四级域名. 三级域名. 二级域名. 顶级域名

如成都文理学院网站域名为 www.cdcas.edu.cn，其中 cn 代表中国，edu 代表教育机构，cdcas 代表成都文理学院，www 代表提供信息查询服务的主机。图 5-12 为顶级域名组织模式分配图。

最高层的 Domain Name

DOMAIN NAME	说　　　　明
COM	商业机构
EDU	教育、学术研究单位
GOV	官方政府单位
NET	网络服务机构
MIL	国防军事单位
ORG	组织机构等非营利团体
其他国家 / 地区代码	代表其他国家/地区的代码，如 CN 代表中国

图 5-12　Internet 顶级域名组织模式分配图

5.2　多媒体技术

5.2.1　多媒体概念

多媒体技术把文字、声音、图形、图像、动画等多种媒体有机地组合在一起，从而极大地丰富和改变了信息的表现形式。与传统媒体相比，多媒体具有信息载体的多样性、集成性、交互性、控制性、非线性和实时性等特点。

(1) 信息载体的多样性，是指信息媒体的多样化和多维化。利用数字化方式，计算机能够综合处理文字、声音、图形、图像、动画和视频等多种信息，从而为用户提供一种集多种表现形式于一体的全新的用户界面，便于用户更全面、更准确地接受信息。

(2) 信息的集成性，是指将多种媒体信息有机地组织在一起，共同表达一个完整的概念。如果只是将各种信息存储在计算机中而没有建立各种媒体之间的联系，例如只能显示图形或只能播出声音，则不能算是媒体的集成。

(3) 多媒体的交互性，是指用户可以利用计算机对多媒体的呈现过程进行干预，从而更个性化地获得信息。

(4) 控制性，多媒体技术是以计算机为中心，综合处理和控制多媒体信息，并按人的要求以多种媒体形式表现出来，同时作用于人的多种感官。

(5) 非线性，多媒体技术的非线性特点将改变人们传统循序性的读写模式。以往人们读写方式大都采用章、节、页的框架，循序渐进地获取知识，而多媒体技术将借助超文本链接的方法，把内容以一种更灵活、更具变化的方式呈现给读者。

(6) 实时性，当用户给出操作命令时，相应的多媒体信息都能够得到实时控制。

5.2.2　多媒体信息类型

目前常用的多媒体信息元素包括文本、音频、图形、图像、动画和视频等。

1. 文本

文本是文字、字符及其控制格式的集合。通过对文本显示方式(包括字体、大小、格式、色彩等)的控制，多媒体系统可以使被显示的信息更容易理解。

2. 图形

常见的图形包括工程图纸、美术字体等，它们的共同特点是：均由点、线、圆、矩形等几何形状构成。由于这些形状可以比较方便地用数学方法表示(例如，直线可以用起始点坐标表示，圆可以用圆点坐标和半径表示)，因此，在计算机中通常用一组指令来描述这些图形的构成，称为矢量图形。由于矢量图形是以数学方法描述的，因此在还原显示时可以方便地进行旋转、缩放和扭曲等操作，并使得图形不会失真。同时，由于去掉了一些不相关信息，因此，矢量图形的数据量大大缩小。

3. 图像

图像与图形的区别在于，组成图像的不是具有规律的各种线条，而是具有不同颜色或灰度的点。照片就是图像的一种典型例子。分辨率是影响图像质量的重要指标之一。图像的分辨率是用水平方向和垂直方向上的像素数量来表示的。图像的分辨率越高，则组成图像的像素越多，图像的质量也越高。

4. 视频

视频的实质就是一系列连续图像。当静态图像以每秒 15～30 帧的速度连续播放时，由于人眼的视觉暂留现象，就会感觉不到图像画面之间的间隔，从而产生画面连续运动的感觉。

5. 动画

动画的实质也是一系列连续图像。动画与视频的区别在于，动画的图像是由人工绘制出来的。

6. 音频

音频是指音乐、语音及其他声音信息。为了在计算机中表示声音信息，必须把声波的模拟信息转换成为数字信息。其一般过程为：首先在固定的时间间隔内对声音的模拟信号进行采样，然后将采样到的信号转换为二进制数表示，再按一定的顺序组织成声音文件。当播放时，再将存储的声音文件转换为声波播出。当然，用于表示声音的二进制位数越多，则量化越准确，恢复的声音越逼真，所占用的存储空间也越大。

5.2.3 常用的多媒体文件格式及其转换

1. 多媒体文件格式

1) 常见的数字图像文件格式

一般来说，目前的图像文件格式大致可以分为两大类：一类为位图；另一类称为矢量类。前者是以点阵形式描述图像的，后者以数学方法描述的由几何元素组成的图像。我们通常是通过图形文件的特征后缀名来识别图像的文件格式。当前常见的图形文件格式有 BMP、JPEG、GIF、TIF、WMF、PSD、PNG。

2) 常见的声音文件格式

目前最为流行的多媒体声音文件格式有 WAV、MIDI、WMA、MP3 等。

3) 常见的视频文件格式

数字视频文件常见格式有 AVI、MPG、WMV、ASF、RM、MOV、DAT 等。

2. 多媒体文件格式转换

1) 图形图像格式转换

图像编辑软件(如 Windows 自带的"画图"程序、Photoshop 等)支持且能处理绝大部分格式的图像。所以，利用图像编辑软件打开一幅图像，然后单击"文件"→"另存为"菜单命令，在打开的"保存"对话框中的"保存类型"框中选择另一种格式保存即可。

2) 音频文件转换

目前，针对音频文件格式转换，有许多的工具软件均能完成格式转换的功能。如：极速火龙 CD 压缩器可以将 WAV 转换为 WMA、VQF、MP3 文件。Audio Converter 可以将 WAV、VQF、MP3 转换为 WMA、WAV 文件等。

3) 视频文件转换

目前有很多软件能实现视频文件格式转换，大家可以有选择地利用这些软件来完成视频文件格式的转换。例如：豪杰超级解霸 3000、Myflix 可以将 VCD 中的 DAT 文件剪切、转换成 MPG 文件。格式工厂(format factory)是一款多功能的多媒体格式转换软件，适用于 Windows，可以实现大多数视频、音频以及图像不同格式之间的相互转换。转换可以具有设置文件输出配置，增添数字水印等功能。只要安装了格式工厂，就无须再去安装多种转换软件。

5.2.4　多媒体关键技术

1. 数据压缩和编码技术

数据压缩和编码技术是多媒体技术的关键技术之一。在处理音频和视频信号时，如果每一幅图像都不经过任何压缩直接进行数字化编码，其容量非常巨大，现有计算机的存储空间和总线的传输速度都很难适应。

2. 数字图像技术

图像压缩一直是技术热点之一，它的潜在价值相当大，是计算机处理图像和视频以及网络传输的重要基础，目前 ISO 制订了两个压缩标准，即 JPEG 和 MPEG。JPEG 是静态图像的压缩标准，适用于连续色调彩色或灰度图像。它包括两部分：一是基于 DPCM(空间线性预测)技术的无失真编码，二是基于 DCT(离散余弦变换)和哈夫曼编码的有失真算法。前者图像压缩无失真，但是压缩比很小，目前主要应用的是后一种算法。图像有损失但压缩比很大，压缩 20 倍左右时基本看不出失真。

MPEG 是指 Motion JPEG，即按照 25 帧/秒速度使用 JPEG 算法压缩视频信号，完成动态视频的压缩。MPEG 算法是适用于动态视频的压缩算法，它除了对单幅图像进行编码以外还利用图像序列中的相关原则，将帧间的冗余去掉，这样大大提高了图像的压缩比例。通常保持较高的图像质量且压缩比高达 100 倍，MPEG 算法的缺点是压缩算法复杂，实现很困难。

3. 数字音频技术

音频技术发展较早，几年前一些技术已经成熟并产品化，甚至进入了家庭，如数字音响。音频技术主要包括四个方面：音频数字化、语音处理、语音合成及语音识别。

音频数字化目前是较为成熟的技术，多媒体声卡就是采用此技术而设计的，数字音响也采用此技术取代传统的模拟方式而达到了理想的音响效果。音频采样包括两个重要的参数，即采样频率和采样数据位数。采样频率即对声音每秒钟采样的次数，人耳听觉上限在 20kHz 左右，目前常用的采样频率为 11kHz、22kHz 和 44kHz 几种。采样频率越高音质越好，存储数据量越大。CD 唱片采样频率为 44.1kHz，达到了目前最好的听觉效果。采样数据位数即每个采样点的数据表示范围，目前常用的有 8 位、12 位和 16 位三种。不同的采样数据位数决定了不同的音质，采样位数越高，存贮数据量越大，音质也越好。CD 唱片采用了双声道 16 位采样，采样频率为 44.1kHz，因而达到了专业级水平。

音频处理范围较广，但主要方面集中在音频压缩上，目前最新的 MPEG 语音压缩算法可将声音压缩六倍。语音合成是指将正文合成为语言播放，目前国外几种主要语音的合成水平均已到实用阶段，汉语合成几年来也有突飞猛进的发展。在音频技术中难度最大最吸引人的技术当属语音识别，虽然目前只是处于实验研究阶段，但是广阔的应用前景使之一直成为研究关注的热点之一。

4. 数字视频技术

虽然视频技术发展的时间较短，但是产品应用范围已经很大，与 MPEG 压缩技术结合的产品已开始进入家庭。视频技术包括视频数字化和视频编码技术两个方面。视频数字化是将模拟视频信号经模数转换和彩色空间变换转为计算机可处理的数字信号，使得计算机可以显示和处理视频信号。目前采样格式有两种：Y:U:V4:1:1 和 Y:U:V4:2:2，前者是早期产品采用的主要格式，Y:U:V4:2:2 格式使得色度信号采样增加了一倍，视频数字化后的色彩、清晰度及稳定性有了明显的改善，是下一代产品的发展方向。

视频编码技术是将数字化的视频信号经过编码成为电视信号，从而可以录制到录像带中或在电视上播放。对于不同的应用环境有不同的技术可以采用。从低档的游戏机到电视台广播级的编码技术都已成熟。

5.2.5　多媒体计算机

1. 多媒体计算机的概念

多媒体计算机(multimedia computer)是指能够对声音、图像、视频等多媒体信息进行综合处理的计算机。多媒体计算机一般指多媒体个人计算机(MPC)。多媒体计算机一般由四个部分构成：多媒体硬件平台(包括计算机硬件、声像等多种媒体的输入输出设备和装置)、多媒体操作系统(MPCOS)、图形用户接口(GUI)和支持多媒体数据开发的应用工具软件。随着多媒体计算机应用越来越广泛，在办公自动化领域、计算机辅助工作、多媒体开发和教育宣传等领域发挥了重要作用。

2. 多媒体计算机的硬件组成

传统的微机或个人机处理的信息往往仅限于文字和数字，只能算是计算机应用的初级阶段。同时，由于人机之间的交互只能通过键盘和显示器，故交流信息的途径缺乏多样性。为了改换人机交互的接口，使计算机能够集声、文、图、像处理于一体，人类发明了有多媒体处理能力的计算机。本节重点介绍多媒体 PC 机(MPC)。所谓多媒体个人计算机(multimedia personal computer, MPC)就是具有多媒体处理功能的个人计算机，它的硬件结构与一般所用的个人机并无太大的差别，只不过是多了一些软硬件配置而已。一般用户如果要拥有 MPC，大概有两种途径：一是直接购买具有多媒体功能的 PC 机；二是在基本的 PC 机上增加多媒体套件而构成 MPC。其实，现在用户所购买的个人计算机绝大多都具有了多媒体应用功能。

一般来说，多媒体个人计算机(MPC)的基本硬件结构可以归纳为以下七部分。

(1) 至少一个功能强大、速度快的中央处理器(CPU)。

(2) 可管理、控制各种接口与设备的配置。

(3) 具有一定容量(尽可能大)的存储空间。

(4) 高分辨率显示接口与设备。

(5) 可处理音响的接口与设备。

(6) 可处理图像的接口设备。

(7) 可存放大量数据的配置等。

这样提供的配置是最基本 MPC 的硬件基础，它们构成 MPC 的主机。除此以外，MPC 能扩充的配置还可能包括如下几个方面。

① 光盘驱动器：包括可重写光盘驱动器(CD-R)、WORM 光盘驱动器和 CD-ROM 驱动器。其中 CD-ROM 驱动器为 MPC 带来了价格便宜的 650MB 存储设备，存有图形、动画、图像、声音、文本、数字音频、程序等资源的 CD-ROM 早已被广泛使用，因此现在光驱对广大用户来说已经是必须配置的了。而可重写光盘、WORM 光盘价格较贵，目前还不是非常普及。另外，DVD 出现在市场上也有些时日了，它的存储量更大，双面可达 17GB，是升级换代的理想产品。

② 音频卡：在音频卡上连接的音频输入输出设备包括话筒、音频播放设备、MIDI 合成器、耳机、扬声器等。数字音频处理的支持是多媒体计算机的重要方面，音频卡具有 A/D 和 D/A 音频信号的转换功能，可以合成音乐、混合多种声源，还可以外接 MIDI 电子音乐设备。

③ 图形加速卡：图文并茂的多媒体表现需要分辨率高，而且同屏显示色彩丰富的显示卡的支持，同时还要求具有 Windows 的显示驱动程序，且在 Windows 下的像素运算速度要快。所以现在带有图形用户接口 GUI 加速器的局部总线显示适配器使得 Windows 的显示速度大大加快。

④ 视频卡：可细分为视频捕捉卡、视频处理卡、视频播放卡以及 TV 编码器等专用卡，其功能是连接摄像机、VCR 影碟机、TV 等设备，以便获取、处理和表现各种动画和数字化视频媒体。

⑤ 扫描卡：用来连接各种图形扫描仪，是常用的静态照片、文字、工程图输入设备。

⑥ 打印机接口：用来连接各种打印机，包括普通打印机、激光打印机、彩色打印机等，打印机现在已经是最常用的多媒体输出设备之一。

⑦ 交互控制接口：用来连接触摸屏、鼠标、光笔等人机交互设备，这些设备将大大方便用户对 MPC 的使用。

⑧ 网络接口：实现多媒体通信的重要 MPC 扩充部件。计算机和通信技术相结合的时代已经来临，这就需要专门的多媒体外部设备将数据量庞大的多媒体信息传送出去或接收进来，通过网络接口相连的设备包括视频电话机、传真机、LAN 和 ISDN 等。

5.2.6　多媒体技术的应用和发展

1. 多媒体技术的应用

多媒体技术借助日益普及的高速信息网，可实现计算机的全球联网和信息资源共享，因此被广泛应用在咨询服务、图书、教育、通信、军事、金融、医疗等诸多行业，并正潜移默化地改变着我们生活的面貌。

1) 数据压缩，图像处理

多媒体计算机技术是面向三维图形、环绕立体声和彩色全屏幕运动画面的处理技术。而数字计算机面临的是数值、文字、语言、音乐、图形、动画、图像、视频等多种媒体的问题，它承载着由模拟量转化成数字量信息的吞吐、存储和传输。数字化的视频和音频信号的数量之大是非常惊人的，它给存储器的存储容量、通信干线的信道传输率以及计算机的速度都增加了极大的压力，解决这一问题，单纯用扩大存储器容量、增加通信干线的传输率是不现实的。数据压缩技术为图像、视频和音频信号的压缩，文件存储和分布式利用，提高通信干线的传输效率等应用提供一个行之有效的方法，同时使计算机实时处理音频、视频信息，以保证播放高质量的视频、音频节目成为可能。

2) 信息检索

多媒体信息检索技术的应用使多媒体信息检索系统、多媒体数据库、可视信息系统、多媒体信息自动获取和索引系统等应用逐渐变为现实。基于内容的图像检索、文本检索系统已成为近年来多媒体信息检索领域中最为活跃的研究课题，基于内容的图像检索是根据其可视特征，包括颜色、纹理、形状、位置、运动、大小等，从图像库中检索出与查询描述的图像内容相似的图像，利用图像可视特征索引，可以大大提高图像系统的检索能力。

随着多媒体技术的迅速普及，网页上将大量出现多媒体信息，例如，在遥感、医疗、安全、商业等部门中每天都不断产生大量的图像信息。对这些信息的有效组织管理和检索都依赖基于图像内容的检索。目前，这方面的研究已引起广泛的重视，并已有一些提供图像检索功能的多媒体检索系统软件问世。例如，由 IBM 公司开发的 QBIC 是最有代表性的系统，它通过友好的图形界面为用户提供了颜色、纹理、草图、形状等多种检索方法；美国加州大学伯克利分校与加州水资源部合作进行了 Chabot 计划，以便对水资源部的大量图像提供基于内容的有效检索。此外还有麻省理工学院的 Photobook，可以利用 Face、Shape、Texture、Photobook 分别对人脸图像、工具和纹理进行基于内容的检索，在 Virage 系统中又进一步发展了将多种检索特征相融合的手段。

3) 通信及分布式多媒体

人类社会逐渐进入信息化时代，社会分工越来越细，人际交往越来越频繁，群体性、交互性、分布性和协同性将成为人们生活方式和劳动方式的基本特征，其间大多数工作都需要群体的努力才能完成。但在现实生活中影响和阻碍上述工作方式的因素则很多，如打电话时对方却不在。即使电话交流也只能通过声音，而很难看见一些重要的图纸资料，而面对面交流讨论，又需要费时的长途旅行和昂贵的差旅费用，这种方式造成了效率低、费时长、开销大的缺点。今天，随着多媒体计算机技术和通信技术的发展，两者相结合形成的多媒体通信和分布式多媒体信息系统较好地解决上述问题。

4) 多媒体监控

图像处理、声音处理、检索查询等多媒体技术综合应用到实时报警系统中，改善了原有的模拟报警系统，使监控系统更广泛地应用到工业生产、交通安全、银行保安、酒店管理等领域中。它能够及时发现异常情况，迅速报警，同时将报警信息存储到数据库中以备查询，并交互地综合图、文、声、动画多种媒体信息，使报警的表现形式更为生动、直观，人机界面更为友好。

2. 多媒体技术的发展

总体来看，多媒体技术正向两个方面发展：一是网络化发展趋势，与宽带网络通信等技术相互结合，使多媒体技术进入科研设计、企业管理、办公自动化、远程教育、远程医疗、检索咨询、文化娱乐、自动测控等领域；二是多媒体终端的部件化、智能化和嵌入化，提高计算机系统本身的多媒体性能，开发智能化家电。

1) 多媒体技术的网络化发展趋势

技术的创新和发展将使诸如服务器、路由器、转换器等网络设备的性能越来越高，包括用户端 CPU、内存、图形卡等在内的硬件能力空前扩展，人们将受益于无限的计算和充裕的带宽，它使网络应用者改变以往被动地接受处理信息的状态，并以更加积极主动的姿态去参与眼前的网络虚拟世界。

多媒体技术的发展使多媒体计算机将形成更完善的计算机支撑的协同工作环境，消除了空间距离的障碍，也消除了时间距离的障碍，为人类提供更完善的信息服务。

交互的、动态的多媒体技术能够在网络环境创建出更加生动逼真的二维与三维场景，人们可以借助摄像等设备，把办公室和娱乐工具集合在终端多媒体计算器上，可在世界任一角落与千里之外的同行在实时视频会议上进行市场讨论、产品设计，欣赏高质量的图像画面。新一代用户界面(UI)与智能人工(intelligent agent)等网络化、人性化、个性化的多媒体软件的应用还可使不同国籍、不同文化背景和不同文化程度的人们通过"人机对话"，消除他们之间的隔阂，自由地沟通与了解。

世界正迈进数字化、网络化、全球一体化的信息时代。信息技术将渗透着人类社会的方方面面，其中网络技术和多媒体技术是促进信息社会全面实现的关键技术。MPEG 曾成功地发起并制定了 MPEG-1、MPEG-2 标准，现在 MPEG 组织也已完成了 MPEG-4 标准的 1、2、3、4 版本，2001 年 9 月完成 MPEG-7 标准的制定工作，同时在 2001 年 12 月完成 MPEG-21 的制定工作。

多媒体交互技术的发展，使多媒体技术在模式识别、全息图像、自然语言理解(语音识别与合成)和新的传感技术(手写输入、数据手套、电子气味合成器)等基础上，利用人的多种感觉通道和动作通道(如语音、书写、表情、姿势、视线、动作和嗅觉等)，通过数据手套和跟踪手语信息，提取特定人的面部特征，合成面部动作和表情，以并行和非精确方式与计算机系统进行交互。可以提高人机交互的自然性和高效性，实现以三维的逼真输出为标志的虚拟现实。

蓝牙技术的开发应用，使多媒体网络技术无线电、数字信息家电、个人区域网络、无线宽带局域网，新一代无线、互联网通信协议与标准，对等网络与新一代互联网络的多媒体软件开发，综合原有的各种多媒体业务，将会使计算机无线网络异军突起，掀起网络时代的新浪潮，使得计算无所不在，各种信息随手可得。

2) 多媒体终端的部件化、智能化和嵌入化发展趋势

目前多媒体计算机硬件体系结构、多媒体计算机的视频音频接口软件不断改进，尤其是采用了硬件体系结构设计和软件、算法相结合的方案，使多媒体计算机的性能指标进一步提高，但要满足多媒体网络化环境的要求，还需对软件作进一步的开发和研究，使多媒体终端设备具有更高的部件化和智能化，对多媒体终端增加如文字的识别和输入、汉语语音的识别和输入、自然语言的理解和机器翻译、图形的识别和理解、机器人视觉和计算机视觉等智能。

主要用于数学运算及数值处理，随着多媒体技术和网络通信技术的发展，需要 CPU 芯片本身具有更高的综合处理声、文、图信息及通信的功能，因此我们可以将媒体信息实时处理和压缩编码算法放到 CPU 芯片中。

从目前的发展趋势看，可以把这种芯片分成两类：一类是以多媒体和通信功能为主。融合 CPU 芯片原有的计算功能，它的设计目标是用在多媒体专用设备、家电及宽带通信设备，可以取代这些设备中的 CPU 及大量 ASIC 和其他芯片。另一类是以通用 CPU 计算功能为主，融合

多媒体和通信功能。它们的设计目标是与现有的计算机系列兼容，同时具有多媒体和通信功能，主要用在多媒体计算机中。

随着多媒体技术的发展，TV 与 PC 技术的竞争与融合越来越引人注目，传统的电视主要用在娱乐，而 PC 重在获取信息。随着电视技术的发展，电视浏览收看功能、交互式节目指南、电视上网等功能应运而生。而 PC 技术在媒体节目处理方面也有了很大的突破，视音频流功能的加强，搜索引擎，网上看电视等技术相应出现，比较来看，收发 E-Mail、聊天和视频会议终端功能更是 PC 与电视技术的融合点，而数字机顶盒技术适应了 TV 与 PC 融合的发展趋势，延伸出"信息家电平台"的概念，使多媒体终端集家庭购物、家庭办公、家庭医疗、交互教学、交互游戏、视频邮件和视频点播等全方位应用为一身，代表了当今嵌入化多媒体终端的发展方向。

嵌入式多媒体系统可应用在人们生活与工作的各个方面，在工业控制和商业管理领域，如智能工控设备、POS/ATM 机、IC 卡等；在家庭领域，有如数字机顶盒、数字式电视、WebTV、网络冰箱、网络空调等消费类电子产品。此外，嵌入式多媒体系统还在医疗类电子设备、多媒体手机、掌上电脑、车载导航器、娱乐、军事方面等领域有着巨大的应用前景。

5.3 计算机信息安全与职业道德

5.3.1 计算机信息安全概述

1. 信息安全的定义

ISO(国际标准化组织)对信息安全的定义为：为数据处理系统建立和采用的技术、管理上的安全保护，为的是保护计算机硬件、软件、数据不因偶然和恶意的原因而遭到破坏、更改和泄露。美国国防部国家计算机安全中心的定义是要讨论计算机安全首先必须讨论对安全需求的陈述。

信息安全本身包括的范围很大。大到国家军事政治等机密安全，小到如防范商业企业机密泄露、防范青少年对不良信息的浏览、个人信息的泄露等。网络环境下的信息安全体系是保证信息安全的关键，包括计算机安全操作系统、各种安全协议、安全机制(数字签名、信息认证、数据加密等)，直至安全系统，其中任何一个安全漏洞便可以威胁全局安全。信息安全服务至少应该包括支持信息网络安全服务的基本理论，以及基于新一代信息网络体系结构的网络安全服务体系结构。

2. 信息安全的目标

所有的信息安全技术都是为了达到一定的安全目标，其核心包括保密性、完整性、可用性、可控性和不可否认性五个安全目标。

(1) 保密性(confidentiality)是指阻止非授权的主体阅读信息。它是信息安全一诞生就具有的特性，也是信息安全主要的研究内容之一。更通俗地讲，就是说未授权的用户不能够获取敏感信息。对纸质文档信息，我们只需要保护好文件，不被非授权者接触即可。而对计算机及网络环境中的信息，不仅要制止非授权者对信息的阅读，也要阻止授权者将其访问的信息传递给非授权者，以致信息被泄露。

(2) 完整性(integrity)是指防止信息被未经授权的篡改。它是指保护信息保持原始的状态，使信息保持其真实性。如果这些信息被蓄意地修改、插入、删除等，形成虚假信息将带来严重的后果。

(3) 可用性(availability)是指授权主体在需要信息时能及时得到服务的能力。可用性是在信息安全保护阶段对信息安全提出的新要求，也是在网络化空间中必须满足的一项信息安全要求。

(4) 可控性(controllability)是指对信息和信息系统实施安全监控管理，防止非法利用信息和信息系统。

(5) 不可否认性(non-repudiation)是指在网络环境中，信息交换的双方不能否认其在交换过程中发送信息或接收信息的行为。

5.3.2　计算机病毒

1. 计算机病毒概述

计算机病毒(computer virus)指编制者在计算机程序中插入的破坏计算机功能或者破坏数据，影响计算机正常使用并且能够自我复制的一组计算机指令或程序代码。它不是独立存在的，而是隐蔽在其他可执行的程序之中。计算机中病毒后，轻则影响机器的运行速度，重则死机甚至导致系统破坏；因此，病毒会给用户带来很大的损失。

计算机病毒按存在的媒体分类，可分为引导型病毒、文件型病毒和混合型病毒；按链接方式分类，可分为源码型病毒、嵌入型病毒和操作系统型病毒；按计算机病毒攻击的系统分类，可分为攻击 DOS 系统病毒、攻击 Windows 系统病毒、攻击 UNIX 系统的病毒。如今的计算机病毒正在不断推陈出新，其中包括一些独特的新型病毒暂时无法按照常规的类型进行分类，如互联网病毒(通过网络进行传播，一些携带病毒的数据越来越多)、电子邮件病毒等。

计算机病毒具有隐蔽性、破坏性、传染性、寄生性、可执行性、可触发性、攻击的主动性、针对性等特征，接下来进行详细介绍。

1) 隐蔽性

计算机病毒不易被发现，这是由于计算机病毒具有较强的隐蔽性，其往往以隐含文件或程序代码的方式存在，在普通的病毒查杀中，难以实现及时有效的查杀。病毒伪装成正常程序，计算机病毒扫描难以发现。并且，一些病毒被设计成病毒修复程序，诱导用户使用，进而实现病毒植入，从而入侵计算机。因此，计算机病毒的隐蔽性，使得计算机安全防范处于被动状态，造成严重的安全隐患。

2) 破坏性

病毒入侵计算机，往往具有极大的破坏性，能够破坏数据信息，甚至造成大面积的计算机瘫痪，对计算机用户造成较大损失。如常见的木马、蠕虫等计算机病毒，可以大范围入侵计算机，为计算机带来安全隐患。

3) 传染性

计算机病毒的一大特征是传染性，能够通过 U 盘、网络等途径入侵计算机。在入侵之后，往往可以实现病毒扩散，感染未感染计算机，进而造成大面积瘫痪等事故。随着网络信息技术的不断发展，在短时间之内，病毒能够实现较大范围的恶意入侵。因此，在计算机病毒的安全防御中，如何面对快速的病毒传染，成为有效防御病毒的重要基础，也是构建防御体系的关键。

4）寄生性

计算机病毒还具有寄生性特点。计算机病毒需要在宿主中寄生才能生存，才能更好地发挥其功能，破坏宿主的正常机能。通常情况下，计算机病毒都是在其他正常程序或数据中寄生的，在此基础上利用一定的媒介实现传播，在宿主计算机实际运行过程中，一旦达到某种设置条件，计算机病毒就会被激活，随着程序的启动，计算机病毒会对宿主计算机文件进行不断攻击、修改，使其破坏作用得以发挥。

5）可执行性

计算机病毒与其他合法程序一样，是一段可执行程序，但它不是一个完整的程序，而是寄生在其他可执行程序上，因此它享有一切程序所能得到的权力。

6）可触发性

病毒具有因某个事件或数值的出现，从而实施感染或进行攻击的特征。

7）攻击的主动性

病毒对系统的攻击是主动的，计算机系统无论采取多么严密的保护措施都不可能彻底排除病毒对系统的攻击，而保护措施充其量是一种预防的手段而已。

8）针对性

计算机病毒是针对特定的计算机和特定的操作系统的，如有针对 IBM PC 机及其兼容机的、有针对 Apple 公司的 Macintosh 的，还有针对 UNIX 操作系统的。例如，小球病毒是针对 IBM PC 机及其兼容机上的 DOS 操作系统的。

2. 计算机病毒的防范

计算机病毒无时无刻不在关注着计算机，时时刻刻准备发起攻击，但计算机病毒也不是不可控制的，可以通过下面几个方面来减少计算机病毒对计算机带来的破坏。

(1) 安装最新的杀毒软件，每天升级杀毒软件病毒库，定时对计算机进行病毒查杀，上网时要开启杀毒软件的全部监控，培养良好的上网习惯，例如：对不明邮件及附件要慎重打开，可能带有病毒的网站尽量别浏览，尽可能使用较为复杂的密码，猜测简单密码是许多网络病毒攻击系统的一种新方式。

(2) 不要执行从网络下载后未经杀毒处理的软件等；不要随便浏览或登录陌生的网站，加强自我保护。现在有很多非法网站，而被潜入恶意的代码一旦被用户打开，即会被植入木马或其他病毒。

(3) 培养自觉的信息安全意识。在使用移动存储设备时，尽可能不要共享这些设备，因为移动存储是计算机病毒进行传播的主要途径，也是计算机病毒攻击的主要目标，在对信息安全要求比较高的场所，应将电脑上面的 USB 接口封闭，同时，有条件的情况下应该做到专机专用。

(4) 用 Windows Update 功能打全系统补丁，同时，将应用软件升级到最新版本，比如：播放器软件、通信工具等，避免病毒从网页以木马的方式入侵到系统或者通过其他应用软件漏洞来进行病毒的传播；将受到病毒侵害的计算机进行尽快隔离，在使用计算机的过程中，若发现电脑上存在有病毒或者是计算机异常，应该及时中断网络；当发现计算机网络一直中断或者网络异常时，应立即切断网络，以免病毒在网络中传播。

5.3.3　计算机黑客

1. 黑客的定义

"黑客"一词是由英语单词 Hacker 英译而来的，是指专门研究、发现计算机和网络漏洞的计算机爱好者。他们伴随着计算机和网络的发展而成长。黑客对计算机有着狂热的兴趣和执着的追求，他们不断地研究计算机和网络知识，查找计算机和网络中存在的漏洞，喜欢挑战高难度的网络系统并从中找到漏洞，然后向管理员提出解决和修补漏洞的方法。

但是到了今天，黑客一词已经被用作专门利用计算机进行破坏或入侵他人的代言词，对这些人的正确叫法应该是 cracker，有人也翻译成"骇客"，也正是这些人的出现玷污了"黑客"一词，使人们把黑客和骇客混为一体，黑客被人们认为是在网络上进行破坏的人。

2. 黑客的攻击步骤

1) 收集网络系统中的信息

信息的收集并不对目标产生危害，只是为进一步的入侵提供有用信息。黑客可能会利用公开的协议或工具，收集驻留在网络系统中的各个主机系统的相关信息。

2) 探测目标网络系统的安全漏洞

在收集到一些准备要攻击的目标的信息后，黑客们会探测目标网络上的每台主机，寻求系统内部的安全漏洞。

3) 建立模拟环境，进行模拟攻击

根据前面两小点所得到的信息，建立一个类似攻击对象的模拟环境，然后对此模拟目标进行一系列的攻击。在此期间，通过检查被攻击方的日志，观察检测工具对攻击的反应，可以进一步了解在攻击过程中留下的"痕迹"及被攻击方的状态，以此来制定一个较为周密的攻击策略。

4) 具体实施网络攻击

入侵者根据前几步所获得的信息，同时结合自身的水平及经验总结出相应的攻击方法，在进行模拟攻击的实践后，将等待时机，以备实施真正的网络攻击。

3. 黑客的攻击手段

黑客攻击手段可分为非破坏性攻击和破坏性攻击两类。非破坏性攻击一般是为了扰乱系统的运行，并不盗窃系统资料，通常采用拒绝服务攻击或信息炸弹；破坏性攻击是以侵入他人电脑系统、盗窃系统保密信息、破坏目标系统的数据为目的。下面为大家介绍黑客常用的 4 种攻击手段。

1) 后门程序

由于程序员设计功能复杂的程序时，一般采用模块化的程序设计思想，将整个项目分割为多个功能模块，分别进行设计、调试，这时的后门就是一个模块的秘密入口。在程序开发阶段，后门便于测试、更改和增强模块功能。正常情况下，完成设计之后需要去掉各个模块的后门，不过有时由于疏忽或者其他原因(如将其留在程序中，便于日后访问、测试或维护)，没有去掉后门，一些别有用心的人会利用穷举搜索法发现并利用这些后门，然后进入系统并发动攻击。

2) 信息炸弹

信息炸弹是指使用一些特殊的工具软件，短时间内向目标服务器发送大量超出系统负荷的信息，造成目标服务器超负荷、网络堵塞、系统崩溃的攻击手段。比如向未打补丁的 Windows 95 系统发送特定组合的 UDP 数据包，会导致目标系统死机或重启；向某型号的路由器发送特定数据包致使路由器死机；向某人的电子邮件发送大量的垃圾邮件将此邮箱"撑爆"等。目前常见的信息炸弹有邮件炸弹、逻辑炸弹等。

3) 拒绝服务

拒绝服务又叫分布式 D.O.S 攻击，它是使用超出被攻击目标处理能力的大量数据包消耗系统可用系统、带宽资源，最后致使网络服务瘫痪的一种攻击手段。作为攻击者，首先需要通过常规的黑客手段侵入并控制某个网站，然后在服务器上安装并启动一个可由攻击者发出的特殊指令来控制进程，攻击者把攻击对象的 IP 地址作为指令下达给进程的时候，这些进程就开始对目标主机发起攻击。这种方式可以集中大量的网络服务器带宽，对某个特定目标实施攻击，因而威力巨大，顷刻之间就可以使被攻击目标带宽资源耗尽，导致服务器瘫痪。比如 1999 年美国明尼苏达大学遭到的黑客攻击就属于这种方式。

4) 网络监听

网络监听是一种监视网络状态、数据流以及网络上传输信息的管理工具，它可以将网络接口设置为监听模式，并且可以截获网上传输的信息，也就是说，当黑客登录网络主机并取得超级用户权限后，若要登录其他主机，使用网络监听可以有效地截获网上的数据，这是黑客使用最多的方法，但是，网络监听只能应用于物理上连接于同一网段的主机，通常被用做获取用户口令。

4. 黑客攻击的防范措施

1) 防止黑客攻击的技术

防止黑客攻击的技术分为被动防范技术与主动防范技术两类，被动防范技术主要包括：防火墙技术、网络隐患扫描技术、查杀病毒技术、分级限权技术、重要数据加密技术、数据备份和数据备份恢复技术等。主动防范技术主要包括：数字签名技术、入侵检测技术、黑客攻击事件响应(自动报警、阻塞和反击)技术、服务器上关键文件的抗毁技术、设置陷阱网络技术、黑客入侵取证技术等。

2) 防范黑客攻击的措施

在现实的网络环境中，防范黑客攻击主要是从两方面入手：①建立具有安全防护能力的网络和改善已有网络环境的安全状况；②强化网络专业管理人员和计算机用户的安全防范意识，提高防止黑客攻击的技术水平和应急处理能力。具体地说，国家企事业单位新建或改建计算机管理中心和网站时，一定要建成具有安全防护能力的网站，在硬件配置上要采用防火墙技术、设置陷阱网络技术、黑客入侵取证技术，进行多层物理隔离保护；在软件配置上要采用网络隐患扫描技术、查杀病毒技术、分级限权技术、重要数据加密技术、数据备份和数据备份恢复技术、数字签名技术、入侵检测技术、黑客攻击事件响应(自动报警、阻塞和反击)技术、服务器上关键文件的抗毁技术等；在网络专业管理人员的配备中必须有专门的安全管理人员，始终注意提高他们的安全防范意识和防黑客攻击的技术水平、应急处理能力。对于普通计算机用户而言，要安装查杀病毒和木马的软件，及时修补系统漏洞，重要的数据要加密和备份，注意个人的账号和密码保护，养成良好的上网习惯。总之，随着国家网络信息安全法律法规的健全，随着国家机关和企事业单位网络信息安全环境的改善，随着全民网络信息安全意识的提高，防范黑客攻击和减少攻击破坏力的效果会越来越好。

5.3.4　计算机犯罪

1. 定义

公安部计算机管理监察司给出的定义是：所谓计算机犯罪，就是在信息活动领域中，利用计算机信息系统或计算机信息知识作为手段，或者针对计算机信息系统，对国家、团体或个人造成危害，依据法律规定，应当予以刑罚处罚的行为。

2. 分类

计算机犯罪分为以下三大类。

(1) 以计算机为犯罪对象的犯罪，如行为人针对个人电脑或网络发动攻击，这些攻击包括"非法访问存储在目标计算机或网络上的信息，或非法破坏这些信息；窃取他人的电子身份等"。

(2) 以计算机作为攻击主体的犯罪，如当计算机是犯罪现场、财产损失的源头、原因或特定形式时，常见的有黑客、特洛伊木马、蠕虫、传播病毒和逻辑炸弹等。

(3) 以计算机作为犯罪工具的传统犯罪，如使用计算机系统盗窃他人信用卡信息，或者通过连接互联网的计算机存储、传播淫秽视频等。

5.3.5　防火墙

1. 防火墙的定义

防火墙的英文名为"fire wall"，它是最重要的一种网络防护设备。从专业角度讲，防火墙是位于两个(或多个)网络间，实施网络之间访问控制的一组组件集合。防火墙的本义是指古代构筑或使用木质结构房屋的时候，为防止火灾的发生和蔓延，人们将坚固的石块堆砌在房屋周围作为屏障，这种防护构筑物就被称为"防火墙"。其实与防火墙一起起作用的就是"门"。如果没有"门"，各房间的人如何沟通？这些房间的人又如何进去？当火灾发生时，这些人如何逃离现场？这个"门"就相当于我们这里所讲的防火墙的"安全策略"，所以此处所说的防火墙并不是一堵实心墙，而是带有一些小孔的墙。这些小孔就是用来留给那些允许进行的通信，在这些小孔中安装了过滤机制，也就是上面所介绍的"单向导通信"。

我们通常所说的网络防火墙是借鉴了古代真正用于防火的防火墙的喻义，它指的是隔离在本地网络与外界网络之间的一道防御系统。防火墙可以使企业内部局域网(LAN)网络与Internet之间或者与其他外部网络互相隔离、限制网络互访，以保护内部网络。

防火墙主要是借助硬件和软件的作用，在内部和外部网络的环境间产生一种保护的屏障，从而实现对计算机不安全网络因素的阻断。只有在防火墙同意的情况下，用户才能够进入计算机内，如果不同意就会被阻挡于外。防火墙技术的警报功能十分强大，在外部的用户要进入到计算机内时，防火墙就会迅速发出相应的警报，提醒用户的行为，并自我判断来决定是否允许外部的用户进入到内部。只要是在网络环境内的用户，这种防火墙都能够进行有效的查询，同时把查到的信息显示给用户，然后用户按照自身需要对防火墙实施相应设置，对不允许的用户行为进行阻断。通过防火墙还能够对信息数据的流量实施有效查看，对数据信息的上传和下载速度进行掌握，便于用户对计算机的使用情况具有良好的控制判断，计算机的内部情况也可以通过这种防火墙查看，启动与关闭程序，而计算机系统内部具有的日志功能，其实也是防火墙对计算机的内部系统实时安全情况与每日流量情况进行的总结和整理。

如图 5-13 所示，防火墙是在两个网络通信时执行的一种访问控制尺度，能最大限度阻止网络中的黑客访问自己的网络，防火墙是指设置在不同网络(如可信任的企业内部网和不可信的公共网)或网络安全域之间的一系列部件的组合。它是不同网络或网络安全域之间信息的唯一出入口，能根据企业的安全政策控制(允许、拒绝、监测)出入网络的信息流，且本身具有较强的抗攻击能力。它是提供信息安全服务，实现网络和信息安全的基础设施。在逻辑上，防火墙是一个分离器、一个限制器，也是一个分析器，有效地监控了内部网和 Internet 之间的任何活动，保证了内部网络的安全。

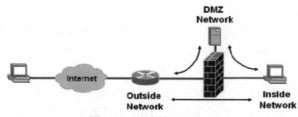

图 5-13　防火墙示意图

2. 防火墙的主要类型

防火墙是现代网络安全防护技术中的重要构成内容，可以有效防护外部的侵扰与影响。随着网络技术手段的完善，防火墙技术的功能也在不断地完善，可以实现对信息的过滤，保障信息的安全性。防火墙就是一种在内部与外部网络的中间过程中发挥作用的防御系统，具有安全防护的价值与作用，通过防火墙可以实现内部与外部资源的有效流通，及时处理各种安全隐患问题，进而提升信息数据资料的安全性。防火墙技术具有一定的抗攻击能力，对于外部攻击具有自我保护的作用，随着计算机技术的进步，防火墙技术也在不断发展。

1) 过滤型防火墙

过滤型防火墙在网络层与传输层中，可以基于数据源头的地址以及协议类型等标志特征进行分析，确定是否可以通过。在符合防火墙规定的标准下，满足安全性能以及类型才可以进行信息的传递，而一些不安全的因素则会被防火墙过滤、阻挡。

2) 应用代理类型防火墙

应用代理防火墙的主要工作范围就是在 OSI 的最高层，位于应用层之上。其主要的特征是可以完全隔离网络通信流，通过特定的代理程序实现对应用层的监督与控制。这两种防火墙是应用较为普遍的防火墙，其他一些防火墙的应用效果也较为显著，在实际应用中要综合具体需求以及状况合理选择防火墙的类型，这样才可以有效地避免防火墙的外部侵扰等问题的出现。

3) 复合型防火墙

截至 2022 年应用较为广泛的防火墙技术当属复合型防火墙技术，该类防火墙综合了包过滤防火墙技术以及应用代理防火墙技术的优点，譬如发过来的安全策略是包过滤策略，那么可以针对报文的报头部分进行访问控制；如果安全策略是代理策略，就可以针对报文的内容数据进行访问控制，因此复合型防火墙技术综合了其组成部分的优点，同时摒弃了两种防火墙的原有缺点，大大提高了防火墙技术在应用实践中的灵活性和安全性。

3. 防火墙的部署方式

防火墙是为加强网络安全防护能力在网络中部署的硬件设备，有多种部署方式，常见的有桥模式、网关模式和 NAT 模式等。

1) 桥模式

桥模式也可叫作透明模式。最简单的网络由客户端和服务器组成，客户端和服务器处于同一网段。为了安全方面的考虑，在客户端和服务器之间增加了防火墙设备，对经过的流量进行安全控制。正常的客户端请求通过防火墙送达服务器，服务器将响应返回给客户端，用户不会感觉到中间设备的存在。工作在桥模式下的防火墙没有 IP 地址，当对网络进行扩容时无须对网络地址进行重新规划，但牺牲了路由、VPN 等功能。

2) 网关模式

网关模式适用于内外网不在同一网段的情况，防火墙设置网关地址实现路由器的功能，为不同网段进行路由转发。网关模式相比桥模式具备更高的安全性，在进行访问控制的同时实现了安全隔离，具备一定的私密性。

3) NAT 模式

NAT(network address translation，网络地址翻译)技术由防火墙对内部网络的 IP 地址进行地址翻译，使用防火墙的 IP 地址替换内部网络的源地址向外部网络发送数据；当外部网络的响应数据流量返回到防火墙，防火墙再将目的地址替换为内部网络的源地址。NAT 模式使得外部网络不能直接看到内部网络的 IP 地址，进一步增强了对内部网络的安全防护。同时，在 NAT 模式的网络中，内部网络可以使用私网地址，解决了 IP 地址数量受限的问题。

如果在 NAT 模式的基础上需要实现外部网络访问内部网络服务的需求，还可以使用地址/端口映射(MAP)技术，在防火墙上进行地址/端口映射配置，当外部网络用户需要访问内部服务时，防火墙将请求映射到内部服务器上；当内部服务器返回相应数据时，防火墙再将数据转发给外部网络。使用地址/端口映射技术实现了外部用户访问内部服务，但是外部用户无法看到内部服务器的真实地址，只能看到防火墙的地址，增强了内部服务器的安全性。

防火墙都部署在网络的出入口，是网络通信的大门，这就要求防火墙的部署必须具备高可靠性。一般 IT 设备的使用寿命被设计为 3 至 5 年，当单点设备发生故障时，要通过冗余技术实现可靠性，可以通过如虚拟路由冗余协议(VRRP)等技术实现主备冗余。到 2022 年为止，主流的网络设备都支持高可靠性设计。

4. 防火墙的具体应用

1) 内网中的防火墙技术

防火墙在内网中的设定位置是比较固定的，一般将其设置在服务器的入口处，通过对外部访问者进行控制，达到保护内部网络的作用。而处于内部网络的用户，可以根据自己的需求明确权限规划，使用户可以访问规划内的路径。总的来说，内网中的防火墙主要起到以下两个作用：一是认证应用，内网中的多项行为具有远程的特点，只有在约束的情况下，通过相关认证才能进行；二是记录访问记录，避免自身的攻击，形成安全策略。

2) 外网中的防火墙技术

应用于外网中的防火墙，主要发挥其防范作用，外网在防火墙授权的情况下，才可以进入内网。针对外网布设防火墙时，必须保障全面性，促使外网的所有网络活动均可在防火墙的监视下。如果外网出现非法入侵，防火墙可主动拒绝为外网提供服务。在基于防火墙的作用下，内网对于外网而言，处于完全封闭的状态，外网无法解析到内网的任何信息。防火墙成为外网进入内网的唯一途径，所以防火墙能够详细记录外网活动，汇总成日志，防火墙通过分析日常日志，判断外网行为是否具有攻击特性。

5. 未来发展趋势

随着网络技术的不断发展，与防火墙相关的产品和技术也在不断进步。

1) 防火墙的产品发展趋势

截至2022年，就防火墙产品而言，新的产品有智能防火墙、分布式防火墙和网络产品的系统化应用等。

- 智能防火墙：在防火墙产品中加入人工智能识别技术，不但可提高防火墙的安全防范能力，而且由于防火墙具有自学习功能，可以防范来自网络的最新型攻击。
- 分布式防火墙：一种全新的防火墙体系结构。网络防火墙、主机防火墙和管理中心是分布式防火墙的构成组件。传统防火墙实际上是在网络边缘上实现防护的防火墙，而分布式防火墙则在网络内部增加了另外一层安全防护。分布式防火墙的优点有：支持移动计算；支持加密和认证功能，与网络拓扑无关等。
- 网络产品的系统化应用：主要是指某些厂商的安全产品直接与防火墙融合，打包销售。另外，有些厂商的产品之间虽然各自独立，但各个产品之间可以进行通信。

2) 防火墙的技术发展趋势

包过滤技术作为防火墙技术中最核心的技术之一，自身具有比较明显的缺点：不具备身份验证机制和用户角色配置功能。因此，一些产品开发商就将 AAA 认证系统集成到防火墙中，确保防火墙具备支持基于用户角色的安全策略功能。多级过滤技术就是在防火墙中设置多层过滤规则。在网络层，利用分组过滤技术拦截所有假冒的 IP 源地址和源路由分组；根据过滤规则，传输层拦截所有禁止出/入的协议和数据包；在应用层，利用 FTP、SMTP 等网关对各种 Internet 服务进行监测和控制。

综合来讲，上述技术都是对已有防火墙技术的有效补充，是提升已有防火墙技术的弥补措施。

3) 防火墙的体系结构发展趋势

随着软硬件处理能力、网络带宽的不断提升，防火墙的数据处理能力也在得到提升。尤其近几年多媒体流技术(在线视频)的发展，要求防火墙的处理时延必须越来越小。基于以上业务需求，防火墙制造商开发了基于网络处理器和基于 ASIC(application specific integrated circuit，专用集成电路)的防火墙产品。基于网络处理器的防火墙本质上还是依赖于软件系统的解决方案，因此软件性能的好坏直接影响防火墙的性能。而基于 ASIC 的防火墙产品具有定制化、可编程的硬件芯片以及与之相匹配的软件系统，因此性能的优越性不言而喻，可以很好地满足客户对系统灵活性和高性能的要求。

5.3.6　计算机职业道德

计算机职业作为一种不同于其他职业的特殊职业，有着与众不同的职业道德和行为准则，这些职业道德和行为准则是每一个计算机专业人员都要共同遵守的。

1．职业道德的概念

所谓职业道德，就是同人们的职业活动紧密联系的、符合职业特点所要求的道德准则、道德情操与道德品质的总和。

每个从业人员，不论从事哪种职业，在职业活动中都要遵守道德。职业道德不仅是从业人员在职业活动中的行为标准和要求，而且还是本行业对社会所承担的道德责任和义务。职业道德是社会道德在职业生活中的具体化。

职业道德作为一种特殊的道德规范，有以下四个主要特点。

(1) 在内容方面，职业道德总是鲜明地表达职业义务、职业责任以及职业行为上的道德准则。

(2) 在表现形式方面，职业道德往往比较具体、灵活、多样。它总是从本职业的交流活动的实际出发，采用制度、守则、公约、承诺、誓言以及标语口号等形式。

(3) 从调节范围来看，职业道德一方面用来调节从业人员的内部关系，加强职业、行业内部人员的凝聚力，另一方面也用来调节从业人员与其服务对象之间的关系，用来塑造本职业从业人员的形象。

(4) 从产生效果来看，职业道德既能使一定的社会或阶级的道德原则和规范"职业化"，又能使个人道德品质"成熟化"。

2．计算机从业人员的职业道德

任何一个行业的职业道德都有其基础的、具有行业特点的原则，计算机行业也不例外，计算机从业人员的职业道德准则主要有以下两项：

一是计算机专业人员应当以公众利益为目标。这一原则可以解释为以下 8 点。

(1) 对负责的工作承担完全的责任。

(2) 用公众的目标来协调软件工程师、公司、客户和用户之间的利益。

(3) 批准软件，应在确信软件是安全的、符合规格说明的、经过合适测试的、不会降低生活品质、影响隐私权或有害环境的条件之下，一切工作以大众利益为前提。

(4) 当有理由相信有关的软件和文档可以对用户、公众或环境造成任何实际或潜在的危害时，应向有关部门揭露。

(5) 通过合作来解决由软件及其安装、维护、支持或文档引起的社会严重关切的各种事项。

(6) 在所有有关软件、文档、方法和工具的申述中，特别是与公众相关的，力求实事求是，避免欺骗。

(7) 认真考虑诸如体力残疾、资源分配、经济缺陷和其他可能影响使用软件益处的各种因素。

(8) 致力于将自己的专业技能用于公众事业和公共教育的发展。

二是客户和雇主在保持与公众利益一致的原则下，计算机专业人员应注意满足客户和公司的利益。这一原则可以解释为以下 9 点。

(1) 在其胜任的领域提供服务，对其经验和教育方面的不足应持诚实和坦率的态度。

(2) 不明知故犯使用非法或从非合理渠道获得的软件。

(3) 在客户或公司知晓和同意的情况下，只在适当准许的范围内使用客户或公司的资产。

(4) 保证遵循的文档按要求经过授权批准。

（5）只要工作中所接触的机密文件不违背公众利益和法律，对这些文件所记载的信息必须严格保密。

（6）根据其判断，如果一个项目有可能失败，或者费用过高，违反知识产权法规，或者存在问题，应立即确认、作文档记录、收集证据并报告客户或公司。

（7）当知道软件或文档有涉及社会关切的明显问题时，应确认、作文档记录，并报告给公司或客户。

（8）不接受不利于本公司工作的外部工作。

（9）不提倡与公司或客户的利益冲突，除非出于符合更高道德规范的考虑，在后者情况下，应通报公司或另一位涉及这一道德规范的适当的当事人。

3．其他要求

除了以上基础要求和原则外，作为一名计算机专业人员还有一些其他的职业道德规范应当遵守，如下。

（1）按照有关法律、法规和有关机关的内部规定建立计算机信息系统。

（2）以合法用户的身份进入计算机信息系统。

（3）在工作中尊重各类著作权人的合法权利。

（4）在收集、发布信息时尊重相关人员的名誉、隐私等合法权益。

4．计算机类专业从业人员的行为准则

所谓行为准则，就是一定人群从事一定事务时其行为所应当遵循的规则，一个行业的行为准则就是一个行业的从业人员日常工作的行为规范。目前国内权威部门和国际行业组织都没有发布过一个统一的计算机科学技术专业从业人员行为准则，鉴于计算机从业人员属于科技工作者，参照《中国科学院科技工作者科学行为准则》的部分内容可总结出计算机科学技术专业从业人员的行为准则，如下。

（1）爱岗敬业。

（2）严谨求实。

（3）严格操作。

（4）优质高效。

（5）公正服务。

5.4　本章小结

本章主要介绍了计算机的应用领域，主要围绕计算机网络应用、多媒体计算机以及计算机信息安全及计算机职业道德等方面进行了详细介绍。计算机网络应用部分主要从计算机网络的定义、发展以及分类等方面入手；多媒体计算机部分主要从概念、应用领域、应用技术等方面入手；同时对计算机信息安全和计算机应用职业道德做了详细说明。

5.5　习题

1. 单选题

(1) www.edu.cn 是 Internet 上一台计算机的(　　)。

    A. 域名　　　　　　　B. IP 地址　　　　　C. 非法地址　　　　　D. 协议名称

(2) 合法的 IP 地址是(　　)。

    A. 202:144:300:65　　　　　　　　B. 202.112.144.70

    C. 202,112,144,7　　　　　　　　D. 202.112.70

(3) 电子邮件所包含的信息(　　)。

    A. 只能是文字　　　　　　　　　B. 只能是文字与图形信息

    C. 只能是文字与声音信息　　　　D. 可以是文字、声音、图像信息

(4) HTTP 是一种(　　)。

    A. 网址　　　　　B. 超文本传输协议　C. 程序设计语言　D. 域名

(5) 在 Internet 中，传输文件用(　　)，远程登录用(　　)。

    A. Telnet　　　　　B. FTP　　　　　　C. Gopher　　　　　D. Usent

(6) 在 Internet 中，IP 地址是由(　　)字节组成的。

    A. 3 个　　　　　B. 6 个　　　　　C. 8 个　　　　　D. 4 个

(7) 下面的 IP 地址中，(　　)是 B 类 IP 地址。

    A. 202.113.0.1　　B. 191.168.0.1　　C. 10.10.10.1　　D. 192.168.0.1

2. 简答题

(1) 局域网的拓扑结构有哪些？

(2) 什么是 TCP/IP 协议？

(3) 简述电子邮件地址的格式。

(4) 什么是计算机网络？

(5) 请画出 OSI 的七层模型。

(6) 多媒体技术主要包括哪些？

(7) 多媒体计算机的发展方向是什么？

(8) 计算机病毒有哪些特征？

(9) 黑客攻击步骤是什么？

(10) 防火墙的作用是什么？

第6章

实 训 实 验

本章重点介绍以下内容：

- 计算机硬件的组装；
- Windows 10 系统的安装与应用；
- Office 2016 办公软件的操作与应用；
- C 语言基础实验。
- 计算机网络基础实验。

6.1 计算机的组装

学完计算机各种硬件设备和外部设备的概念和功能，本章将学习如何将这些硬件组装成一台完整的台式计算机，在组装过程中再次加深对计算机的各种硬件设备的认识，并掌握各设备之间的连接方法。

6.1.1 组装前的准备工作

在开始组装计算机之前，要做好充足的准备工作，包括准备组装工具、了解组装流程和组装过程中的注意事项。

1. 准备组装工具

组装计算机需要准备常用的工具，如螺丝刀(一字形和十字形，最好有一定的磁性)、尖嘴钳、镊子、绑扎带、导热硅脂(具有良好的导热性与绝缘性)、万用表等，如图 6-1 所示。

尖头镊子　平头镊子

图6-1　常用工具

图 6-1　常用工具(续)

2. 组装流程

计算机组装的基本流程如图 6-2 所示。

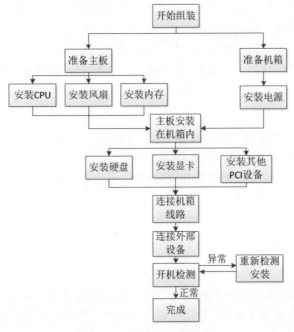

图 6-2　计算机的组装流程

第一步：安装机箱内部的各元件。

(1) 安装电源。

(2) 准备主板，将 CPU、散热风扇、内存等安装到主板上。

(3) 将主板固定到机箱内。

(4) 将显卡等其他设备安装到主板上。

(5) 将硬盘安装到机箱中。

第二步：连接机箱内的各种线路。

(1) 连接主板电源线。

(2) 连接硬盘数据线和电源线。

(3) 连接内部控制线和信号线。

第三步：连接外部设备。

(1) 连接显示器。

(2) 连接键盘和鼠标。

(3) 连接主机电源。

3. 组装过程的注意事项

在组装计算机时，要注意以下事项。

(1) 除静电。计算机中有些元件比较敏感，可能会被人体所带静电损坏，为防意外，在组装前要去除人体静电，如洗手、接触接地的金属物体等，最好在工作台上铺上防静电的桌布。

(2) 轻拿轻放元件。计算机的元件大都比较脆弱，不抗震，特别是 CPU、硬盘、主板等，在组装过程中要轻拿轻放。

(3) 阅读元件说明书。仔细阅读，了解各个插槽和接口的正确使用方法及注意事项。

(4) 防潮。计算机元件都有电路连接，若遇潮会损坏硬件，在安装中要放置在干燥环境中。

(5) 螺丝不要拧太紧，用力要均匀。

(6) 安装板卡时，要对准插槽均匀用力，不要左摇右晃。

(7) 插接线时，各种接口一般都有防插反结构，要按照正确的方向插接。

6.1.2 机箱内部元件组装

组装计算机时，最重要的是组装机箱内部的各元件，机箱组装完毕之后，其他外部设备，如显示器、鼠标、键盘等的连接就容易多了。

若是组装新机箱，在组装之前要打开机箱，取下侧面板，并拆掉主板外部设备接口挡板(根据实际需要拆掉接口卡的挡片)。

本书遵循的步骤是先把电源安装到机箱内，然后组装主板(将 CPU、内存等硬件安装到主板上)，最后将主板安装到机箱内，当然也可以先安装主板再安装电源。

1. 安装电源

有些机箱是自带电源，该步可省略。如果需要独立安装电源，则按下列步骤完成。

(1) 将电源放置到电源支架上，使用支架托住电源，按照机箱内的螺丝缺口将电源平移放入机箱内，如图 6-3 所示。

图 6-3 安装电源

(2) 用螺丝刀将电源中的螺丝拧紧，将其固定在机箱中，然后用手晃动电源，以检测其是否稳固。

注意一定要将电源有风扇的一面朝向机箱上的预留孔。现在有很多电源是下置式的电源(电源放在机箱底部)，安装起来更加方便。

2. 安装 CPU 及散热风扇

(1) 在主板上找到 CPU 插槽，拉起 CPU 插槽拉杆，打开其上固定罩，如图 6-4 所示。

(2) 将 CPU 与 CPU 插槽按针脚对应，从 CPU 插槽一侧进行对齐，缓慢放入插槽中(让 CPU 自由滑入，不能用力按压)。CPU 与插槽上都有一个金色的三角，在安装 CPU 时要将这两处三角对应起来，如图 6-5 所示。

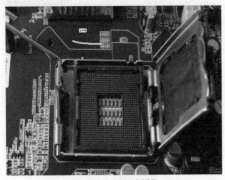

图 6-4 打开 CPU 插槽　　　　　图 6-5 安装 CPU

金三角对齐

(3) 确认将 CPU 正确安装好后，将 CPU 插槽的固定罩与拉杆拉下，将其放入卡槽中，固定 CPU，如图 6-6 所示。

(4) CPU 安装完成之后，在 CPU 表面均匀涂抹导热硅脂。若 CPU 表面有以前的导热硅脂，最好去掉(同时也去掉散热器表面以前的导热硅脂)，进行重新涂抹，让 CPU 与散热器充分紧密接触。

(5) 散热风扇安装在 CPU 上方。在安装时，使风扇的四个膨胀扣对准主板上的风扇孔位，如图 6-7 所示。

图 6-6 CPU 安装完成　　　　　图 6-7 安装散热风扇

(6) 将风扇对准孔位向下用力使膨胀扣卡槽进入孔位中，如果听到"咔"的一声响，表明风扇进入了卡槽中(若安装有问题，则从主板的背面检查膨胀扣)。在风扇的另一端有塑料的扳手，用力将其推向另一端，将风扇固定在主板上，如图 6-8 所示。

(7) 连接电源，散热风扇上有一个需要与主板相连接的电源接口，如图 6-9 所示。

图 6-8　推动风扇扳手

图 6-9　连接散热风扇主板电源

3. 安装内存

主板上的内存插槽一般有 4 个或 6 个，可以组成双通道或三通道。一般内存插槽有两种颜色，若要组成双通道或三通道，必须将内存条插入到相同颜色的插槽中。

内存插槽上有卡座，稍微用力将卡座扳开，然后将内存条上的缺口与插槽中防插反凸起对齐，垂直向下均匀用力将内存条插入插槽中，如图 6-10 所示。当听到"咔"一声响的时候，表明内存插入成功，插入后两侧的卡座会自动扣紧。

图 6-10　安装内存

4. 安装主板

(1) 将主板配套的外部接口面板固定到主板接口挡板位置。

(2) 将机箱平放，把主板平稳地放入机箱，使主板上的孔位与机箱内面板上的主板定位孔对齐，同时使主板接口与机箱背面留出的接口位置相对应。主板放置如图 6-11 所示。

(3) 确认主板与定位孔及机箱背面预留接口对齐之后，使用螺丝钉和螺丝刀将主板固定在机箱上。

图 6-11 主板放入机箱

5. 安装硬盘和光驱

(1) 将硬盘由外向里放入机箱的硬盘支架上，在放置硬盘时，要保证硬盘的正面向上，如图 6-12 所示。

(2) 对齐硬盘和硬盘托架上螺孔的位置，用螺丝钉和螺丝刀将硬盘的两个侧面固定，这样就完成硬盘的安装。

现在，光驱已不是计算机的必备设备。如果要安装光驱，则按照下列步骤操作。

(1) 在机箱前置面板上取下光驱挡板，将光驱推入光驱支架中，如图 6-13 所示。

(2) 将光驱的螺丝孔与光驱支架对应，拧紧螺丝将其固定。

图 6-12 安装硬盘

图 6-13 安装光驱

6. 安装接口卡

计算机常用接口卡包括显卡、声卡和网卡，现在的主板上一般都集成了这三类接口卡，一般不需要再安装独立的接口卡，若需要安装，则按照下列步骤操作(以独立显卡为例)。

(1) 在主板上找到显卡对应的插槽(不同类型的显卡，插槽不一样)，将插槽对应的挡片取下。

(2) 将显卡对准插槽，两手均匀用力将显卡插入插槽中，如图 6-14 所示。

(3) 用螺丝钉和螺丝刀将显卡固定在机箱上，完成显卡的安装。

图 6-14　安装显卡

6.1.3　连接内部线路

主机中的设备都是通过数据线与主板进行连接的，如硬盘、光驱等，本节将介绍各种设备的连接方法。

1. 连接主板电源线

连接主板电源线是指将主板电源的插头插入到主板上对应的插座中。主板电源接口为长方形，一般为 20 针或 24 针。除此之外，主板电源接口一般还附带有一个 CPU 供电专用接口，CPU 供电专用接口主要有 4 针和 8 针两种。主板电源接口如图 6-15 所示。

在连接主板电源时，在主板上找到电源插座，将电源接口与插座对齐插入。然后在主板电源线附近找到 CPU 专用电源线插座，将 CPU 电源线插入。注意在电源接口只能单方向插入。主板电源线的连接如图 6-16 所示。

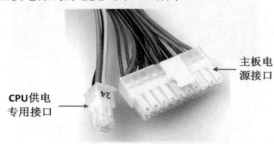

图 6-15　主板电源接口

图 6-16　连接主板电源线

2. 连接硬盘/光驱电源线和数据线

(1) 连接电源线。目前，硬盘的电源线几乎全部采用 SATA 接口，如图 6-17 所示。在硬盘上有对应的电源接口，将电源线按照正确的方向插入硬盘电源接口，如图 6-18 所示。

注意，在连接硬盘电源线时，要按照正确的方向插入，否则无法将电源线插入硬盘电源接口。如果方向反了，很容易损坏接口。

图 6-17　硬盘电源线

电源接口

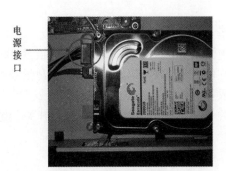

图 6-18　连接硬盘电源线

如果要在计算机中安装光驱，则还需要连接光驱电源线，其连接方式与硬盘线相同，可能两者的接口不同。目前，很多光驱还是采用 IDE 接口，其电源线插头是一个四针的接口，如图 6-19 所示。将光驱电源线插入光驱的对应接口中即可，如图 6-20 所示。

图 6-19　光驱电源线(IDE 接口)

图 6-20　连接光驱电源线

(2) 连接数据线。硬盘数据线用于连接硬盘与主板，硬盘数据线也是 SATA 接口，一般是红色的，如图 6-21 所示。

硬盘数据线具有防插反结构，同时支持热插拔。将数据线一端插入硬盘接口，然后在主板上找到 SATA 接口，通常主板上有多个 SATA 接口，将数据线插入任一个接口即可，如图 6-22 所示。

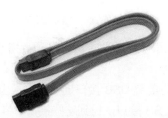

图 6-21　硬盘数据线(SATA 接口)

图 6-22　连接硬盘数据线到主板

如果安装了光驱，则还需要连接。光驱数据线一般是扁平的宽幅线，具有 IDE 接口，如图 6-23 所示。将光驱数据线的一端接到光驱上，然后在主板上找到相应的 IDE 接口，按照正确的方向将光驱数据线插入主板中，如图 6-24 所示。

接光驱

接主板

图 6-23　光驱数据线(IDE 接口)

图 6-24　连接光驱数据线到主板

3. 连接控制线和信号线

除了电源线与数据线之外，机箱还有很多"线头"，这些线头称为跳线，主要是控制线和信号线，它们主要控制机箱面板上的按钮与信号灯，将它们分别连接到主板上，用户就可以通过按钮来操控计算机。

控制线和信号线连接电源开关、复位开关、电源指示灯、前置 USB 接口等，每种数据线都有相应的标识，如图 6-25 所示。

每种线的名称及作用如下。

(1) POWER SW 是电源开关接线，用于连接机箱前置面板上的电源按钮，控制计算机的开启和关闭。

(2) RESET SW 是复位开关接线，控制机箱前置面板上的重启按钮。

(3) POWER LED 是电源指示灯接线，注意分正负极，如果接错不会对计算机造成影响，但电源指示灯不亮。

(4) H.D.D LED 是硬盘指示灯接线，连接该线后，硬盘工作时指示灯会亮。

(5) SPEAKER 是机箱喇叭接线，控制机箱中的喇叭。

上述跳线对应的接口都集中在主板上，将各接线依次插入相应接口即可，如图 6-26 所示。

图 6-25　控制线与信号线

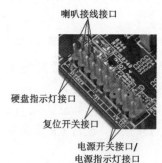

图 6-26　主板跳线接口

注意，在这些接口中，有的接口可以混用，例如最左边的四个可以接硬盘指示灯线，还可以接喇叭接线(阅读说明书)。

除此之外，机箱还提供了前置 USB 接口，需要将前置 USB 接口连接到主板上。USB 接线如图 6-27 所示。主板上相应的都会提供多个扩展的 USB 接口，找到这些接口，将 USB 接线插入到对应接口中即可。主板上的扩展 USB 接口如图 6-28 所示。

图 6-27　前置 USB 接线

图 6-28　扩展 USB 接口

至此，机箱内的线路基本连接完毕，接下来进行外部设备的连接。

6.1.4 连接外部设备

连接外部设备主要是指连接显示器、鼠标、键盘、音箱等，这些外部设备主要连接到机箱的背面面板上。

1. 连接显示器

显示器需要连接两根线才能正常工作，信号线(图 6-29 所示为 VGA 接口)和电源线。信号线和电源线如图 6-29 所示。

将信号线一端连接到显示器上，并拧紧螺丝，如图 6-30 所示，另一端连接到机箱背面面板的显示输入接口上，拧紧螺丝。然后将电源线一端插入显示器插口，另一端接入外设电源插座即可。

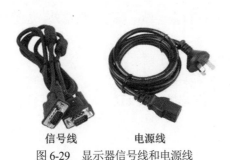

信号线　　　　电源线

图 6-29　显示器信号线和电源线

图 6-30　连接显示器

2. 连接键盘和鼠标

现在，绝大部分键盘和鼠标都采用 USB 接口，机箱后置面板留有多个 USB 接口，将键盘和鼠标任意插入 USB 接口即可。

若有的键盘和鼠标是采用 PS/2 接口，则只能插入到对应的接口上，否则无法工作。通常，PS/2 接口的键盘接口为紫色，鼠标接口为绿色，如图 6-31 所示。在机箱后置面板上有键盘和鼠标的接口，其颜色与键盘和鼠标接口的颜色是对应的，注意按正确的方向轻轻插入即可。

图 6-31　PS/2 键盘鼠标接口

3. 连接音箱和网线

网线的连接很简单，在主机后置面板上有网线接口，将网线插入对应的接口即可。

有的用户在组装计算机时还会配置一些其他设备，如音箱。音箱的连接也很简单，在主机后置面板上有音频插孔，即通常所说的耳机插孔，将音箱连接线插入对应接口即可，注意区分音箱线(音频输出)和麦克风线(音频输入)，不能插错。

最后是连接主机电源线。主机与显示器的电源线是相同的，在主机后置面板上有相应的电源接口，将电源线一端插入主机，另一端插入外设电源插座。至此，一台完整的计算机组装完成。

6.1.5 开机检测

在完成组装计算机硬件设备的操作后，需通过开机检测来查看连接是否存在问题，若一切正常则可以整理机箱并合上机箱盖，完成组装计算机的操作。

1. 启动计算机前的检查

组装计算机完成后不要立刻通电开机，还要再仔细检查一遍，以防出现意外。检查步骤如下。

(1) 检查主板上的各个数据线、控制线(跳线)的连接是否正确。

(2) 检查各个硬件设备是否安装牢固，如显卡、内存、硬盘等。

(3) 检查机箱中的连线是否搭在风扇上，以防影响风扇散热以及风扇转动磨损导线。

(4) 检查机箱内有无其他杂物。

(5) 检查外部设备是否连接良好，如显示器、音箱等。

2. 开机检测

检查无误后，接通电源，按下主机电源按钮，机箱电源灯亮起，同时机箱中的风扇也开始工作，计算机将自动启动，并进入自检界面，如图 6-32 所示。

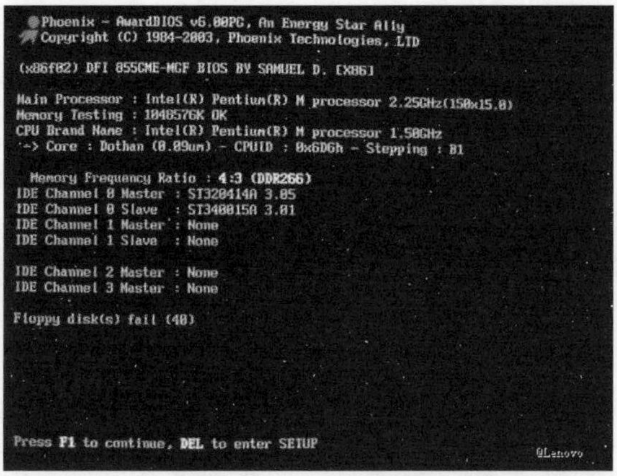

图 6-32 开机自检界面

如果开机后可以检测到主板、硬盘、内存等，说明计算机组装正确。如果开机没有显示自检字样，而是黑屏，则需要查看电源是否接通。如果没有检测到相应的设备，如内存、显卡、硬盘等，就需要检查相应设备是否安装到位及正确，有时需要借助万用表检测。

3. 整理机箱

开机检测无问题后，即可整理机箱内部的各种线缆。将各种线缆整理整齐，使用绑扎带捆

扎起来，使机箱内显得干净整洁，不会影响机箱内空气流通散热，也不会卡住风扇等，如图 6-33
所示。

图 6-33　整理机箱线缆

6.2　Windows 10 系统的安装与应用

  Windows 10 是微软公司研发的跨平台操作系统，应用于计算机和便携式计算机等设备，于
2015 年 7 月 29 日发布。Windows 10 在易用性和安全性方面较之前系统有了极大的提升，除了
针对云服务、智能移动设备、自然人机交互等新技术进行融合外，还对固态硬盘、生物识别、
高分辨率屏幕等硬件进行了优化完善与支持。

  Windows 10 共分为 7 个不同的版本，如图 6-34 所示。

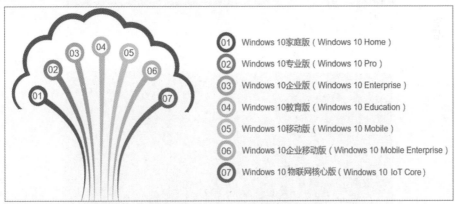

图 6-34　Windows 10 的版本图

6.2.1　安装 Windows 10 系统

  安装操作系统分为新购买、尚未安装操作系统的计算机安装和已经安装了操作系统正在使
用计算机安装，两者的区别在于已经安装操作系统的计算机，在安装前应该先备份系统盘中的
重要文件，再进行系统的安装。对于新购买的计算机，在购买的时候已安装不需要再进行安装。
对于使用过程中因为某种原因需要重新安装的情况可以按以下步骤进行。

1. 找到安装的版本

大家可以去Microsoft官网进行Window 10的购买和下载。在网页https://www.microsoft.com/zh-cn/software-download/windows10 中下载 Windows 10 安装包。

2. 安装 Windows 10

Windows 10 的安装是一个较复杂的过程，需要一段时间才能安装完成，具体可以参考以下步骤进行。

(1) 设置语言，如图 6-35 所示，中文版默认的安装语言是中文(简体)，单击"下一步"进入安装界面。

图 6-35　安装界面

(2) 单击"现在安装"，如图 6-36 所示。

图 6-36　现在安装图

(3) 在安装过程中需要输入产品密钥，选择安装的版本，选择安装的版本之后会打开许可条款阅读界面，如图 6-37 所示。

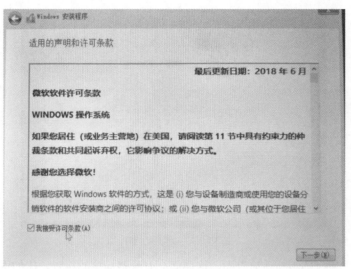

图 6-37 许可条款界面

(4) 接下来要进行安装类型的选择，一般 Windows 10 提供了"升级"和"自定义(高级)"两种类型，"升级"选项是在现有的 Windows 10 版本的基础上使用，而"自定义"选项是在安装全系统时使用，一般情况下根据自己的需要进行选择，这里选择"自定义(高级)"选项并点击"下一步"。

(5) 接下来选择将操作系统安装在哪个磁盘，也就是选择磁盘位置。安装程序会显示系统的磁盘分区大小、可用空间等情况，并可在这个界面下进行格式化、删除、新建等操作，通常用户专门辟出一个磁盘分区作为系统盘，其他的程序、数据、文件等都不使用这个盘。将 Windows 安装在系统盘上。

(6) 选择好安装磁盘后，单击"下一步"将会进入复制 Windows 文件、展开 Windows 文件、安装功能、安装更新等自动执行过程，如图 6-38 所示，界面会提示安装进行到哪一个阶段。用户无须操作，大约等待十几分钟，中间可能有多次重启。

图 6-38 安装过程中的等待窗口

(7) 安装程序进度条会显示**秒之后进行重启，如图 6-39 所示。

图 6-39　重启界面

(8) 之后进入系统的不断重启界面，这期间会有一些简单的设置，比如用户名、计算机名及密码等，如图 6-40 所示。

图 6-40　安装等待过程界面

(9) 所有设置完成后，整个 Windows 10 程序基本安装完成了。进入 Window 10 的操作系统初始界面，如图 6-41 所示。

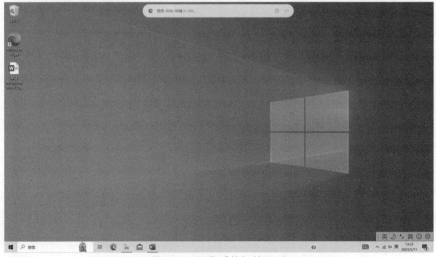

图 6-41　操作系统初始界面

6.2.2　Windows 10 的应用

成功安装并启动 Windows 10 后，呈现在用户面前的屏幕区域称为桌面。Windows 10 的桌面主题由桌面图标与位于下方的"开始"按钮、桌面背景和任务栏等部分组成。下面对各个组成部分进行简要的介绍。

1. 桌面

用户启动计算机之后，首先看到的是系统的桌面。桌面是用户和计算机之间交流的中间平台。桌面上主要存放用户使用频率较高的文件或应用程序的图标，桌面的设置一般指对桌面背景、桌面图标、任务栏的设置，如图 6-42 所示。

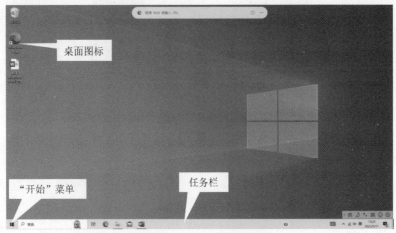

图 6-42　Windows 10 桌面图

1) 桌面背景

桌面背景指计算机桌面使用的壁纸或背景图片。用户可以根据自己的喜好进行背景的设置。在桌面上右击，在弹出的快捷菜单中单击"个性化"，弹出桌面背景窗口设置窗口，可以对背景、颜色、主题、字体等做设置，如图 6-43 所示。

图 6-43　设置桌面背景

2) 桌面图标

桌面图标是计算机的应用程序、文件夹或文件在桌面上的标识，具有明确的指代含义。桌面图标一般分为系统图标和快捷方式图标两种，左下角带有标记的为快捷方式图标，不带标记的为系统图标，如图 6-44 所示。图标包含图形和说明文字两部分。把鼠标指针放在图标上停留片刻，会出现对图标所表示内容的说明；双击图标，就可以打开相应的内容。

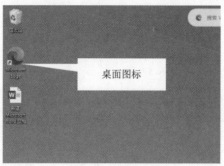

图 6-44　桌面图标

3) 任务栏

任务栏位于桌面的最底下，是系统的总控中心，显示系统正在运行的所有程序，不同程序间可相互切换，如图 6-45 所示。

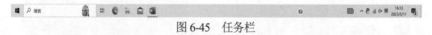

图 6-45　任务栏

4) "开始"菜单

"开始"菜单是操作计算机的重要门户，即使是桌面上没有显示的文件或程序，通过"开始"菜单也能轻松找到相应的程序。"开始"菜单可以用来执行用户所要进行的所有操作。整个菜单根据最近添加和程序首字母进行排序，最近添加的程序在最上方，如图 6-46 所示。

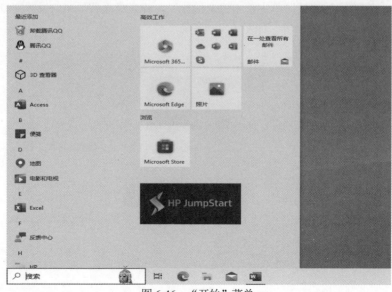

图 6-46　"开始"菜单

2. Windows 程序的启动

在 Windows 10 中启动应用程序时，有以下几种方式。

方式一：单击"开始"按钮，打开"开始"菜单，此时可以先在"开始"菜单左侧的高频使用区查看是否有需要打开的程序选项，如果有则选择该程序选项启动。如果高频使用区中没有要启动的程序，则在"所有程序"列表中依次单击程序所在的文件夹，选择需执行的程序选项启动程序，如图 6-47 所示。

图 6-47 "开始"菜单启动

方式二：在"此电脑"中找到需要执行的应用程序文件，用鼠标双击；也可在其上单击鼠标右键，在弹出的快捷菜单中选择"打开"命令。

方式三：双击应用程序对应的快捷方式图标。

方式四：单击"开始"按钮，打开"开始"菜单，在"搜索程序"文本框中输入程序的名称，选择后按 Enter 键打开程序。

3. 窗口的组成和操作

在 Windows 10 中，窗口是基本的操作对象，是用户与各种软件之间沟通的界面。Windows 10 的窗口有两种类型。

(1) 文件夹窗口，如"此电脑"窗口，如图 6-48 所示。这类窗口显示的是文件夹和文件，Windows 10 中的文件夹窗口与 Windows 7 中的文件夹窗口类似，可以自动弹开相应的树形文件夹，包括更详细的文件信息框、文件内容快速预览、点击式地址栏、快捷搜索框等全新元素，菜单栏也由原来的固定式变成了智能式，能够跟随点击的对象而显示不同的按钮，从而提高操作效率。"此电脑"窗口由标题栏、地址栏、功能区等组成。

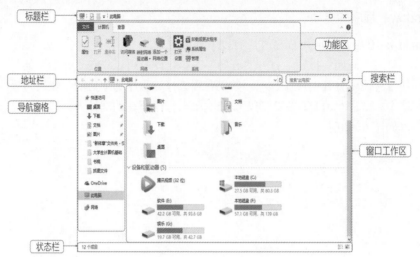

图 6-48　"此电脑"窗口

① 标题栏：位于窗口顶部，通过该工具栏可以快速实现设置所选项目属性和新建文件夹等操作，最右侧是窗口最小化、窗口最大化和关闭窗口的按钮。

② 功能区：功能区是以选项卡的方式显示的，其中存放了各种操作命令，要执行功能区中的操作命令，只需单击对应的操作名称即可。

③ 地址栏：显示当前窗口文件在系统中的位置。

④ 搜索栏：用于快速搜索计算机中的文件。

⑤ 导航窗格：单击可快速切换或打开其他窗口。

⑥ 窗口工作区：用于显示当前窗口中存放的文件和文件夹内容。

⑦ 状态栏：用于显示当前窗口所包含项目的个数和项目的排列方式。

(2) 应用程序窗口，如"画图"应用程序窗口，如图 6-49 所示。

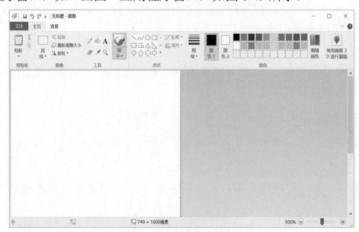

图 6-49　应用程序窗口

接下来介绍常见的窗口操作。在 Windows 10 中，每当用户启动一个程序、打开一个文件或文件夹时都将打开一个窗口，而一个窗口中包括多个对象，打开某个对象又可能打开相应的窗口，该窗口中可能又包括其他不同的对象。

1) 最大化或最小化窗口

- 最大化窗口可以将当前窗口放大到整个屏幕显示，这样可以显示更多的窗口内容，而最小化后的窗口将以图标按钮形式缩放到任务栏的程序按钮区。
- 打开任意窗口，单击窗口标题栏右侧的"最大化"按钮，此时窗口将铺满整个显示屏幕，同时"最大化"按钮变成"还原"按钮。
- 单击"还原"按钮，即可将最大化窗口还原成原始大小。

单击窗口右上角的"最小化"按钮，此时该窗口将隐藏显示，并在任务栏的程序区域中显示为图标，单击该图标，窗口将还原到屏幕显示状态。

2) 移动和调整窗口大小

打开窗口后，有些窗口会遮盖屏幕上的其他窗口内容，为了查看到被遮盖的部分，需要适当移动窗口的位置或调整窗口大小。

3) 排列窗口

在使用计算机的过程中常常需要打开多个窗口，如既要用 Word 编辑文档，又要打开 Microsoft Edge 浏览器查询资料等。当打开多个窗口后，为了使桌面更加整洁，可以对打开的窗口进行层叠、堆叠和并排等操作。

4) 切换窗口

通过任务栏中的按钮切换：将鼠标指针移至任务栏左侧按钮区中的某个任务图标上，此时将展开所有打开的该类型文件的缩略图，单击某个缩略图即可切换到该窗口，在切换时其他同时打开的窗口将自动变为透明效果。

- 按 Alt+Tab 组合键切换：按 Alt+Tab 组合键后，屏幕上将出现任务切换栏，系统当前打开的窗口都以缩略图的形式在任务切换栏中排列出来，此时按住 Alt 键不放，再反复按 Tab 键，将显示一个白色方框，并在所有图标之间轮流切换，当方框移动到需要的窗口图标上后释放 Alt 键，即可切换到该窗口。
- 按 Win+Tab 组合键切换：按 Win+Tab 组合键后，屏幕上将出现操作记录时间线，系统当前和稍早前的操作记录都以缩略图的形式在时间线中排列出来，若想打开某一个窗口，可将鼠标指针定位至要打开的窗口中，当窗口呈现白色边框后单击鼠标即可打开该窗口。

5) 关闭窗口

以下几种方法都可以用来关闭窗口。

- 单击窗口标题栏右上角的"关闭"按钮。
- 在窗口的标题栏上单击鼠标右键，在弹出的快捷菜单中选择"关闭"命令。
- 将鼠标指针移到任务栏中某个任务缩略图上，单击其右上角的"关闭"按钮。
- 将鼠标指针移到任务栏中需要关闭窗口的任务图标上，单击鼠标右键，在弹出的快捷菜单中选择"关闭窗口"命令或"关闭所有窗口"命令。
- 按 Alt+F4 组合键。

4. 文件管理

文件管理是操作系统的重要功能。文件和文件夹是计算机中比较重要的概念，在 Windows 10 中，几乎所有的任务都涉及文件和文件夹的操作。因此，熟练掌握文件和文件夹的相关知识和操作是高效使用计算机的基础。

1) 文件系统的概念

硬盘分区与盘符：硬盘分区是指将硬盘划分为几个独立的区域，这样可以更加方便地存储和管理数据，格式化可使分区划分成用来存储数据的单位，一般在安装系统时会对硬盘进行分区。盘符是 Windows 系统对于磁盘存储设备的标识符，一般使用 26 个英文字符加上一个冒号"："来标识，如"本地磁盘(C:)"，"C"就是该盘的盘符。

(1) 文件：文件是指保存在计算机中的各种信息和数据，计算机中的文件包括的类型很多，如文档、表格、图片、音乐和应用程序等。在默认情况下，文件在计算机中是以图标形式显示的，它由文件图标和文件名称两部分组成，如"新建 Microsoft Word 文档"表示一个名为"新建文件"的 Word 文件。

(2) 文件夹：用于保存和管理计算机中的文件，其本身没有任何内容，却可放置多个文件和子文件夹，让用户能够快速找到需要的文件。文件夹一般由文件夹图标和文件夹名称两部分组成。

(3) 文件路径：在对文件进行操作时，除了要知道文件名外，还需要指出文件所在的盘符和文件夹，即文件在计算机中的位置，称为文件路径。文件路径包括相对路径和绝对路径两种。其中，相对路径是以"."(表示当前文件夹)、".."(表示上级文件夹)或文件夹名称(表示当前文件夹中的子文件名)开头；绝对路径是指文件或目录在硬盘上存放的绝对位置。

2) 文件管理窗口

文件管理主要是在资源管理器窗口中实现的。资源管理器是指"此电脑"窗口左侧的导航窗格，它将计算机资源分为快速访问、OneDrive、此电脑、网络 4 个类别，可以方便用户更好、更快地组织、管理及应用资源，如图 6-50 所示。

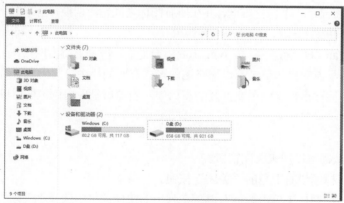

图 6-50　文件窗口

打开资源管理器：双击桌面上的"此电脑"图标或单击任务栏上的"文件资源管理器"按钮，打开"文件资源管理器"对话框，单击导航窗格中各类别图标左侧的图标，可依次按层级展开文件夹，选择某个需要的文件夹后，其右侧将显示相应的文件内容。

3) 文件的基本操作

(1) 选择文件和文件夹。

① 选择单个文件或文件夹：使用鼠标直接单击文件或文件夹图标即可将其选择，被选择的文件或文件夹的周围将呈蓝色透明状显示。

② 选择多个相邻的文件或文件夹：在窗口空白处按住鼠标左键不放，拖动鼠标框选需要选择的多个对象，再释放鼠标按键即可。

③ 选择多个连续的文件或文件夹：用鼠标选择第一个选择对象，按住 Shift 键不放，再单击最后一个选择对象，可选择两个对象中间的所有对象。

④ 选择多个不连续的文件或文件夹：按住 Ctrl 键不放，再依次单击所要选择的文件或文件夹，可选择多个不连续的文件或文件夹。

⑤ 选择所有文件或文件夹：直接按 Ctrl+A 组合键，或选择【编辑】→【全选】命令，可以选择当前窗口中的所有文件或文件夹。

(2) 新建文件和文件夹。

新建文件是指根据计算机中已安装的程序类别，新建一个相应类型的空白文件，新建后可以双击图标打开该文件并编辑文件内容。如果需要将一些文件分类整理在一个文件夹中以便日后管理，就需要新建文件夹。

(3) 移动、复制、重命名文件和文件夹。

移动文件是将文件或文件夹移动到另一个文件夹中，复制文件相当于为文件做一个备份，原文件夹下的文件或文件夹仍然存在，重命名文件即为文件更换一个新的名称。

(4) 删除和还原文件或文件夹。

删除一些没有用的文件或文件夹，可以减少磁盘上的多余文件，释放磁盘空间，同时也便于管理。删除的文件或文件夹实际上是移动到"回收站"中，若误删除文件，还可以通过还原操作将其还原。

(5) 搜索文件或文件夹。

如果用户不知道文件或文件夹在磁盘中的位置，可以使用 Windows 7 的搜索功能来查找。

5. 控制面板

控制面板是一个用来对 Windows 系统环境的设置进行控制的工具集，是用来更改计算机硬件、软件设置的专用窗口。通过控制面板可以更改系统的外观和功能，可以管理打印机、添加硬件、添加/删除程序，并进行多媒体和网络设置等。

(1) 控制面板的启动。常用以下两种方式打开控制面板(图 6-51)。

方式一：单击"开始"按钮，选择"控制面板"选项。

方式二：在"此电脑"窗口工具栏中单击"打开控制面板"按钮。

图 6-51 控制面板

(2) 控制面板的操作。在控制面板中可以设置系统的安全、用户账户、网络、始终和程序等相关内容，一般对程序卸载，是通过"程序"选项进行。如果需要对用户账户进行设置，单击"用户账户"，如图 6-52 所示，可以设置账户的类型等内容。

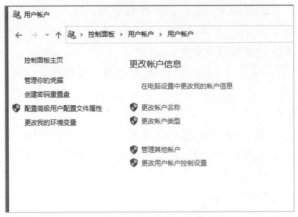

图 6-52　用户账户

6.3　Office 2016 办公软件的操作与应用

Office 2016 是一套由微软公司开发的办公软件，用户很广，本节主要介绍 3 个常用的办公软件：文字处理软件 Word 2016、电子表格处理软件 Excel 2016 和演示文稿软件 PowerPoint 2016。

6.3.1　Word 2016 的基本操作

Microsoft Word 2016 简称 Word 2016，主要用于文本处理工作，可创建和制作具有专业水准的文档，能轻松、高效地组织和编写文档，其主要功能包括：强大的文本输入与编辑功能、各种类型的多媒体图文混排功能、精确的文本校对审阅功能，以及文档打印功能等。Word 2016 在拥有旧版本功能的基础上，还增加了图标、搜索框、垂直和翻页，以及移动页面等新功能。Word 是常用的文字处理软件，使用它可以快速复制和编辑各类文档。它的应用非常广泛，例如用于编写信函、海报、合同等，是一款功能强大的文档编辑工具。

1. 启动和退出

启动 Word 2016 有多种方式，最常用的是从"开始"菜单中选择以"W"开头的 Word 程序进行启动，具体步骤如下。

(1) 单击 Windows 的"开始"按钮，打开"程序"列表，在该列表中单击选择以"W"字母开头的"Word"应用程序，如图 6-53 所示。

图 6-53　启动 Word

(2) 启动 Word 应用软件后，打开 Word 的主界面窗口，如图 6-54 所示。

图 6-54　Word 启动界面

Word 文档的退出是在不需要使用 Word 时进行的操作。Word 的退出有以下几种方式。

方式一：在 Word 窗口中，单击右上角的"关闭"按钮关闭当前文档。重复这样的操作，直到关闭所有打开的 Word 文档，方可退出 Word 2016 程序。

方式二：在 Word 窗口中，单击左上角的控制菜单图标，在弹出的窗口控制菜单中选择"关闭"命令，关闭当前文档。重复这样的操作，直到关闭所有打开的 Word 文档，方可退出 Word 2016 程序。

方式三：在 Word 窗口中，切换到"文件"选项卡，然后选择左侧窗格的"关闭"命令，关闭当前文档。重复这样的操作，直到关闭所有打开的 Word 文档，方可退出 Word 2016 程序。

方式四：在 Word 窗口中，切换到"文件"选项卡，然后选择"退出"命令，快速关闭所有打开的 Word 文档，从而退出 Word 2016 程序。

(3) 退出 Word 2016。退出 Word 2016 的方式主要有以下几种。

方式一：单击标题栏右侧的"关闭"按钮。

方式二：确认 Word 2016 操作界面为当前活动窗口，然后按 Alt+F4 组合键。

方式三：在 Word 2016 的标题栏上右击，在弹出的快捷菜单中选择"关闭"命令。

2. 功能区介绍

Word 启动之后选择新建"空白文档",进入 Word 操作界面。在 Word 2016 界面包含有多个功能区,主要包括"文件""开始""设计""插入""布局""引用""审阅""邮件"和"视图"这几个功能区,每个功能区下面又包含若干个功能组,每个功能组里包含若干功能,如图 6-55 所示。

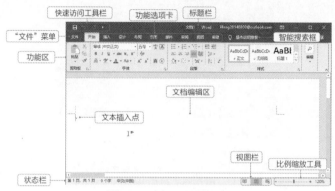

图 6-55　Word 界面组成

1)"文件"功能区

单击主功能区上的"文件"功能区,会显示文件的"信息"、打印等选项。

2)"开始"功能区

"开始"功能区中显示的是最常用的编辑和排版功能,如复制、粘贴、设置字体、段落、样式等。利用"开始"功能区,基本可以满足编辑文档的需求。

3)"插入"功能区

在编辑文档时,经常需要插入一些非文字的内容,如一幅图片、一张图表、一个数学公式或一个特殊符号等,这时就需要通过"插入"功能区进行解决。

4)"页面布局"功能区

如果想要在打印机上打印输出文档,就要选择纸张的大小、每一页的页边距等参数,这些任务都只能通过"页面布局"的功能区来实现。

5)"设计"功能区

这个模块的功能主要是设置纸张和页面的样式,如水印、页面背景等内容。

6)"引用"功能区

"引用"功能区主要是对引用的内容进行处理,主要包括目录、脚注、尾注、索引等功能。

7)"邮件"功能区

Word 软件中有一个可以批量处理的功能,即可用来批量制作各种文档。对于大部分内容相同,但是有些地方有区别的大批文档,如制作发给学生的"学生成绩报告单",它根据学生总分不同,在不同的报告单中写上不同的内容,总分超过 540 分的学生,在报告单的最后写上"学习成绩优秀"。而对于其他的学生,报告单中则没有这一句。利用 Word 软件中的"邮件"功能,就可以用同一个主文档和数据源合并出不同的邮件。

8)"审阅"功能区

对于比较重要的文档,制作好以后,一般还需要领导或负责人对文档的内容做审核,以保证文档内容的准确性，这就是 Word 2016 的审阅功能。假如你收到一份报告的电子文档要审阅。传统的做法是在修改过的地方用红色标识，但这种方法的局限性在于：只知道哪里改了，改成了什么样子，但是不知道原来是什么。利用 Word 的审阅功能，可以很好地解决这个问题。其方法很简单：首先打开报告，调出审阅工具条，按下修订按钮，此时就可以修改报告了，Word 会记录下所有操作。修改完成后，存盘发送给对方即可。对方收到报告后，可以很直观地看到哪里做了修改，并可以通过显示状态下拉框来对比原始文件和修订后的文件，也可以接受或拒绝修订。

9)"视图"功能区

"视图"功能区主要用来设置文档的不同显示方式，"视图"功能区根据不同的视图方式分为多个视图功能组，组之间用一条横线分隔。Word 2016 中共提供了多种视图式供用户选择，这些视图模式包括"页面视图""阅读版式视图""Web 版式视图""大纲视图"和"草稿视图"五种。用户根据显示需要在"视图"功能区中选择需要的文档视图模式即可。

3. 文档的基本操作

1) 新建文档

(1) 新建空白文档，可以通过"新建"命令新建、通过快速访问工具栏新建和通过快捷键新建。

(2) 根据模板新建文档，可以选择一个已有的模板，点击"新建"，如图 6-56 所示。

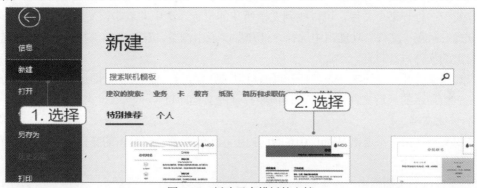

图 6-56　新建已有模板的文档

2) 保存文档

在 Word 2016 中，已输入的内容仅保存在计算机的内存中，并没有保存在磁盘上，一旦断电或关闭文档，内存中的内容将丢失。为防止因关机或各种意外造成文档丢失，用户可单击"文件"菜单中的"保存"命令，或单击标题栏左上方的保存按钮，将文档保存到磁盘上。保存文档分为：保存新建的文档、另存为文档和自动保存文档三种。

(1) 在保存新建的文档时，单击"文件"→"保存"命令，或者单击快速访问工具栏中的"保存"按钮，或者按 Ctrl+S 组合键。

(2) 另存为文档时选择"文件"→"另存为"命令，在打开的"另存为"窗口中按保存文档的方法操作即可。

(3) 自动保存文档时选择"文件"→"选项"命令，打开"Word 选项"对话框，选择左侧列表框中的"保存"选项，单击选中"保存自动恢复信息时间间隔"复选框；并在右侧的数值框中设置自动保存的时间间隔，如"10 分钟"，完成后确认操作即可，如图 6-57 所示。

图 6-57　自动保存界面

3) 打开文档

打开文档的方式也有多种，主要如下。

方式一：打开某个文件，可以找到文档所在的位置，选中并双击该文档即可打开。

方式二：在"文件"功能组中选择"打开"，点击浏览，在弹出的"打开"窗口中选择指定位置上的文件进行打开。

方式三：打开最近的文件。在打开页面可以选择最近打开的文档，即选择"文件"→"打开"在右边显示的最近文件列表中选择需要打开的文档即可。

4) 关闭文档

关闭文档是指在不退出 Word 2016 的前提下，关闭当前正在编辑的文档，方法为选择"文件"→"关闭"命令。

5) 多窗口多文档编辑

(1) 新建窗口：打开文档后，在"视图"→"窗口"组中，单击"新建窗口"按钮，Word默认把当前窗口的文档内容复制到新窗口中。文件命名将会在原文档的名字后加一个序号，如文档 1:1、文档 1:2、文档 1:3、…、文档 1:n 等。

(2) 并排查看文档：在"视图"→"窗口"组中，单击"并排查看"按钮，打开"并排比较"对话框，在"并排比较"列表框中选择需要并排的文档，单击"确定"按钮，可将选择的文档和原文档并排显示，以方便用户对文档内容进行编辑。

(3) 拆分文档：在"视图"→"窗口"组中，单击"拆分"按钮，即可将文档拆分为两个部分，滑动鼠标滚轮即可查看文档内容，若需要取消拆分，只需单击"取消拆分"按钮，即可进行整个文档的编辑。

(4) 重排窗口：若需要查看多个窗口，可在"视图"→"窗口"组中，单击"重排窗口"按钮，即可堆叠打开窗口，以便一次查看所有窗口。

4. 文本编辑

1) 输入文本

文档中不仅可以输入普通的文本内容，还可以插入键盘上没有的符号、指定格式的日期和时间、公式等。输入内容的方法非常简单，切换到合适的输入法，在文档中不停闪烁的光标处输入需要的文本内容即可。当输入的文本内容超过一行时，继续输入的内容会自动在下一行中显示，如图 6-58 所示。

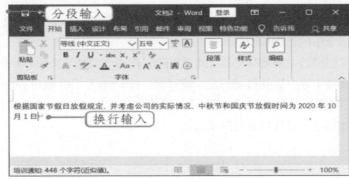

图 6-58　输入文本

2) 插入与删除文本

如果文档中输入了多余或重复的文本，可使用删除操作将不需要的文本从文档中删除，按 BackSpace 键可删除选择的文本。若定位文本插入点后，按 BackSpace 键则可删除文本插入点前面的字符。按 Delete 键也可删除选择的文本。

3) 查找与替换文本

查找是指对文档中特定的内容进行定位查看，替换是指将文档中的某一内容替换成另一内容，包括文本、图形、各种常见格式，以及一些特定的格式等，如图 6-59 所示。

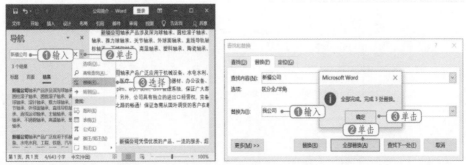

图 6-59　查找与替换

4) 设置文本字体

字体格式是指文本以单字、词语或句子为对象的格式，包括字体、字号、字体颜色、字形、字体效果和字符间距等。

5) 复制与移动文本

复制是指将选中的文本或对象的副本移到另一位置，被选中的文本或对象保持在原位置不变。操作方式有以下三种。

方式一：选择所需文本后，在"开始"→"剪贴板"组中单击"复制"按钮复制文本，定位到目标位置后单击"粘贴"按钮粘贴文本。

方式二：选择文本后，在快捷菜单中选择"复制"命令，然后在目标位置单击"保留源格式"按钮粘贴文本。也可按 Ctrl+C 组合键和 Ctrl+V 组合键。

方式三：选择所需文本后，按住 Ctrl 键不放，将其拖动到目标位置即可。

移动是指将选中的文本或对象移到另一位置，原位置的文本或对象将不存在。移动的操作方式有以下三种。

方式一：在文档中选中需要移动的文本或对象，在快捷菜单中选择"剪切"命令，然后单击"粘贴选项"命令中的"保留源格式"。

方式二：在文档中选中需要移动的文本或对象，单击"剪切"按钮和"粘贴"按钮。

方式三：在文档中选中需要移动的文本或对象，按 Ctrl+X 组合键和 Ctrl+V 组合键。

在文档中选中需要移动的文本或对象，选择要移动的文本，将鼠标指针移到选择的文本上，按住鼠标左键不放拖动到目标位置后释放鼠标即可。

5. 文档排版

1）设置字体格式

字体格式是指文本以单字、词语或句子为对象的格式，包括字体、字号、字体颜色、字形、字体效果和字符间距等。

选择一段文本后，单击"开始"→"字体"，弹出"字体"对话框，如图 6-60 所示。

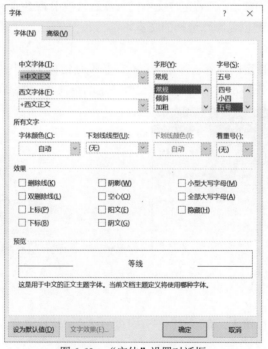

图 6-60 "字体"设置对话框

2）设置段落格式

段落格式是文档排版中最基本的格式。这个功能主要是控制段落外观的格式，如缩进、间距、对齐和分页等。

(1) 设置行和段落间距。

该功能组主要是设置段落的对齐方式、段落级别、换行与分页和中文版本的内容。在"开始"功能组中点击"段落",弹出"段落"对话框,如图 6-61 所示。在"段落"对话框中,主要有"缩进和间距""换行和分页"和"中文版式"几个选项卡。在"缩进和间距"中可以设置段落的对齐方式、缩进和行间距。在"换行和分页"中主要设置分页的格式。在"中文版式"中主要设置换行和字符间距。

图 6-61　"段落"对话框

(2) 设置项目编号。

为了使内容更有层次性,常常需要给一组内容添加项目符号或编号。使用项目符号和编号可以准确地表达内容的并列关系、从属关系以及顺序关系等。

① 添加项目符号和编号:选中需要添加项目符号或编号的段落,单击"开始"选项卡中"段落"组中的"项目符号"命令或"编号"命令右边的下拉按钮,弹出下拉菜单,从中选择合适的项目符号或编号,如图 6-62 所示。

图 6-62　项目符号库

② 更改项目符号和编号:对于已经插入的项目符号或编号列表,可以对其进行修改以适应

排版要求。选中需要修改项目符号或编号的段落，单击"开始"选项卡中"段落"组中的"项目符号"命令或"编号"命令右边的下拉按钮，弹出下拉菜单，从中选择合适的项目符号或编号。

③ 设置多级列表：多级列表就是类似于图书目录或毕业论文中用到的形如"1.1""1.1.1"等逐段缩进形式，可选择"开始"选项卡中"段落"组中的"多级列表"命令来设置，如图 6-63所示。常配合 Tab 键和 Alt+BackSpace 组合键使用，Tab 键用于编号升级，Alt+BackSpace 组合键用于编号降级。

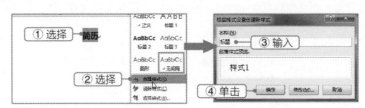

图 6-63　创建样式

④ 删除项目符号和编号：对于不需要使用的项目符号和编号，可以进行删除。选中需要取消的项目符号，点击"无"即可取消项目符号。如果想要取消项目编号，选中要取消的段落，点击"无"即可。

3) 设置样式

样式是指一组已经命名的字符和段落格式，它设定了文档中标题、题注以及正文等各个文本元素的格式。用户可以将一种样式应用于某个段落或段落中选择的字符上，也可以对已有的样式进行修改。

6. 表格应用

在日常工作中，经常需要制作各种表格，如来访人员登记表、日程表、请假单等。Word虽然不是专业的表格制作软件，但通过创建与编辑表格、美化表格同样能快速制作出美观的表格。

1) 创建与编辑表格

在 Word 2016 中，创建表格的方法很多，用户可以根据实际情况选择最佳的表格创建方法。为了使表格更加满足实际需求，表格创建好之后，用户还需要对表格进行相应的编辑，如合并单元格、调整行高和列宽、设置文本对齐方式等。

(1) 插入表格：可以在"插入"功能区，插入表格，如图 6-64 所示。

图 6-64　插入表格

(2) 绘制表格：在"插入"→"表格"组中单击"表格"按钮，在打开的下拉列表中选择"绘制表格"选项 ，此时鼠标指针将变为 ⁄形状，在文档编辑区拖动鼠标指针绘制表格。表格绘制完成后，按 Esc 键退出绘制状态即可。

(3) 选择表格：选择表格的操作分为选择单个或多个单元格。

① 选择单个单元格：将鼠标指针移到所选单元格的左边框偏右位置，当其变为右上斜箭头 ↗ 形状时，单击鼠标即可选择该单元格。

② 选择连续的多个单元格：在表格中拖动鼠标即可选择拖动起始位置处和释放鼠标位置处的所有连续单元格。另外，选择起始单元格，然后将鼠标指针移到目标单元格的左边框偏右位置，当其变为右上斜箭头 ↗ 形状时，按住 Shift 键的同时单击鼠标也可选择这两个单元格及其之间的所有连续单元格。

③ 选择不连续的多个单元格：首先选择起始单元格，再按住 Ctrl 键不放，利用鼠标左键依次选择其他单元格，可以选择不连续的多个单元格。

(4) 选择行：利用拖动鼠标的方法可选择一行或连续的多行单元格。另外还可以通过将鼠标指针移至所选行左侧，当其变为 ⇗ 形状时，单击鼠标可选择该行。利用 Shift 键和 Ctrl 键可实现连续多行和不连续多行的选择操作，方法与单元格的操作类似。

(5) 选择列：利用拖动鼠标的方法可选择一列或连续多列的单元格。将鼠标指针移至所选列上方，当其变为黑色加粗的向下箭头 ↓ 形状时，单击鼠标可选择该列。利用 Shift 键可实现连续多列的选择操作，利用 Ctrl 键可实现不连续多列的选择操作。

(6) 选择整个表格：按住 Ctrl 键不放，利用选择单个单元格、单行或单列的方法即可选择整个表格。另外，将鼠标指针移至表格区域，此时表格左上角将出现图标 ⊞，单击该图标也可选择整个表格，如图 6-65 所示。

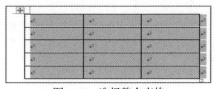

图 6-65　选择整个表格

(7) 布局表格：布局表格主要包括插入、删除、合并和拆分表格等内容，布局方法为选择表格中的单元格、行或列，在"表格工具 布局"选项卡中利用"行和列"组与"合并"组中的相关参数进行设置，如图 6-66 所示。

图 6-66　布局表格

2) 设置表格

(1) 设置对齐方式：在"布局"功能区下方，单击"对齐方式"可以对表格的对齐方式进行设置，如图 6-67 所示。

图 6-67　对齐方式

(2) 设置单元格边框：选择需设置边框的单元格，在"表格工具"→"设计"→"边框"组中单击"边框样式"下拉按钮，在打开的下拉列表中选择相应的边框样式。

(3) 设置单元格底纹：选择需设置底纹的单元格，在"表格工具"→"设计"→"表格样式"组中单击"底纹"下拉按钮，在打开的下拉列表中选择所需的底纹颜色。

(4) 套用表格样式：为所选择的表格设置一种样式。

7. 图文混排

在 Word 中可以对文档设置图片、艺术字等内容。

1) 插入文本框

在文档中插入文本框的方法为：打开要编辑的文档，在"插入"→"文本"组中单击"文本框"下拉按钮，在打开的下拉列表中提供了不同的文本框样式，选择其中的某一种样式，即可将文本框插入到文档中，然后在文本框中直接输入需要的文本内容即可，如图 6-68 所示。

图 6-68　插入文本框

2) 插入图片

在 Word 中插入图片的方法为：将文本插入点定位到需插入图片的位置，在"插入"→"插图"组中单击"图片"按钮，打开"插入图片"对话框，在其中选择需插入的图片后，单击"插入"按钮即可。对已插入的图片还可以进行相应的编辑和剪裁，如设置图片的大小、背景角度等，如图 6-69 所示。

图 6-69　插入图片

3) 插入形状

在"插入"→"插图"组中单击"形状"下拉按钮，在打开的下拉列表中选择某种形状对应的选项，此时可执行以下任意一种操作完成形状的插入。

(1) 单击鼠标：单击鼠标将插入默认尺寸的形状。

(2) 拖动鼠标指针：在文档编辑区中拖动鼠标指针，至适当大小后释放鼠标即可插入任意大小的形状。

8. 打印文档

文档排版完成后，即可进行打印预览，如果确定所预览的效果即可进行打印，打印的结果
与预览的效果一致。

预览打印效果是指在输出打印文档前，用户通过显示器，查看文档打印输出到纸张上的效
果。如果不满意，可以在打印前进行修改。

单击"文件"→"打印"命令，打开"打印预览"窗口，在窗口右侧显示打印效果，如
图 6-70 所示。

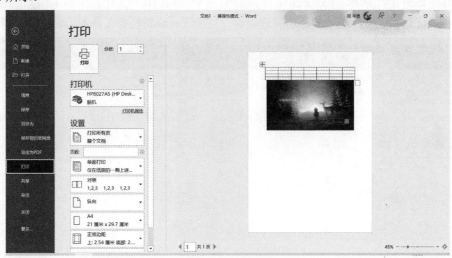

图 6-70　打印预览

在 Word 中有多种打印方式，用户不仅可以按指定范围打印文档，还可以打印多份多篇文
档或将文档打印到文件。此外，Word 2016 中还提供了更具灵活性的可缩放的文件打印方式。

1）快速打印

若要快速打印一份文档，首先打开该文档，然后单击"自定义快速访问工具栏"下拉按钮，
在弹出的下拉菜单中选择"快速打印"命令。此时将按照默认的设置打印。

2）一般打印

若要设置其他的打印选项，在如图 6-70 所示的"打印预览"窗口中可以做如下设置：在"打
印"选项区数值框中输入要打印的份数或者单击微调按钮进行设置；在"打印机"选项区中单
击"名称"下拉列表，可显示系统已安装的打印机列表，从中选择所需的打印机。

在"设置"选项区，可以设置打印范围、单双面打印、打印排序、纸张大小、纸张纵横向、
页边距和纸张缩放等。

3）暂停和终止打印

在打印过程中，如果要暂停打印，应首先打开"打印机和传真"窗口，然后双击打印机图
标。在打开的打印机窗口中，选中正在打印的文件，然后单击鼠标右键，在打开的快捷菜单中
选择"暂停"命令；如果选择"取消"命令，则可取消打印文档。

6.3.2　Excel 2016 的基本操作

Excel 2016 是 Microsoft Office 2016 软件中的电子表格处理软件。它以电子表格为操作平台，

以数据的采集、统计与分析为主要工具；既有关系数据库的管理模式，又有数据图表化的处理手段；集表格处理、数据统计、图表显示于一体，是常用的办公软件之一。

1. Excel 2016 的基本概念

1) 启动和退出

(1) 启动：启动 Excel 2016 的常用方法是从"开始"菜单中启动，选择以"E"开头的应用程序，选择并单击"Excel"；还可以通过右击桌面在弹出的快捷菜单中，选择"新建"→"Excel"，启动后界面如图 6-71 所示。Excel 2016 工作界面与 Word 2016 的工作界面基本相似，由快速访问工具栏、标题栏、文件选项卡、功能选项卡、功能区、编辑栏和工作表编辑区等部分组成。

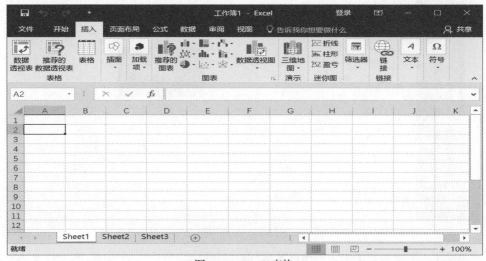

图 6-71　Excel 表格

① 编辑栏用来显示和编辑当前活动单元格中的数据或公式。默认情况下，编辑栏中包括名称框、"插入函数"按钮 f_x 和编辑框，但在单元格中输入数据或插入公式与函数时，编辑栏中的"取消"按钮×和"输入"按钮✓也将显示出来。

② 工作编辑区就是中间的行列组成的区域。

③ 行号与列标。行号用"1，2，3……"等阿拉伯数字标识，列标用"A，B，C……"等大写英文字母标识。一般情况下，单元格地址表示为"列标+行号"，如位于 A 列 1 行的单元格可表示为 A1 单元格。

④ 工作表标签。用来显示工作表的名称，如"Sheet1""Sheet2""Sheet3"等。可以对工作表标签进行重命名等操作。

(2) 退出：退出 Excel 2016 的常用方法有以下 4 种。

① 使用菜单命令。单击"文件"菜单中的"退出"命令。

② 双击"控制菜单"图标。

③ 单击"关闭"按钮。

④ 使用快捷键：按 Alt+F4 组合键。

2) 基本概念

(1) 工作簿：即 Excel 文件，用来存储和处理数据的主要文档，也称为电子表格。默认情况下，新建的工作簿以"工作簿1"命名，若继续新建工作簿，将以"工作簿2""工作簿3"命名，且工作簿名称将显示在标题栏的文档名处。

(2) 工作表：用来显示和分析数据的工作场所，它存储在工作簿中。默认情况下，一张工作簿中只包含3个工作表，分别以"Sheet1""Sheet2""Sheet3"进行命名。

(3) 单元格：单元格是Excel中最基本的存储数据单元，它通过对应的行号和列标进行命名和引用。单个单元格的地址可表示为"列标+行号"，而多个连续的单元格称为单元格区域，其地址表示为"单元格:单元格"，如A2单元格与C5单元格之间连续的单元格可表示为A2:C5单元格区域。

工作簿中包含了一张或多张工作表，工作表又是由排列成行或列的单元格组成。在计算机中工作簿以文件的形式独立存在，Excel 2016创建的文件扩展名为".xlsx"，而工作表依附在工作簿中，单元格则依附在工作表中，因此它们三者之间的关系是包含与被包含的关系。

2. 基本操作

1) 工作簿的操作

(1) 新建工作簿。

Excel启动之后，系统将自动创建一个新的工作簿Book1。在此工作簿内，可直接输入、编辑数据。

创建新工作簿的方法为：单击"文件"菜单下的"新建"命令，在窗口右侧出现"新建工作簿"选项，单击"空白工作簿"。

新创建的工作簿名称按默认方式递增。例如，原来的工作簿为Book1，则新建的工作簿名为Book2，继续建立新工作簿，以Book3，…，Book$n$的方式递增，最大设置数为255。

(2) 打开工作簿。

Excel工作簿的打开与打开Word文档操作一致。打开工作簿的方法为单击"文件"菜单下的"打开"命令，在弹出的"打开"对话框中选定所需的Excel文件。

(3) 保存工作簿。

保存新创建的、未命名的工作簿：单击"文件"工具栏中的"保存"按钮，打开"另存为"对话框。在"文件名"文本框中输入文件名，然后单击"保存"按钮，Excel自动给文件名添加扩展名(.xlsx)并存盘。

保存已命名工作簿：单击"文件"菜单的"保存"命令，或按Ctrl+S快捷键，保存已命名工作簿。

(4) 关闭工作簿。

在完成工作簿中工作表的编辑之后，可以将工作簿关闭。如果工作簿经过修改还没有保存，那么Excel 2016在关闭工作簿之前会提示是否保存现有的修改。在Excel 2016中关闭工作簿常用以下几种方法。

- 单击Excel 2016窗口右上角的"关闭"按钮。
- 双击Excel 2016窗口左上角。
- 选择"文件"→"关闭"命令。
- 按Alt+F4组合键。

(5) 显示/隐藏工作簿。

① 隐藏工作簿：指将正在编辑的工作簿设置成隐藏的工作簿。具体步骤为选择"视图"→"窗口"→"隐藏"命令。

② 显示隐藏的工作簿：指将已设置隐藏的工作簿设置为显示的工作簿。具体步骤：单击"视图"→"窗口"→"取消隐藏"命令。如果"取消隐藏"命令无效，则表明工作簿中没有隐藏的工作表；如果"重命名"和"隐藏"命令均无效，则表明当前工作簿处于防止更改的保护状态，需要撤销保护工作之后，才能确定是否有工作表被隐藏，取消保护工作簿可能需要输入密码。

③ 切换工作簿视图：在 Excel 中也可根据需要在视图栏中单击视图按钮组中的相应按钮，或在【视图】→【工作簿视图】组中单击相应的按钮切换视图，如图 6-72 所示。

图 6-72　切换视图

2) 选择单元格

在工作表中选择单元格的方法有以下 6 种。

(1) 选择单个单元格。单击单元格，或在名称框中输入单元格的行号和列号后按 Enter 键，即可选择所需的单元格。

(2) 选择所有单元格。单击行号和列标左上角交叉处的"全选"按钮，或按 Ctrl+A 组合键即可选择工作表中的所有单元格。

(3) 选择相邻的多个单元格。选择起始单元格后，按住鼠标左键不放拖曳鼠标指针到目标单元格，或按住 Shift 键的同时选择目标单元格，即可选择相邻的多个单元格。

(4) 选择不相邻的多个单元格。按住 Ctrl 键的同时依次单击需要选择的单元格即可选择不相邻的多个单元格。

(5) 选择整行。将鼠标指针移到需选择行的行号上，当鼠标指针变成 ➡ 形状时，单击即可选择该行。

(6) 选择整列。将鼠标指针移到需选择列的列标上，当鼠标指针变成 ⬇ 形状时，单击即可选择该列。

3) 合并与拆分单元格

(1) 合并单元格：在编辑表格的过程中，为了使表格结构看起来更美观、层次更清晰，有时需要对某些单元格区域进行合并操作。选择需要合并的多个单元格，然后在"开始"→"对齐方式"组中单击"合并后居中"按钮，如图 6-73 所示。

(2) 拆分单元格：拆分单元格的方法与合并单元格的方法完全相反，在拆分时选择合并的单元格，然后单击"合并后并居中"按钮，或打开"设置单元格格式"对话框，在"对齐方式"选项卡下撤销选中"合并单元格"复选框即可。

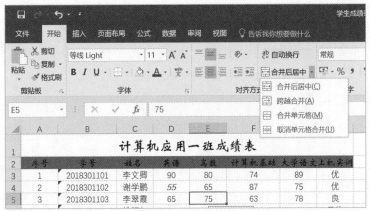

图 6-73　合并与拆分

4) 插入与删除单元格

(1) 插入单元格：选择单元格，在"开始"→"单元格"组中单击"插入"按钮右侧的下拉按钮，在打开的下拉列表中选择"插入单元格"选项，打开"插入"对话框，单击选中对应单选项后，单击"确定"按钮即可。单击"插入"按钮右侧的下拉按钮，在打开的下拉列表中选择"插入工作表行"或"插入工作表列"选项，即可插入整行或整列单元格。

(2) 删除单元格：选择要删除的单元格，单击"开始"→"单元格"组中的"删除"按钮右侧的下拉按钮，在打开的下拉列表中选择"删除单元格"选项。打开"删除"对话框，单击选中对应单选项后，单击"确定"按钮即可删除所选单元格。单击"删除"按钮右侧的下拉按钮，在打开的下拉列表中选择"删除工作表行"或"删除工作表列"选项，即可删除整行或整列单元格。

5) 查找与替换

(1) 查找：在"开始"→"编辑"组中单击"查找和选择"按钮，在打开的下拉列表中选择"查找"选项，打开"查找和替换"对话框的"查找"选项卡。在"查找内容"下拉列表框中输入要查找的数据，单击"查找下一个"按钮，便能快速查找到匹配条件的单元格。单击"查找全部"按钮，可以在"查找和替换"对话框下方列表中显示所有包含需要查找数据的单元格位置。单击"关闭"按钮即可关闭"查找和替换"对话框。

(2) 替换：在"开始"→"编辑"组中单击"查找和选择"按钮，在打开的下拉列表中选择"替换"选项，打开"查找和替换"对话框的"替换"选项卡。在"查找内容"下拉列表框中输入要查找的数据，在"替换为"下拉列表框中输入需替换的内容。单击"查找下一个"按钮，查找符合条件的数据，然后单击"替换"按钮进行替换，或单击"全部替换"按钮，将所有符合条件的数据一次性全部替换。

3. 表格的设置

在表格的设置中可以对单元格中数字的显示类型进行设置，在"对齐"选项卡中主要对单元格的内容对齐方式进行设置，在"字体"选项卡中主要对单元格的字体进行设置，在"边框"选项卡中设置单元格的边框，在"填充"选项卡中设置单元格的颜色，在"保护"选项卡中设置单元格的锁定或隐藏功能，如图 6-74 所示。

图 6-74　设置单元格格式

4. 函数的使用

Excel 提供了大量内置函数，包括财务函数、统计函数、逻辑函数、数学与三角函数、文本函数、日期与时间函数、数据库函数、查找与引用函数、信息函数等。下面将简单介绍部分函数。

1) 函数的一般格式

函数的一般格式为：函数名(参数 1,参数 2,……，参数 n)。

2) 函数的输入方法

使用键盘直接输入函数的操作方法如下：选定要输入函数的单元格；输入"=函数名( )"，再输入函数中各参数的值，最后按 Enter 键即可插入函数。选择编辑栏上的 *fx* 按钮，也可以插入函数。

3) 常见函数

(1) 统计类函数。

① SUM 函数：用于对所有参数值求和，语法格式如下。

=SUM(单元格地址 1:单元格地址 2)

② AVERAGE 函数：用于计算所有参数的算术平均值，其语法格式如下。

=AVERAGE(单元格地址 1:单元格地址 2)

③ MAX 函数：用于计算数据集中的最大值，其语法格式如下。

=MAX (单元格地址 1:单元格地址 2)

④ MIN 函数：用于计算数据集中的最小值，其语法格式如下。

=MIN(单元格地址 1:单元格地址 2)

⑤ RANK 函数：用于返回一个数值在一组数值中的排位，其语法格式如下。

=RANK (number,ref,order)

其中，number 代表数值，ref 代表数值的范围，order 用来指定排序方式。如果 order 的值为 0 或省略，表示降序排列；否则，为升序排列。

(2) IF 函数。

IF 函数执行逻辑判断。它根据逻辑表达式的真、假，返回不同的结果，从而执行数值或公式的条件检测任务。该函数广泛用于需要逻辑判断的场合，其语法结构如下。

=IF(logical test,value if true,value if false)

其中，logical test 为计算结果为 TRUE 或 FALSE 的任何数值或表达式，value if true 是 logical test 为 TRUE 时函数的返回值，value if false 是 logical test 为 FALSE 时函数的返回值。

5. 图表的使用

Excel 中提供了强大的图表和图形功能，以便更加直观地显示工作表数据。图表类型有面积图、柱形图、棱锥图等。每种图表类型又包含不同的子类型。

在创建图表时根据不同的需要，选择适当的图表类型。Excel 中可以使用图表向导进行图表的创建，如图 6-75 所示。

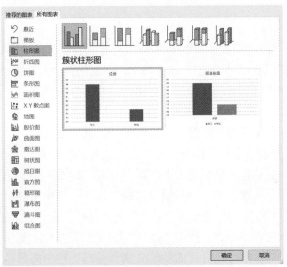

图 6-75　创建图表

6.3.3　PowerPoint 2016 的基本操作

PowerPoint 能够将文字、图像、声音、视频等动画效果组合起来，生成多媒体文档、幻灯片，可以在网络中交互演示文档。PowerPoint 同 Office 其他组件之间有良好的资源共享性。它是多媒体演示制作软件，俗称幻灯片软件，是微软公司的办公套件之一，适用于制作多媒体演讲报告、课件、新产品演示等，图文并茂，动画效果丰富。

1) 创建演示文稿

方式一：启动 PowerPoint 时，将自动创建带有一张幻灯片的新空白演示文稿，然后添加内容、添加幻灯片、设置格式即可。

方式二：如果用户有特别的要求，可根据需要创建空白文件，操作步骤为在"文件"选项卡中选择"新建"，然后在"可用的模板和主题"对话框中选择"空演示文稿"，如图 6-76 所示。此时，"空白演示文稿"已被选中，单击"创建"按钮即可。

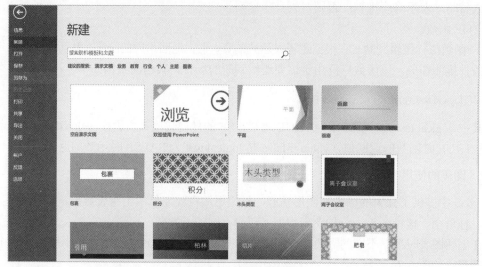

图 6-76　创建演示文稿

2) 打开演示文稿

打开演示文稿的一般方法为选择"文件"→"打开"命令，此时将显示"打开"屏幕。单击"浏览"，显示"打开"对话框，在左侧选择文件所在的路径。单击"文件类型"下拉列表，并选择文件类型，选择需要打开的文件，然后单击"打开"按钮。

(1) 打开最近使用的演示文稿。选择"文件"→"打开"命令，在打开的页面中将显示最近使用的演示文稿名称和保存路径，然后选择需打开的演示文稿即可。

(2) 以只读方式打开演示文稿。选择"文件"→"打开"命令，显示"打开"界面，单击"浏览"，显示"打开"对话框，然后单击"打开"按钮右侧的下拉按钮，在打开的下拉列表中选择"以只读方式打开"选项，在打开的演示文稿"标题"栏中将显示"只读"字样。

(3) 以副本方式打开演示文稿。选择"文件"→"打开"命令，显示"打开"界面，单击"浏览"，显示"打开"对话框，然后单击"打开"按钮右侧的下拉按钮，在打开的下拉列表中选择"以副本方式打开"选项，在打开的演示文稿"标题"栏中将显示"副本"字样。

3) 保存演示文稿

(1) 直接保存演示文稿。第一次保存时，选择"文件"→"保存"命令或单击快速访问工具栏中的"保存"按钮或按 Ctrl+s 快捷键。此时将会打开"另存为"窗口。单击"浏览"按钮，打开"另存为"对话框，在"另存为"对话框左侧的导航窗格中列出了几个可以折叠/展开的类别，单击要保存的根目录，依次选择要保存的路径，最后在"文件名"框中，输入要给演示文稿使用的名称，替代原来的名称，单击"保存"按钮，就会保存当前文件。

(2) 另存为演示文稿。若不想改变原有演示文稿中的内容，可通过"另存为"命令将演示文稿保存在其他位置或更改其名称，操作方法与第一次保存演示文稿的操作相同。

(3) 将演示文稿保存为模板。打开"另存为"对话框，在"保存类型"下拉列表框中选择

"PowerPoint 模板"选项。其余操作与第一次保存演示文稿的操作相同。

(4) 保存为低版本演示文稿。在"另存为"对话框的"保存类型"下拉列表中选择"PowerPoint 97－2003 演示文稿"选项。其余操作与第一次保存演示文稿的操作相同。

(5) 自动保存演示文稿。选择"文件"→"选项"命令，打开"PowerPoint 选项"对话框，在左边单击"保存"选项卡，在右边的"保存演示文稿"栏中选中两个复选框，然后在"保存自动恢复信息时间间隔"复选框后面的数值框中输入自动保存的时间间隔，在"自动恢复文件位置"文本框中输入文件未保存就关闭时的临时保存位置，单击"确定"按钮。

4) 关闭演示文稿

(1) 通过单击按钮关闭。单击 PowerPoint 2016 工作界面标题栏右上角的按钮，将关闭演示文稿并退出 PowerPoint 程序。

(2) 通过快捷菜单关闭。在 PowerPoint 2016 工作界面标题栏上单击鼠标右键，在弹出的快捷菜单中选择"关闭"命令。

(3) 通过命令关闭。选择"文件"→"关闭"命令，关闭当前的演示文稿。

5) 幻灯片的操作

幻灯片的编辑操作主要有删除、复制、移动和插入等，这些操作通常是在幻灯片浏览视图下进行。因此，在编辑操作前，首先切换到幻灯片浏览视图。

(1) 新建幻灯片。

新建幻灯片主要是在演示文稿中创建的，主要有以下几种方式。

① 通过快捷菜单新建。在常规视图工作界面左侧的"幻灯片"浏览窗格中选择需要新建幻灯片的位置，单击鼠标右键，在弹出的快捷菜单中选择"新建幻灯片"命令。

② 通过选项卡新建。选择"开始"→"幻灯片"组，单击"新建幻灯片"按钮下方的下拉按钮，在打开的下拉列表框中选择新建幻灯片的版式，将新建一张带有版式的幻灯片。

③ 通过"插入"选项卡新建。选择"插入"选项卡，选择"新建幻灯片"。

④ 通过快捷键新建。在幻灯片窗格中，选择任意一张幻灯片的缩略图，按 Enter 键将在选择的幻灯片后新建一张与所选幻灯片版式相同的幻灯片。

(2) 选择幻灯片。

① 选择单张幻灯片。在"幻灯片/大纲"浏览窗格或"幻灯片浏览"视图中单击某个幻灯片缩略图，可选择该幻灯片。

② 选择多张相邻的幻灯片。在"大纲/幻灯片"浏览窗格或"幻灯片浏览"视图中，单击要连续选择的第 1 张幻灯片，按住 Shift 键不放，再单击需选择的最后一张幻灯片，释放 Shift 键后，两张幻灯片之间的所有幻灯片均被选择。

③ 选择多张不相邻的幻灯片。在"大纲/幻灯片"浏览窗格或"幻灯片浏览"视图中，单击要选择的第 1 张幻灯片，按住 Ctrl 键不放，再依次单击需选择的幻灯片即可。

④ 选择全部幻灯片。在"大纲/幻灯片"浏览窗格或"幻灯片浏览"视图中，按 Ctrl+A 组合键，将选择当前演示文稿中的所有幻灯片。

(3) 删除幻灯片。

在"幻灯片/大纲"浏览窗格和"幻灯片浏览"视图中可删除演示文稿中多余的幻灯片，其方法是：选择需删除的一张或多张幻灯片，按 Delete 键，或者右击，在弹出的快捷菜单中选择"删除幻灯片"命令。

(4) 复制(或移动)幻灯片。

① 通过拖动鼠标指针移动或复制。在"幻灯片/大纲"浏览窗格或"幻灯片浏览"视图中单击幻灯片缩略图,选择需移动的幻灯片,按住鼠标左键不放拖到目标位置后释放鼠标完成移动操作;选择幻灯片后,按住 Ctrl 键的同时拖到目标位置可实现幻灯片的复制。

② 通过菜单命令移动或复制。在"幻灯片/大纲"浏览窗格或"幻灯片浏览"视图中选择需移动或复制的幻灯片,在其上单击鼠标右键,在弹出的快捷菜单中选择"剪切"或"复制"命令。将鼠标指针定位到目标位置,右击,在弹出的快捷菜单中选择"粘贴"命令,完成幻灯片的移动或复制。

③ 通过快捷键移动或复制。在"幻灯片/大纲"浏览窗格或"幻灯片浏览"视图中选择需移动或复制的幻灯片,按 Ctrl+X 组合键(移动)或 Ctrl+C 组合键(复制),然后在目标位置按 Ctrl+V 组合键(粘贴),完成移动或复制操作。

(5) 插入幻灯片。

插入幻灯片时,首先选定插入点位置,即要插入新幻灯片的位置,然后单击"开始"→"幻灯片功能区"→"新建幻灯片"右边的下拉按钮,选择幻灯片的版式,再输入幻灯片中的相关内容即可。

(6) 在幻灯片中插入对象。

PowerPoint 最富有魅力的地方就是支持多媒体幻灯片的制作。制作多媒体幻灯片的方法有两种:一是在新建幻灯片时,为其选择一个包含指定媒体对象的版式;二是在普通视图情况下,利用"插入"菜单,向已存在的幻灯片插入多媒体对象。"插入"菜单如图 6-77 所示。

图 6-77　"插入"菜单

① 插入图形对象:可以在幻灯片中插入艺术字体、自选图形、文本框和简单的几何图形。最简单的方法是单击"插入"选项卡,插入图片、剪贴画、相册、SmartArt 图形和图表。

② 插入超链接:PowerPoint 可以轻松地为幻灯片中的对象加入各种动作。例如,可以在单击对象后跳转到其他幻灯片,或者打开其他幻灯片文件等。操作方法是:选中需要链接的对象,单击鼠标右键,在弹出的快捷菜单中选择"超链接",弹出"插入超链接"对话框,再选择链接的幻灯片或文件即可。

③ 插入影片和声音:只要有影片和声音的文件资料,制作多媒体幻灯片就非常便捷。首先在幻灯片视图下,选择要插入影片或声音的幻灯片。点击"插入"→"媒体"→"视频或音频"选项,再选择"文件中的视频或文件中的音频",弹出相应的对话框。最后选择要插入的文件,然后单击"确定"按钮,将视频或音频插入幻灯片。注意:对于声音文件,建议选择.midi 文件,即文件类型为 MID 的文件。这类文件较小,音质优美,很适合作为背景音乐。

(7) 设置动画。

利用 PowerPoint 能够为幻灯片中的对象设置动画效果,操作步骤如下。

① 选择要设置动画效果的对象。

② 选择"动画"→"高级动画"→"添加动画",在弹出的菜单中选择相应的路径。

(8) 播放演示文稿。

演示文稿制作完成后，就可以播放了。操作方法是选择起始播放的幻灯片，然后单击状态栏上的"播放"按钮，系统从所选幻灯片开始播放。

逐页播放是系统默认的播放方式，单击左键或回车键控制。若用户设置了计时控制，整个播放过程将自动按计时完成，用户不需要参与。在播放过程中，若要终止，右击，在弹出的快捷菜单中选择"终止"选项即可。

6.3.4 实验项目

(1) 打印"五一放假"通知，效果如图 6-78 所示。

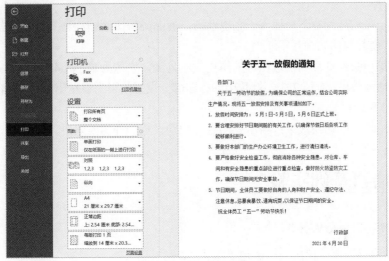

图 6-78 五一放假通知

(2) 制作一张期末考试成绩表，如图 6-79 所示。

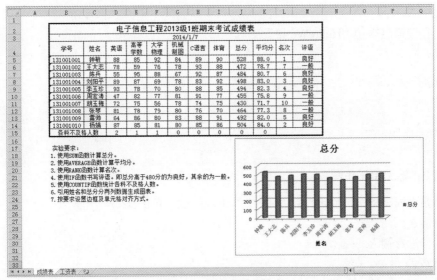

图 6-79 期末考试成绩表

(3) PPT 操作练习。具体操作要求如下。

① 新建一个空的演示文稿，命名为唐诗鉴赏.pptx。插入第一张版式为只有标题的幻灯片，第二张版式为标题和内容的幻灯片，第三张版式为垂直排列标题和文本的幻灯片，第四张版式为标题和内容的幻灯片，在每一页上输入一首唐诗。

② 在第一张幻灯片上插入一个星与旗帜的横卷形状，置于底层，使得输入文字位于其中，横卷的填充颜色为"跋涉"。

③ 设置所有幻灯片的背景为羊皮纸。

④ 将第二张幻灯片的标题格式设为楷体：GB2312，44 号，加粗，红色。

⑤ 设置 3 号幻灯片内容区域的字体格式为华文细黑，32 号，加粗，行距为 2 行，项目符号为☺。

⑥ 在第一张幻灯片右下角插入一张剪贴画，剪贴画等比例缩放至 70%。调整 1 号幻灯片的文字内容，使其与剪贴画互不遮挡。

⑦ 设置第一张幻灯片的自选图形的填充颜色为无，字体为隶书，48 号。

⑧ 设置动画效果：对第 2 张幻灯片中的标题部分设置效果为自左侧切入，内容部分的效果设置为棋盘向下。

⑨ 设置幻灯片的切换效果：给所有幻灯片分别设置一种切换效果。

6.4 C 语言基础实验

练习 1：输出 Hello Word!

本题要求编写程序，输出一个短句"Hello Word！"。

输入格式：

本题目没有输入。

输出格式：

在一行中输出短句"Hello Word!"。

代码：

```c
#include<stdio.h>
int main()
{
    printf("Hello Word!\n");
}
```

练习 2：输出倒三角图案

本题要求编写程序，输出指定的由"*"组成的倒三角图案。

输入格式：

本题目没有输入。

输出格式：

按照下列格式输出由"*"组成的倒三角图案。

```
* * * *
 * * *
  * *
   *
```

代码:

```
#include<stdio.h>
int main()
{
    printf("* * * *\n");
    printf(" * * *\n");
    printf("  * *\n");
    printf("   *\n");
    return 0;
}
```

练习 3：温度转换

本题要求编写程序，计算华氏温度 150°F 对应的摄氏温度。计算公式：C=5×(F−32)/9，式中：C 表示摄氏温度，F 表示华氏温度，输出数据要求为整型。

输入格式：

本题目没有输入。

输出格式：

按照下列格式输出

fahr = 150, celsius = 计算所得摄氏温度的整数值

代码:

```
#include<stdio.h>
int main()
{
    int F=150;
    printf("fahr = 150, celsius = %d\n",5*(F-32)/9);
}
```

练习 4：计算阶梯电价

月用电量 100 千瓦时(含 100 千瓦时)以内的，电价为 0.5 元/千瓦时；超过 100 千瓦时的，超出部分的用电量，电价上调 0.1 元/千瓦时。请编写程序计算电费。

输入格式：

在一行中给出某用户的月用电量(单位：千瓦时)。

输出格式：

在一行中输出该用户应支付的电费(元)，结果保留两位小数，格式如"cost = 应付电费值"；若用电量小于 0，则输出 Invalid Value!。

输入样例 1：

80

输出样例 1:

cost = 40.00

输入样例 2:

120

输出样例 2:

cost = 62.00

输入样例 3:

-10

输出样例 2:

Invalid Value!

代码:

```c
#include<stdio.h>
int main()
{
    int n;
    scanf("%d",&n);
    if(n<=100)
    {
        if(n<0) printf("Invalid Value!\n");
        else printf("cost = %.2lf\n",n*0.5);
    }
    else printf("cost = %.2lf\n",(100*0.5)+(n-100)*(0.5+0.1));
    return 0;
}
```

练习 5: 求偶数分之一序列前 N 项和

本题要求编写程序,计算序列 $1 + 1/2 + 1/4 + \cdots 1/N$ 的前 N 项之和。

输入格式:

在一行中给出一个正整数 N。

输出格式:

在一行中按照 "sum = S" 的格式输出部分和的值 S,精确到小数点后 6 位。题目保证计算结果不超过双精度范围。

输入样例:

3

输出样例:

sum = 1.750000

代码:

```c
#include<stdio.h>
int main()
{
    int n;
    scanf("%d",&n);
```

```
    int i;
    double sum=1.0;
    int d=2;
    for(i=2;i<=n;i++)
    {
        sum+=1.0/d;
        d+=2;
    }
    printf("sum = %.6lf\n",sum);
    return 0;
}
```

6.5 计算机网络基础实验

6.5.1 直通双绞线的制作

双绞线是局域网中最基本的传输介质，由不同颜色的 4 对 8 芯组成，每两条按一定规则缠绕在一起，成为一个线对，双绞线结构如图 6-80 所示。

图 6-80 双绞线结构图

双绞线制作的标准：EIA/TIA 的布线标准中规定了两种双绞线的线序 568A 与 568B。

标准 568A：绿白--1，绿--2，橙白--3，蓝--4，蓝白--5，橙--6，棕白--7，棕--8。

标准 568B：橙白--1，橙--2，绿白--3，蓝--4，蓝白--5，绿--6，棕白--7，棕--8。

【实验步骤】

第一步：准备好 5 类 UTP 双绞线、RJ-45 插头和一把专用的压线钳，如图 6-81 所示。

第二步：用压线钳的剥线刀口将 5 类双绞线的外保护套管划开(小心不要将里面的双绞线的绝缘层划破)，刀口距 5 类双绞线的端头至少 2 厘米，如图 6-82 所示。

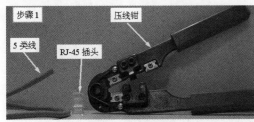

图 6-81 所需工具

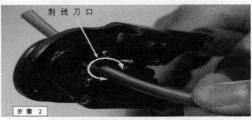

图 6-82 切线

第三步：将划开的外保护套管剥去(旋转、向外抽)，如图 6-83 所示。

第四步：露出 5 类 UTP 中的 4 对双绞线，如图 6-84 所示。

图 6-83　剥线

图 6-84　四对双绞线

第五步：按照 568B 标准和导线颜色将导线按规定的序号排好，如图 6-85 所示。

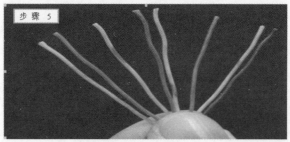

图 6-85　排序线

第六步：将 8 根导线平坦整齐地平行排列，导线间不留空隙，如图 6-86 所示。

第七步：准备用压线钳的剪线刀口将 8 根导线剪断，如图 6-87 所示。

图 6-86　排列整齐

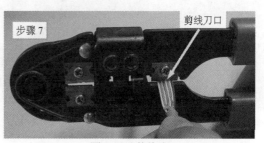

图 6-87　剪线头

第八步：剪断电缆线。请注意：一定要剪得很整齐；剥开的导线长度不可太短，可以先留长一些；不要剥开每根导线的绝缘外层，如图 6-88 所示。

第九步：一只手捏住水晶头，将有弹片的一侧向下，有针脚的一端指向远离自己的方向，另一只手捏平双绞线，最左边是第一脚，最右边是第 8 脚。将剪断的电缆线放入 RJ-45 插头试试长短(要插到底)，电缆线的外保护层最后应能够在 RJ-45 插头内的凹陷处被压实，反复进行调整，如图 6-89 所示。

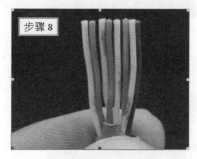
图 6-88　整齐的 8 根线

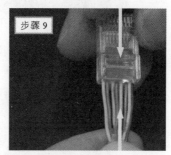
图 6-89　插入水晶头

第十步：在确认一切都正确后(特别注意不要将导线的顺序排反了)，将 RJ-45 插头放入压线钳的压头槽内，准备最后的压实，如图 6-90 所示。

图 6-90　压线(1)

第十一步：双手紧握压线钳的手柄，用力压紧。请注意，在这一步骤完成后，插头的 8 个针脚接触点就穿过导线的绝缘外层，分别和 8 根导线紧紧地压接在一起，如图 6-91 所示。

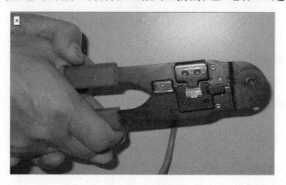
图 6-91　压线(2)

第十二步：完成，如图 6-92 所示。

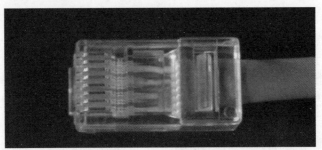

图 6-92　成品图

第十三步：测试。测试时将双绞线两端的水晶头分别插入主测试仪和远程测试端的 RJ-45 端口，将开关开至"ON"(S 为慢速挡)，主机指示灯从 1 至 8 逐个顺序闪亮，如图 6-93 所示。

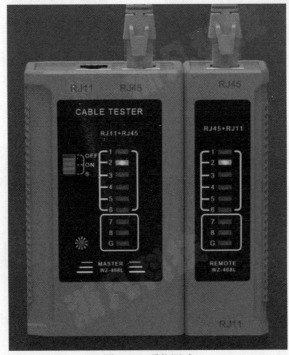

图 6-93　通信测试

【实验小结】

(1) 注意两种接线标准的线序。

(2) 注意制作过程中的一些小细节。

(3) 理解直通线的应用。

6.5.2　ping 命令的使用

在网络中，ping 命令(图 6-94)是一个十分强大的 TCP/IP 工具。它的作用主要如下。

(1) 用来检测网络的连通情况，分析网络速度。

(2) 根据域名得到服务器 IP。

(3) 根据 ping 返回的 TTL 值判断对方所使用的操作系统及数据包经过路由器的数量。

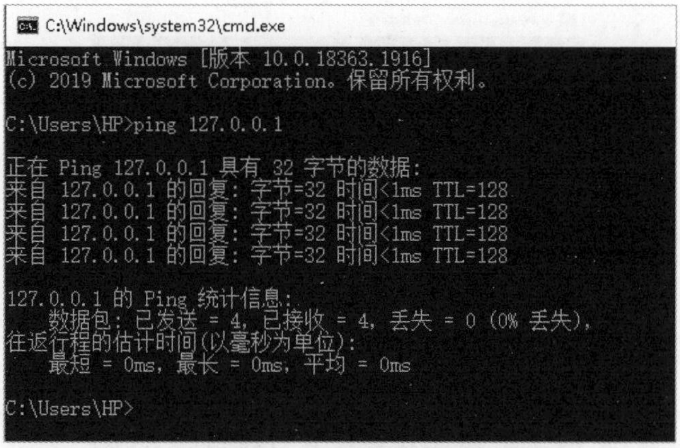

图 6-94　ping 命令的使用

我们通常会用它来直接 ping ip 地址或者 ping 域名，以测试网络的连通情况，如图 6-94 所示。

(1) 字节：所发数据包的大小。

(2) 时间：响应时间，这个时间越小，说明网络速度越快。

(3) TTL 值：Time To Live，表示 DNS 记录在 DNS 服务器上存在的时间，它是 IP 协议包的一个值，告诉路由器该数据包需要何时被丢弃。可以通过 ping 返回 TTL 值的大小，粗略地判断目标系统类型是 Windows 系列还是 UNIX/Linux 系列。

默认情况下，Linux 系统的 TTL 值为 64 或 255，Windows 系统的 TTL 值为 128，UNIX 系统的 TTL 值为 255。

【实验步骤】

第一步：直接使用 ping 命令来 ping IP 地址或者域名，如图 6-95 所示。

图 6-95　ping 域名

第二步：不间断地 ping 指定计算机，直到管理员按 Ctrl+C 中断，可以检测数据通信过程中的丢包情况，如图 6-96 所示。

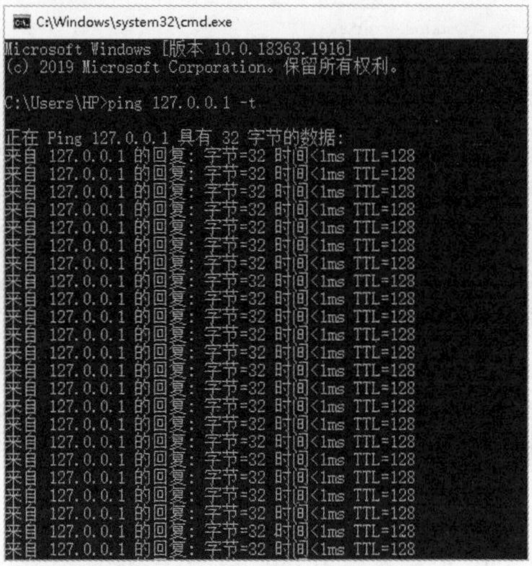

图 6-96   ping –t 命令的使用

第三步:在默认的情况下 Windows 的 ping 发送的数据包大小为 32 字节,最大能发送 65 500 字节。可以通过 ping –l 命令改变发送数据包的大小,当一次发送的数据包大于或等于 65 500 字节时,将可能导致接收方计算机宕机,如图 6-97 所示。

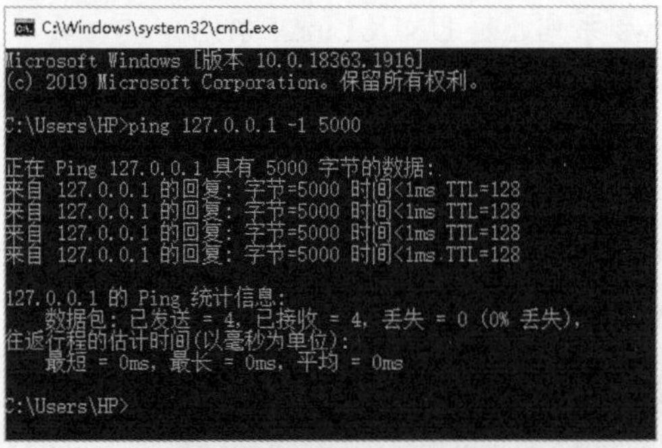

图 6-97   ping -l 命令的使用

【实验小结】

(1) 理解 ping 命令的基本使用方法。

(2) 理解 ping 命令相关参数的功能和作用。

6.5.3 交换机的基本配置

【实验拓扑】

实验拓扑如图 6-98 所示。

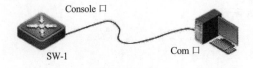

图 6-98   拓扑图

交换机的配置方式基本分为两种：本地配置和远程配置。通过交换机的 Console 口配置交换机属于本地配置，不占用交换机的网络接口，其特点是需要使用配置线缆，近距离配置。第一次配置交换机时必须利用 Console 端口进行配置。

交换机的命令行操作模式主要包括用户模式、特权模式、全局配置模式、端口模式等几种。

(1) 用户模式：用户模式提示符为ruijie>，这是交换机的第一个操作模式，在该模式下可以简单查看交换机的软、硬件版本信息，并进行简单的测试。该模式下的常用命令有 enable、show version 等。

(2) 特权模式：特权模式提示符为 ruijie#，是由用户模式进入的下一级模式，该模式下可以对交换机的配置文件进行管理，查看交换机的配置信息，进行网络的测试和调试等。该模式下的常用命令有 conf t、show、write、delete、reload、dir 等。

(3) 全局配置模式：全局模式提示符为 ruijie(config)#，为特权模式的下一级模式，该模式下对配置交换机的主机名、密码、VLAN 等进行配置管理。该模式下命令较多，常用的命令有 hostname、interface、show 等。

(4) 端口模式：端口模式提示符为 ruijie(config-if)#，为全局模式的下一级模式，该模式主要完成交换机端口相关参数的配置。该模式下命令较多，常用的命令有 show、duplex、speed、med 等。

【实验步骤】

第一步：进入交换机的各个操作模式。

```
Ruijie>enable
! 使用 enable 命令从用户模式进入特权模式
Ruijie#configure terminal
Enter configuration commands, one per line.End with CNTL/Z.
! 使用 configure terminal 命令从特权模式进入全局配置模式
Ruijie(config)#interface fa 0/1
! 使用 interface 命令进入接口配置模式
Ruijie(config-if)#
Ruijie(config-if)#exit
! 使用 exit 命令退回上一级操作模式
Ruijie(config)#interface fa0/2
Ruijie(config-if)#end
Ruijie#
! 使用 end 命令直接退回特权模式
```

第二步：交换机命令行界面的基本功能。

```
Ruijie > ?
! 显示当前模式下所有可执行的命令
Disable          Turn off privileged commands
Enable           Turn on privileged commands
exit             Exit from the EXEC
help             Description of the interactive help system
ping             Send echo messages
rcommand         Run command on remote switch
show             Show running system information telnet Open a telnet connection
traceroute       Trace route to destination
```

```
Ruijie>en <tab>
Ruijie>enable
 ! 使用Tab 键补齐命令
Ruijie#con? configure   connect
 ! 使用? 显示当前模式下所有以 con 开头的命令
Ruijie#conf t
Enter configuration commands, one per line.End with CNTL/Z.
Ruijie(config)#
 ! 使用命令的简写
Ruijie(config)#interface?
 ! 显示interface 命令后可执行的参数 Aggregate port
                                 Aggregate port interface Dialer
                                 Dialer interface FastEthernet
                                 Fast IEEE 802.3
GigabitEthernet          Gbyte Ethernet interface
Loopback                 Loopback interface Multilink
                         Multilink-group interface
Null                     Null interface
Tunnel                   Tunnel interface
Virtual-ppp              Virtual PPP interface
Virtual-template         Virtual Template interface Vlan
                         Vlan interface
Range                    Interface range command
Ruijie(config)#interface fa 0/1
Ruijie (config-if)# ^Z
Ruijie #
 ! 使用快捷键 Ctrl+Z 可以直接退回到特权模式
```

第三步：配置交换机的名称和每日提示信息。

```
Ruijie (config)#hostname SW1
 ! 使用 hostname 命令更改交换机的名称
SW1(config)#banner motd $
 ! 使用 banner 命令设置交换机的每日提示信息，参数 motd 指定以哪个字符为信息的结束符
Enter TEXT message. End with the character '$'. Welcome to SW1, if you are admin, you can config it. If you are
not admin, please EXIT!
SW1(config)# SW1(config)#exit
SW1#Dec 12 10:04:11 %SYS-5-CONFIG_I: Configured from console by console SW1#exit
SW1 CON0 is now available Press RETURN to get started
Welcome to SW1, if you are admin, you can config it. If you are not admin, please EXIT!
SW1>
```

第四步：配置接口属性。

锐捷全系列交换机 FastEthernet 的接口默认情况下是 10Mb/s、100Mb/s 自适应端口，双工模式也为自适应(端口速率、双工模式可配置)。默认情况下，所有交换机端口均开启。

如果网络中存在一些型号比较旧的主机，还在使用 10Mb/s 半双工的网卡，此时为了能够实现主机之间的正常访问，应当在交换机上进行相应的配置，把连接这些主机的交换机端口速率设为 10Mb/s，传输模式设为半双工。

SW1(config)#interface fa0/1
! 进入端口 fa0/1 的配置模式
SW1(config-if)#speed 10
! 配置端口速率为 10Mb/s
SW1(config-if)#duplex half
! 配置端口的双工模式为半双工
SW1(config-if)#no shutdown
! 开启端口，使端口转发数据，交换机端口默认已经开启。
SW1(config-if)#description "This is a Accessport."
! 配置端口的描述信息，可作为提示。
SW1(config-if)#end
SW1#Dec 25 12:06:37 %SYS-5-CONFIG_I: Configured from console by console
SW1#
SW1#show interface fa0/1
Index(dec):1 (hex):1
FastEthernet 0/1 is UP   line protocol is UP
Hardware is marvell   FastEthernet Description: "This is a
Accessport." Interface address is: no ipaddress
MTU 1500 bytes, BW 10000 Kbit
Encapsulation protocol is Bridge, loopback not set Keepalive interval is 10 sec , set
Carrier delay is 2 sec RXload is 1 ,Txload is 1 Queueing strategy: WFQ Switchport attributes:
interface's description:""This is a Accessport.""
medium-type is copper
lastchange time:329 Day:22 Hour: 5 Minute: 2 Second Priority is 0
admin duplex mode is Force Half Duplex, oper duplex is Half admin speed is 10M, oper speed is 10M
flow control admin status is OFF,flow control oper status is OFF
broadcast Storm Control is OFF,multicast Storm Control is OFF,unicast Storm Control is OFF
5 minutes input rate 0 bits/sec, 0 packets/sec
5 minutes output rate 0 bits/sec, 0 packets/sec
0 packets input, 0 bytes, 0 no buffer, 0 dropped
Received 0 broadcasts, 0 runts, 0 giants
0 input errors, 0 CRC, 0 frame, 0 overrun, 0 abort
0 packets output, 0 bytes, 0 underruns , 0 dropped
0 output errors, 0 collisions, 0 interface resets SW1#

【实验小结】

(1) 注意交换机本地配置的连接方法。

(2) 注意区分各种模式提示符。

(3) 注意各种模式下对应使用的基本命令。

6.5.4　远程登录路由器

【实验拓扑】

实验拓扑图如图 6-99 所示。

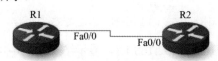

图 6-99　实验拓扑图

【实验步骤】

第一步：配置路由器的名称、接口 IP 地址。

```
Ruijie#conf t
Ruijie(config)#hostname R1
！配置路由器的名称
R1(config)#interface fa0/0
R1(config-if)#ip address 192.168.1.1 255.255.255.0
！配置接口 IP 地址
R1(config-if)#no shutdown
！启用端口
R1(config-if)#exit
Ruijie#conf t
Ruijie(config)#hostname R2
！配置路由器的名称
R2(config)#interface fa0/0
R2(config-if)#ip address 192.168.1.2 255.255.255.0
！配置接口 IP 地址
R2(config-if)#no shutdown
！启用端口
R2(config-if)#exit
```

第二步：设置特权密码和远程密码。

```
R1(config)#enable password 456
！配置路由器的特权模式密码
R1(config)#line vty 0 4
！进入线程配置模式
R1(config-line)#password 123
！配置路由器的远程密码
R1(config-line)#login
！设置 Telnet 登录时进行身份验证
R1(config-line)#end
R2(config)#enable password 456
R2(config)#line vty 0 4
R2(config-line)#password 123
R2(config-line)#login
R2(config-line)#end
```

第三步：以 Telnet 方式登录路由器。

在 R1 路由器特权模式下 telnet 192.168.1.2，显示结果如图 6-100 所示。

```
R1#telnet 192.168.1.2
Trying 192.168.1.2, 23...

User Access Verification

Password:_
```

图 6-100　R1 路由器远程连接 R2 路由器

在 R2 路由器特权模式下 telnet 192.168.1.1，显示结果如图 6-101 所示。

```
R2#telnet 192.168.1.1
Trying 192.168.1.1, 23...

User Access Verification

Password:
```

图 6-101　R2 路由器远程连接 R1 路由器

【实验小结】

(1) 两台路由器相连的接口 IP 地址必须在同一网段。

(2) 如果没有配置 Telnet 密码，则登录时会提示"Password required,but none set"。

(3) 如果没有配置 enable 密码，则远程登录到路由器上后不能进入特权模式，提示"Password required,but none set"。

(4) 只能在特权模式下使用 Telnet 命令进行远程登录。

6.6　本章小结

本章主要介绍了计算机的硬件系统的安排和配置，操作系统的基本使用，包括操作系统的安装，常用文件系统的使用。办公软件主要介绍了 Office 2016 里的 Word、Excel 和 PowerPoint 软件的基本使用。在 Word 中主要操作有文档格式设置、图文混排、表格和打印等，而 Excel 2016 主要是表格的基本概念、表格的设置、基本函数和图表的基本使用，在 PowerPoint 2016 中主要是演示文稿的基本操作。同时还介绍了 C 语言程序开发的具体案例以及计算机网络基础配置实验，帮助读者全面掌握计算机的使用。